EUL VERLAG

EINZELSCHRIFTEN

Caspar G. Schauseil

Strategische Geschäftsfelderweiterung deutscher Zeitschriftenverlage – Eine empirische Untersuchung mithilfe der Anwendung von Scoring-Modellen

Lohmar – Köln 2012 • 264 S. • € 57,- (D) • ISBN 978-3-8441-0145-4

Christian Neßler und Felix Tellhelm

Corporate Social Responsibility – Eine signalingtheoretische Analyse

Lohmar – Köln 2012 • 80 S. • € 37,- (D) • ISBN 978-3-8441-0170-6

Matthias Johnen

Verhaltenstheoretische und gesellschaftsrechtliche Ausgestaltungsparameter von Aktienoptionsprogrammen bei der Bilanzierung nach IFRS 2 unter Berücksichtigung bewertungsrelevanter Aspekte

Lohmar – Köln 2012 • 260 S. • € 57,- (D) • ISBN 978-3-8441-0177-5

Marcus Sydon

Die Prüfung der Standardsoftware SAP® R/3® unter den revisionsspezifischen Gesichtspunkten einer Wirtschaftsprüfungsgesellschaft

Lohmar – Köln 2012 • 388 S. • € 65,- (D) • ISBN 978-3-8441-0190-4

Elise Spiegel

Emissionen im Museum – Ein Gütezeichen für emissionsarme Ausstellungsmaterialien und Vitrinen als mögliches Instrument zur Schadstoffbegrenzung

Lohmar – Köln 2012 • 220 S. • € 55,- (D) • ISBN 978-3-8441-0194-2

Michael Thomas Berger

Der Kundenwert als Instrument einer integrierten Vertriebssteuerung in der Automobilindustrie – Entwicklung eines Konzeptes am Beispiel von Großkunden der Nutzfahrzeughersteller

Lohmar – Köln 2012 • 256 S. • € 57,- (D) • ISBN 978-3-8441-0196-6

JOSEF EUL VERLAG

Der Kundenwert als Instrument einer integrierten Vertriebssteuerung in der Automobilindustrie

Entwicklung eines Konzeptes am Beispiel von Großkunden der Nutzfahrzeughersteller

Dissertation

zur Erlangung des Grades eines

Doktors der Wirtschaftswissenschaften (Dr. rer. pol.)

im Fachbereich Wirtschaftswissenschaften

der Universität Konstanz

vorgelegt von

Michael Thomas Berger

Tag der mündlichen Prüfung: 26. Januar 2012

1. Referent: Prof. Dr. Matthias Sander
2. Referent: Prof. Dr. Ulrike Stefani

Dr. Michael Thomas Berger

Der Kundenwert als Instrument einer integrierten Vertriebssteuerung in der Automobilindustrie

Entwicklung eines Konzeptes am Beispiel von Großkunden der Nutzfahrzeughersteller

Mit einem Geleitwort von Prof. Dr. Matthias Sander, Universität Konstanz

EUL VERLAG

Bibliografische Information der Deutschen Nationalbibliothek

Die Deutsche Nationalbibliothek verzeichnet diese Publikation in der Deutschen Nationalbibliografie; detaillierte bibliografische Daten sind im Internet über <http://dnb.d-nb.de> abrufbar.

Dissertation, Universität Konstanz, 2012

ISBN 978-3-8441-0196-6
1. Auflage Oktober 2012

JOSEF EUL VERLAG GmbH
Brandsberg 6
53797 Lohmar
Tel.: 0 22 05 / 90 10 6-6
Fax: 0 22 05 / 90 10 6-88
E-Mail: info@eul-verlag.de
http://www.eul-verlag.de

Bei der Herstellung unserer Bücher möchten wir die Umwelt schonen. Dieses Buch ist daher auf säurefreiem, 100% chlorfrei gebleichtem, alterungsbeständigem Papier nach DIN 6738 gedruckt.

Geleitwort

Das wirtschaftliche Umfeld der Automobilindustrie ist gekennzeichnet durch eine hohe Marktdynamik. Sich verkürzende Produktlebenszyklen, eine Angleichung der Produktqualität, Ausweitung der Aktivitäten der Mitbewerber auf neue Marktsegmente und Länder sowie weltweite Überkapazitäten stellen enorme Herausforderungen für die Anbieter dar. Vor diesem Hintergrund ist es nicht verwunderlich, dass zunehmend der Kunde in den Mittelpunkt der Betrachtung gerückt wird.

Einen Ansatzpunkt für die effiziente Marktbearbeitung stellt in diesem Zusammenhang der Kundenwert dar. In dem vorliegenden Buch wird dargelegt, wie der Kundenwert entlang der gesamten automobilen Wertschöpfungskette bestimmt werden kann. Ausgangspunkt hierfür sind Großkunden im Nutzfahrzeugbereich. Neben dem klassischen Neufahrzeuggeschäft wird eine integrierte Betrachtung unter Einbezug sämtlicher Downstream-Aktivitäten wie z. B. des After-Sales-Geschäftes, des Gebrauchtwagengeschäftes sowie der Finanzdienstleistungen vorgenommen. Der Kunde wird dabei als Investitionsobjekt gesehen, welcher eines ganzheitlichen und langfristig orientierten Managements bedarf. Dies impliziert, dass der Kunde in seiner ökonomischen Gesamtbedeutung sowohl auf Basis qualitativer als auch quantitativer Facetten erfasst wird. Hierfür werden eine vergangenheitsbezogene Kundenerfolgsrechnung, ein zukunftsbezogener Kundenkapitalwert, ein Kundenmonitor sowie ein Kunden-Scoringmodell herangezogen.

In der Folge werden Einsatzmöglichkeiten und Ansatzpunkte für das Kundenwertmanagement im Rahmen einer integrierten Vertriebssteuerung in der Nutzfahrzeugindustrie abgeleitet. Konkret wird aufgezeigt, welche Nutzungsmöglichkeiten des Kundenwertsystems in den Managementbereichen „Information“, „Planung“ und „Kontrolle“ sowohl auf strategischer als auch auf operativer Ebene existieren. Auch wird beispielhaft dargelegt, welche Erfolgsfaktoren bei der Implementierung eines Kundenwertsystems eine Rolle spielen können. Stets wird dabei eine praxisorientierte Sichtweise beibehalten.

Das Buch stellt eine lesenswerte Lektüre für alle Personen in der Automobilindustrie dar, welche sich mit Fragen der Vertriebssteuerung befassen und noch nicht ausgeschöpfte Ertragspotenziale durch ein effizientes Kundenmanagement heben möchten. Darüber hinaus ist es allen Personen zu empfehlen, welche sich aus wissenschaftlicher Perspektive mit dem Thema „Kundenwert“ beschäftigen.

Konstanz, im Mai 2012 Prof. Dr. Matthias Sander

Vorwort

Auf die Bedeutung der automobilen Wertschöpfungskette bin ich bereits während der Erstellung meiner Diplomarbeit am Lehrstuhl für Internationales Management an der Universität Bayreuth gestoßen. Auf Grund der Lernkurve, welche ich im Rahmen der Erstellung dieser Arbeit durchlaufen habe, wurde das Interesse an einer Promotion immer größer. In der Folge fand ich bei der Daimler AG die Möglichkeit zur Industriepromotion im Rahmen eines spannenden, wertschöpfungskettenübergreifenden Projektes, welches sich mit der Thematik der Kundenwertberechnung befasste.

Bei der Anfertigung dieser Arbeit habe ich vielfältige Unterstützung erhalten, für die ich mich ganz herzlich bedanken möchte. An erster Stelle ist hier mein Doktorvater Professor Dr. Matthias Sander zu nennen. Er gab mir die notwendigen Freiräume, begleitete konstruktiv die einzelnen Meilensteine bei der Entwicklung der vorliegenden Arbeit und trug durch Anmerkungen zum Gelingen der Arbeit bei.

Die Schaffung eines pragmatischen Ansatzes wäre ohne die Unterstützung und Kooperationsbereitschaft meiner Vorgesetzten und Kollegen bei der Daimler AG im Bereich Vertriebssteuerung und Marktmanagement Mercedes-Benz Trucks nicht möglich gewesen. Stellvertretend für alle Mitwirkenden und ganz besonders möchte ich mich hier bei Michael Ditter, Thomas Sulk, Dr. Jörn Propach, Ralph Becker, Torsten Stöver und Michael Hanel für kritische Diskussionen und tagtäglichen Anwendungsbezug bedanken.

Nicht zuletzt danke ich meiner Freundin Agnes Mercz für die zahlreichen formalen Hinweise und ihr unermüdliches Korrekturlesen sowie für ihre vielfache emotionale Unterstützung. Für ihren großen Einsatz bin ich sehr dankbar. Der größte Dank gilt schließlich meinen Eltern und Großeltern für den uneingeschränkten Rückhalt und die Ausbildung, die sie mir ermöglicht haben. Ihnen widme ich diese Arbeit.

Stuttgart, im Mai 2012 — Michael Thomas Berger

Inhaltsverzeichnis

Geleitwort V

Vorwort VII

Inhaltsverzeichnis IX

Abkürzungsverzeichnis XIII

Abbildungsverzeichnis XV

1. Einleitung 1

1.1 Problemstellung 1

1.2 Ziel und Vorgehensweise 2

2. Der Automobilmarkt als Marktverbund 5

2.1 Grundlagen der Automobilindustrie 5

2.1.1 Definition der Automobilindustrie 5

2.1.2 Automobilwirtschaftliche Wertschöpfungskette 12

2.2 Besonderheiten und wichtige Prozesse ausgewählter Wertschöpfungskettenteile 15

2.2.1 Neufahrzeuggeschäft 15

2.2.2 Gebrauchtfahrzeuggeschäft 18

2.2.3 After-Sales 21

2.2.4 Finanzdienstleistungen 23

3. Die Elemente der integrierten Vertriebssteuerung 27

3.1 Begriff der integrierten Vertriebssteuerung 27

3.2 Ziele der integrierten Vertriebssteuerung 30

3.3 Vertriebscontrolling als Basis der integrierten Vertriebssteuerung 33

3.3.1 Begriff und Ziele des Vertriebscontrollings 33

3.3.2 Aufgaben und Funktionen des Vertriebscontrollings 34

3.3.2.1 Informationsfunktion 34

3.3.2.2 Planungsfunktion 37

3.3.2.3 Kontrollfunktion 41

3.4 Wandel von der Produkt- zur Kundenorientierung 43

3.5 Kundennähe, Kundenzufriedenheit, Kundenbindung und ökonomischer Erfolg 44

4. Der Kundenwert im Rahmen der integrierten Vertriebssteuerung 51

4.1 Grundlagen des Kundenwertes 51

4.1.1 Begriff des Kundenwertes 51

4.1.2 Ziel des Kundenwertes 53

4.2 Ausgewählte Determinanten des Kundenwertes und ihre Einflussfaktoren 54

4.2.1 Systematisierung 54

4.2.2 Monetäre Determinanten 58

4.2.2.1 Ertrags- u. Entwicklungswert 58

4.2.2.2 Kooperationswert 62

4.2.3 Nicht-monetäre Determinanten ... 65
4.2.3.1 Penetrationswert ... 65
4.2.3.2 Referenzwert ... 67
4.2.3.3 Informationswert ... 69
4.2.3.4 Loyalitätswert ... 71
4.2.3.5 Liquiditätswert ... 73
4.3 Methoden der Kundenbewertung ... 76
4.3.1 Anforderungen an die Methoden zur Kundenbewertung ... 76
4.3.2 Systematisierungsansätze ... 77
4.3.3 Statische Verfahren ... 79
4.3.3.1 Eindimensional ... 79
4.3.3.1.1 Loyalitätsleiterkonzepte ... 79
4.3.3.1.2 ABC-Analysen ... 80
4.3.3.1.3 Kundenerfolgsrechnungen ... 81
4.3.3.2 Mehrdimensional ... 85
4.3.3.2.1 Scoringmodelle ... 85
4.3.3.2.2 Kundenportfolioanalysen ... 86
4.3.4 Dynamische Verfahren ... 88
4.3.4.1 NBD/Pareto-Modell ... 88
4.3.4.2 Klassische Prognoseverfahren ... 90
4.3.4.3 Kundenkapitalwert ... 92
4.3.5 Auswahl der Methoden für die vorliegende Untersuchung ... 99
5. Die Entwicklung eines Kundenwertsystems im Rahmen einer integrierten Vertriebssteuerung in der Automobilindustrie ... 101
5.1 Definition und Aufbau des Kundenwertsystems ... 101
5.2 Entwicklung einer Kundenerfolgsrechnung ... 102
5.2.1 Vorgehensweise ... 102
5.2.2 Berechnungsschemata ... 108
5.2.2.1 Neufahrzeuggeschäft ... 108
5.2.2.2 Gebrauchtfahrzeuggeschäft ... 120
5.2.2.3 After-Sales ... 122
5.2.2.3.1 Serviceverträge ... 122
5.2.2.3.2 Werkstattgeschäft ... 126
5.2.2.3.3 Ersatzteilegeschäft ... 127
5.2.2.4 Finanzdienstleistungen ... 130
5.3 Entwicklung eines Kundenkapitalwertes ... 133
5.3.1 Vorgehensweise ... 133
5.3.2 Abschätzung zukünftiger Erlöse und Kosten ... 135
5.3.3 Bestimmung der Beziehungsdauer ... 139
5.3.4 Berücksichtigung von Unsicherheit ... 140
5.4 Entwicklung eines Kundenmonitors ... 146

5.4.1 Definition und Vorgehensweise ... 146
5.4.2 Elemente ... 147
5.5 Entwicklung eines Kunden-Scoringmodells ... 155
6. Der Einsatz des Kundenwertsystems im Rahmen einer integrierten Vertriebssteuerung in der Automobilindustrie ... 157
6.1 Bedeutung des Kundenwertmanagements im Rahmen einer integrierten Vertriebssteuerung ... 157
6.2 Nutzungsmöglichkeiten des Kundenwertsystems ... 159
6.2.1 Information ... 159
6.2.1.1 Strategische Information ... 160
6.2.1.1.1 Kundenklassifizierung ... 160
6.2.1.1.2 Kundensegmentierung ... 165
6.2.1.2 Operative Information ... 166
6.2.1.2.1 Situationsanalyse ... 166
6.2.2 Planung ... 170
6.2.2.1 Strategische Planung ... 171
6.2.2.1.1 Identifikation von wertvollen Zielsegmenten und Ableitung von Kundenstrategien ... 171
6.2.2.1.2 Kundenwertorientierte Organisationsgestaltung ... 174
6.2.2.1.3 Kundenwertorientiertes Leistungs-Anreizsystem ... 178
6.2.2.2 Operative Planung ... 181
6.2.2.2.1 Allokation von Ressourcen auf aussichtsreiche Kunden ... 181
6.2.2.2.2 Ableitung von Maßnahmen zur Behebung der kundenbezogenen Schwachstellen ... 182
6.2.3 Kontrolle ... 187
7. Die Erfolgsfaktoren bei der Implementierung des Konzeptes des Kundenwertes mittels einer Business-Intellegence-Lösung am Beispiel der Mercedes-Benz Truck Devision ... 189
7.1 Grundlagen einer Business Intelligence-Lösung ... 189
7.2 Gesichtspunkte bei der Implementierung ... 198
7.2.1 Vorgehensmodell ... 198
7.2.2 Einheitliche Datenstruktur ... 200
7.2.3 Implementierung der Methodik ... 203
7.2.4 Performance ... 205
7.2.5 Berichtsgestaltung ... 205
7.2.6 Akzeptanz und Umsetzungsmotivation ... 208
7.2.7 Security ... 210
8. Schlussbetrachtung und Ausblick ... 213
Literaturverzeichnis ... 217

Abkürzungsverzeichnis

APV .... Adjusted Present Value
B-2-B .... Business to Business
B-2-C .... Business to Consumer
BI .... Business Intelligence
BLP .... Bruttolistpreis
CAPM .... Capital Asset Pricing Model
CLV .... Customer Lifetime Value
CRM .... Customer Relationship Management
D-OLAP .... Desktop-OLAP
EBIT .... Earnings before interests and taxes
ETL .... Extraction, transformation, loading
Gfz .... Gebrauchtfahrzeug
IFA .... Institut für Automobilwirtschaft
IFRS .... International Financial Reporting Standards
GVO .... Gruppenfreistellungsverordnung
H-OLAP .... Hybrides OLAP
lmi .... leistungsmengeninduziert
lmn .... leistungsmengenneutral
KAM .... Key Account Management
MDX .... Multidimensional Expressions
M-OLAP .... Multidimensionales OLAP
MSS .... Management Support Systeme
NDL .... Niederlassung
OLAP .... On-Line Analytical Processing
PIMS .... Profit Impact of Market Strategies
PoS .... Point of Sale
R-OLAP .... Relationales OLAP
SQL .... Structured Query Language
TCO .... Total Cost of Ownership
VDA .... Verband der Automobilindustrie
WAAC .... Weighted Average Cost of Capital
WSK .... automobile Wertschöpfungskette

Abbildungsverzeichnis

Abb. 2-1 Geschäftstypologie auf Investitionsgütermärkten I ... 7
Abb. 2-2: Geschäftstypologie auf Investitionsgütermärkten II ... 8
Abb. 2-3: Rollen des Einkaufsgremiums nach Webster/Wind ... 11
Abb. 2-4: Automobilmarkt als Marktverbund ... 12
Abb. 2-5: Beispiel Leistungsspektrum Mercedes-Benz Trucks ... 14
Abb. 2-6: Grundschema der Gebrauchtwagen-Hereinnahmepreis-Ermittlung ... 20
Abb. 2-7: Preis-Leistungs-Kategorien Truckstore ... 21
Abb. 3-1: Wertschöpfungskette von Porter ... 27
Abb. 3-2: Fundament der Vertriebssteuerung ... 32
Abb. 3-3: Informationsangebot, - bedarf und -nachfrage ... 36
Abb. 3-4: Formen der Ergebniskontrolle i.w.S. ... 43
Abb. 3-5: Kundennähe, Kundenzufriedenheit, Kundenbindung und ökonomischer Erfolg ... 45
Abb. 3-6: Kano-Modell ... 47
Abb. 3-7: Kundenbindung und Kundenzufriedenheit ... 49
Abb. 3-8: Wirkungszusammenhang der Kundenbindung nach Krafft ... 50
Abb. 4-1: Kundenwert im Spannungsfeld zwischen wert- und kundenorientierter Unternehmensführung ... 54
Abb. 4-2: Kundenwertmodelle und ihre Komponenten ... 55
Abb. 4-3: Funktionen des Kunden ... 56
Abb. 4-4: Determinanten des Kundenwertes ... 57
Abb. 4-5: Einflussfaktoren auf die Höhe des Cross-Selling-Wertes ... 61
Abb. 4-6: Einflussfaktoren des Cross-Selling-Wertes ... 62
Abb. 4-7: Einflussfaktoren des Kooperationswerts ... 65
Abb. 4-8: Einflussfaktoren des Referenzwertes ... 68
Abb. 4-9: Unterscheidungsmerkmale des Lead Users ... 70
Abb. 4-10: Einflussfaktoren des Informationswertes ... 71
Abb. 4-11: Einflussfaktoren des Loyalitätswertes ... 72
Abb. 4-12: Einflussfaktoren des Liquiditätswertes ... 75
Abb. 4-13: Vereinfachtes Wirkungsmodell der Determinanten des Kundenwertes ... 76
Abb. 4-14: Kriterien zur Systematisierung der Kundenbewertungsmodelle ... 78
Abb. 4-15: Exemplarische Einteilung der Loyalitätsleiter ... 79
Abb. 4-16: Exemplarisches Berechnungsschema RFM-Modell ... 85
Abb. 4-17: Beispiel Kundenportfolio ... 88

Abb. 4-18: Wanderverhalten von Kunden nach dem Customer Migration-Modell 95
Abb. 4-19: Grundbausteine des Markov-Prozesses 96
Abb. 4-20: Kundenkapitalwert mit Realoptionen 97
Abb. 4-21: Veränderung der Volatilität des Kundenwertes beim Einsatz von Realoptionen 98
Abb. 4-22: Beurteilung der Verfahren zur Kundenbewertung 100
Abb. 5-1: Kundenwertsystem 102
Abb. 5-2: Beispiel einer Bezugsobjekthierarchie 104
Abb. 5-3: Netzwerk einer multidimensionalen Bezugsobjekthierarchie 105
Abb. 5-4: Grundschema Kundenerfolgsrechnung 107
Abb. 5-5: Kundenergebnisrechnung Neufahrzeug 108
Abb. 5-6: Instrumente zur Absicherung des Währungstransaktionsrisikos 112
Abb. 5-7: Niederlassungsnettomarge 114
Abb. 5-8: Problem der Fixkostenumlage 116
Abb. 5-9: Erweiterung Kundenergebnisrechnung Neufahrzeug Prozesskostenelemente 118
Abb. 5-10: Kostentreiber der Teilprozesse der Kostenstelle Key Account Management 119
Abb. 5-11: Kundenergebnisrechnung Gebrauchtfahrzeug 121
Abb. 5-12: Planverlauf Servicevertrag 122
Abb. 5-13: Kundenergebnisrechnung Serviceverträge 124
Abb. 5-14: Kostenanpassung Servicevertrag 125
Abb. 5-15: Beispiel Ergebnisgröße per Vertragsende 126
Abb. 5-16: Kundenergebnisrechnung Werkstattgeschäft 126
Abb. 5-17: Beispiel Kundenkarte MercedesService Card 128
Abb. 5-18: Kundenergebnisrechnung Teile 129
Abb. 5-19: Kundenergebnisrechnung Finanzdienstleistungen 130
Abb. 5-20: Beispiel Berechnung Condition Contribution 132
Abb. 5-21: Bestandteile der Makroumwelt 137
Abb. 5-22: Wettbewerbskräfte nach Porter („5-Forces") 137
Abb. 5-23: Beispiel für ein qualitatives Risikobewertungsmodell 145
Abb. 5-24: Beispiel für die Ermittlung des Referenzwerts 150
Abb. 5-25: Beispiel für die Ermittlung des Informationswerts 151
Abb. 5-26: Beispiel für die Ermittlung des Loyalitätswerts 151
Abb. 5-27: Beispiel für die Ermittlung des Liquiditätswerts 152
Abb. 5-28: Beispiel für ein Kunden-Scoringmodell 155

Abb. 6-1: Umsysteme des Kundenwertmanagements ... 157
Abb. 6-2: Beispiel für ein Kunden-Ranking ... 161
Abb. 6-3: Beispiel einer ABC-Analyse ... 162
Abb. 6-4: Typen von ABC-Analysen (Risikotypen) ... 163
Abb. 6-5: Beispiel einer Kundenportfolio-Analyse ... 164
Abb. 6-6: Potenzielle Schwachstellen bei Kunden bezüglich des Kundenwertes ... 170
Abb. 6-7: Beispiele für Kundenportfolio-Strategien ... 173
Abb. 6-8: Organisationsformen des Kundenmanagements ... 177
Abb. 6-9: Mögliche operative Maßnahmen zur Steigerung des Kundenwertes ... 186
Abb. 7-1: BI-Nutzertypen und geeignete BI-Bausteine ... 192
Abb. 7-2: Mögliche Ausprägungen der OLAP-Architektur ... 196
Abb. 7-3: Beispiel für einen mehrdimensionalen Würfel ... 197
Abb. 7-4: Systemarchitektur BI-Kundenwertlösung Mercedes-Benz Trucks ... 198
Abb. 7-5: Beispiel für ein Wasserfallmodell ... 199
Abb. 7-6: Verschiedene Schichten im Rahmen der Datenaufbereitung ... 203
Abb. 7-7: Berichtsbeispiel I ... 207
Abb. 7-8: Berichtsbeispiel II ... 207

1. Einleitung

1.1 Problemstellung

Durch eine bereits sehr weit fortgeschrittene Optimierung der Produktionsabläufe, eine zunehmende Angleichung der Technik und der Qualität der Produkte und damit einhergehende ansteigende Entwicklungskosten wird es für die Automobilhersteller im Allgemeinen und für die Nutzfahrzeughersteller im Speziellen mehr und mehr notwendig, auch Optimierungspotenziale im bisher vergleichsweise wenig betrachteten Vertriebsbereich zu heben. Dies kann z. B. durch die Integration der Markt- und Kundenebene erfolgen. Hierbei erscheint durch die Tendenz zu einer Zunahme des Flottengeschäftes speziell die umfassende Betrachtung von Großkunden interessant. In der Praxis sind hier jedoch viele Nutzfahrzeughersteller immer noch zu sehr geschäftsbereichsorientiert im Rahmen der Strategieverfolgung, aber auch innerhalb der nachgelagerten Erfolgsmessung aufgestellt.

Ein Weg zur Hebung von Optimierungspotenzialen stellt damit gerade bei Großkunden die integrierte Betrachtung der gesamten automobilen Wertschöpfungskette dar. Dies bedeutet, dass nicht nur das klassische Neufahrzeuggeschäft im Fokus steht, sondern auch Downstream-Aktivitäten wie z. B. das After-Sales-Geschäft sowie Finanzdienstleistungen einbezogen werden. Dies alles erfolgt unter Verfolgung der Maxime der langfristigen Steigerung des Unternehmenswertes.

Der ideale Ansatzpunkt zur Ausschöpfung dieser Potenziale sowohl auf Einzelkunden- als auch auf Portfolioebene stellt dabei der Kundenwert dar. Damit soll jedoch nicht eine uneingeschränkte Kundenorientierung, wie von Reichheld und Sasser in Form uneingeschränkter Kundenzufriedenheit und einer Kundenfluktuation von „Null“ gefordert („zero defections“), verstanden werden (vgl. Reichheld/Sasser 1990, S. 105 ff.). Vielmehr soll der Kundenwert den „vom Anbieter wahrgenommenen, bewerteten Beitrag eines Kunden […] zur Erreichung der monetären und nichtmonetären Ziele des Anbieters“ verkörpern (Helm/Günter 2003, S. 7). Der Kunde wird also als Investitionsobjekt bzw. Vermögensgegenstand angesehen, der eines ganzheitlichen und langfristig orientierten Managements bedarf. So kann es z. B. unter Umständen förderlich sein, einem Kunden einen höheren Nachlass im Neufahrzeugbereich zu gewähren, um in der Folge Downstream-Geschäfte zu initiieren. Dies impliziert, den Kunden in seiner ökonomischen Gesamtbedeutung mit jeglichen quantitativen (z. B. Kundendeckungsbeitrag I in den einzelnen Teilmärkten) aber auch qualitativen Facetten (z. B. Referenzgeber, Informationsgeber) zu betrachten. In der gegenwärtigen Literatur werden zur Ermittlung des Kundenwertes statische und dynamische Ansätze unterschieden. Erstere lassen sich wiederum in eindimensionale und mehrdimensionale Ansätze unterscheiden. Während die eindimensionalen partialanalytische Bewertungsansätze darstellen, versuchen die mehrdimensionalen Ansätze durch die Einbeziehung verschiedener Messgrößen der Komplexität in der Realität Rechnung zu tragen.

Dabei wurden obige, grundlegende Verfahren teilweise bereits detailliert diskutiert, es fehlt jedoch bis heute ein Ansatz zur Integration verschiedener Teilmärkte in Form einer workflowbasierten Bewertung bei der Kundenwertermittlung. Auch fehlt ein Vorgehen speziell für Großkunden der Nutzfahrzeugindustrie zur Schaffung von Transparenz entlang der automobilen Wertschöpfungskette. Dieser Mangel soll mit der vorliegenden Dissertation behoben werden.

1.2 Ziel und Vorgehensweise

Bezug nehmend auf die Problemstellung soll mit der vorliegenden Arbeit aufgezeigt werden, wie das Potenzial von Großkunden der Nutzfahrzeughersteller mittels des Kundenwertes im Rahmen einer integrierten Vertriebssteuerung entlang der gesamten automobilen Wertschöpfungskette gezielt ausgeschöpft werden kann. Die Ausschöpfung des Potenzials soll dabei langfristig der Steigerung des Unternehmenswertes dienen. Die dabei verfolgten Unterziele lassen sich wie folgt zusammenfassen:

1. Identifikation der relevanten Determinanten für eine Kundenwertbetrachtung im Nutzfahrzeugbereich über die gesamte automobile Wertschöpfungskette
2. Auswahl eines verlässlichen und validen Instrumentariums zur Messung des Kundenwertes
3. Entwicklung eines verlässlichen und validen Kundenwertsystems zur Steuerung des Kundenwertes
4. Ableitung von Einsatzmöglichkeiten und Ansatzpunkten für das Kundenwertmanagement im Rahmen einer integrierten Vertriebssteuerung

Dabei soll die Untersuchung stets Anwendungsbezug aufweisen, d.h. es soll nicht darum gehen, ein praxisfernes Idealmodell zu kreieren, sondern vielmehr ein realitätsnahes, pragmatisches Vorgehen untermauert durch ein solides theoretisches Fundament. Bezüglich des Aufbaus der Arbeit wurde folgende Abfolge gewählt:

Mit den Kapiteln 2 und 3 soll der Rahmen für den Kern der Untersuchung geschaffen werden. So behandelt Kapitel 2 den betrachteten Automobilmarkt als Marktverbund. Das Kapitel gliedert sich in zwei Teile. Im ersten Teil wird die Automobilindustrie allgemein definiert und es erfolgt eine Eingrenzung auf das Nutzfahrzeuggeschäft. Dies findet vor dem Hintergrund der Schaffung eines klar abgegrenzten Untersuchungsbereichs statt. Dennoch sollte das Vorgehen mit überschaubarem Anpassungsaufwand z. B. auch im Pkw-Bereich anwendbar sein, soweit es sich um einen Hersteller mit ausgeprägtem Flottengeschäftsanteil handelt. Auch wird teils auf Literatur aus diesem Bereich zurückgegriffen, wo ein identisches Vorgehen vorliegt.

Darauf aufbauend werden zur Charakterisierung des Nutzfahrzeuggeschäftes für den weiteren Verlauf der Arbeit relevante Besonderheiten des Investitionsgütergeschäftes erörtert und es erfolgt eine Einordnung in zwei Typologisierungen des Investitionsgütergeschäftes. Schließlich wird die automobilwirtschaftliche Wertschöpfungskette mit all ihren Teilmärkten vorgestellt. Daraufhin werden im zweiten Teil die Besonderheiten der für den weiteren Verlauf der Arbeit relevanten Wertschöpfungskettenteile detailliert ausgeführt.

Kapitel 3 behandelt die einzelnen Elemente der integrierten Vertriebssteuerung. Zuerst erfolgen die Definition und die Zielsetzung, bevor detailliert auf den Staus Quo des Vertriebscontrollings im Allgemeinen und nutzfahrzeugspezifische Vorgehensweisen im Speziellen als Basis der integrierten Vertriebssteuerung eingegangen wird. Die Teilfunktionen sind hierbei die Information, die Planung und die Kontrolle. Danach wird die in diesem Bereich notwendige Erweiterung der Betrachtung der Produktebene um die Kundenebene erläutert, bevor der Weg von der Kundenzufriedenheit über die Kundenbindung zum ökonomischen Erfolg, deren Einflussfaktoren sowie deren Wirkungszusammenhänge dargestellt werden. Dieser ökonomische Erfolg wird im Folgenden durch den Kundenwert verkörpert.

Im Mittelpunkt des 4. Kapitels steht der Kundenwert. Nach der Darlegung der Grundlagen des Kundenwertes wird auf die für den Nutzfahrzeugbereich relevanten Determinanten und ihre Einflussfaktoren detailliert eingegangen. In der Folge gilt es, die in der theoretischen Forschung verbreiteten Methoden zur Erhebung des Kundenwertes zu analysieren. Hierfür wird entsprechend den Anforderungen der Nutzfahrzeugbranche ein Kriterienkatalog definiert, verschiedene Systematisierungsansätze diskutiert sowie schließlich verbreitete statische und dynamische Verfahren evaluiert. Aufbauend darauf erfolgt eine Auswahl der Methoden für die vorliegende Untersuchung.

Auf Basis der in den vorangehenden Kapiteln gelegten Grundlagen wird anschließend im 5. Kapitel das eigentliche Kundenwertsystem für eine integrierte Vertriebssteuerung der Nutzfahrzeugindustrie definiert und in Form einer Kundenerfolgsrechnung, einem Kundenkapitalwert, einem Kundenmonitor sowie einem Scoringmodell ausführlich dargelegt. Dies bedeutet im Fall der Kundenerfolgsrechnung eine Ausführung jeglicher Berechnungsschemata für die relevanten Teilmärkte. Beim Kundenkapitalwert gilt es, zukünftige Zahlungsströme abzuschätzen, die Beziehungsdauer zu bestimmen als auch den Faktor Unsicherheit einzubeziehen. Für den Kundenmonitor müssen die Elemente in Form der Kundenwertdeterminanten bestimmt werden, welche bis hier nicht von den vorhergehenden Verfahren abgedeckt wurden und gegebenenfalls um weitere Komponenten erweitert werden, um zum Einen Kunden allumfassend abzubilden, zum Anderen über eine reine Kundenwertanalyse hinaus Elemente des Customer Relationship Management (CRM) zu integrieren. Auch soll schließlich ein Kunden-Scoringmodell für einen intersubjektiven Vergleich von Kunden aufgebaut werden.

In der Folge gilt es im 6. Kapitel, Einsatzmöglichkeiten dieses Kundenwertsystems im Rahmen einer integrierten Vertriebssteuerung entsprechend den Funktionsbereichen des Vertriebscontrollings aufzuzeigen. Hierbei soll eine Untergliederung in strategische und operative Aufgabenbereiche vorgenommen werden.

In Kapitel 7 werden schließlich Erfolgsfaktoren bei der Implementierung des Konzeptes mittels einer Business Intelligence-Lösung am Beispiel der Mercedes-Benz Trucks Division herausgearbeitet, nachdem die Grundlagen einer Business Intelligence-Lösung dargelegt wurden. Kapitel 8 fasst noch einmal die wesentlichen Inhalte und Ergebnisse zusammen und widmet sich den daraus resultierenden Implikationen.

2. Der Automobilmarkt als Marktverbund

2.1 Grundlagen der Automobilindustrie

2.1.1 Definition der Automobilindustrie

Gemäß dem Verband der Automobilindustrie (VDA) werden unter dem Begriff der **Automobilindustrie** „die Hersteller von Kraftwagen und deren Motoren, Sattelzug-maschinen, Anhängern, Aufbauten, Kraftfahrzeugteilen und –zubehör“ zusammengefasst (VDA 2000, S. 6). Speziell **Automobilhersteller** werden sehr allgemein definiert als „wirtschaftliche Einheiten, die eigenhergestellte oder fremdbezogene Komponenten, Systeme und Module zu dem Endprodukt Fahrzeug kombinieren und dieses am Markt Endverbrauchern anbieten“ (Wolters 1995, S. 6 f.). Als **Automobilhersteller i.e.S.** zählen jene Unternehmen, deren primärer Geschäftsinhalt die Endproduktion und der Vertrieb von Kraftfahrzeugen (Personenkraftwagen [Pkw], Nutzkraftwagen) ist (vgl. Florenz 1992, S. 7; Meinig 1995, S. 58). Als **Automobilhersteller i.w.S.** sind Unternehmen zu bezeichnen, die in Kooperation mit Automobilherstellern die Endmontage bestimmter Modelle übernehmen (i.d.R. längerfristig angelegte Auftragsfertigung). Damit beinhaltet der Begriff auch Hersteller von Anhängern, Aufbauten, Fahrzeug- und Zubehörteilen (vgl. Meinig 1995, S. 58). Auf Grund der Themenstellung der Arbeit wird hier der engeren Fassung des Begriffes mit dem Fokus auf **Lastkraftwagen (Lkw)** gefolgt und daher im weiteren Verlauf von **Nutzfahrzeugherstellern** gesprochen.

Lastkraftwagen sind Fahrzeuge, die für den Gütertransport bestimmt sind und mindestens ein zulässiges Gesamtgewicht von 6 Tonnen aufweisen. Sie können wie folgt unterteilt werden (vgl. Frey 2010):

- Medium Trucks (mittelschwere Lkw) mit einem Gesamtgewicht zwischen 6,01 und 15,9 Tonnen
- Heavy Trucks (schwere Lkw) mit einem Gesamtgewicht über 15,9 Tonnen
- Sattelzugmaschinen

Oft werden aber auch abweichend die Zugmaschinen unter die Gruppe der Lkw subsummiert (vgl. VDA 2000, S. 8). Kommerziell eingesetzte Fahrzeuge bis 6 Tonnen zulässigem Gesamtgewicht (auch bezeichnet als Light commercial vehicles) werden nicht als Lkw im produkttechnischen Umfeld bezeichnet (vgl. Kelp 2000, S. 12).

Daneben wird häufig die Einteilung nach dem Einsatzzweck in Fern-, Verteiler- und Bauverkehr gewählt. Beim Fernverkehr steht der wirtschaftliche Gütertransport im nationalen oder internationalen Einsatz mit einer Jahresfahrleistung von weit über 100.000 Kilometern im

Vordergrund. Der Verteilerverkehr findet dagegen primär im City- und Nahbereich statt, wobei die Güter an eine Vielzahl von Abladestellen transportiert werden. Schließlich dominiert beim Bauverkehr der häufige Kurzstreckeneinsatz in oft schwerem Gelände mit häufigem Wechsel zwischen Beladung und Leerfahrt (vgl. Daimler AG, 2009a).

Bezüglich der Kunden können Individualkunden und Großkunden in Form von Flottenkunden unterschieden werden. Während Erstere im Normalfall nicht mehr als fünf Fahrzeuge besitzen, kann bei Zweiteren nochmals in kleine (größer fünf Einheiten) und große (größer fünfzig Einheiten) Flottenkunden unterschieden werden. Typische Großkunden der Nutzfahrzeughersteller entstammen den Branchen Autovermietung, Paket und Brief, Mineralöl, Lebensmittel- und Getränke, Ladungs- und Stückgut, Entsorgung, Zement und Bau sowie Autotransport (vgl. Hartmann 2009).

Die Merkmale des Nutzfahrzeuggeschäftes als Investitionsgütergeschäft sollen nun im folgenden Unterabschnitt erörtert werden. Nach der Definition des Investitionsgütergeschäftes und der Einordnung des Nutzfahrzeuggeschäftes in zwei Geschäftstypologien werden weitere Charakteristika des Investitionsgütergeschäftes vorgestellt.

Merkmale des Investitionsgütergeschäftes

Allgemein definiert sind **Investitionsgüter** „Leistungen, die von Organisationen beschafft werden, um mit ihrem Einsatz (Ge- oder Verbrauch) weitere Güter für die Fremdbedarfsdeckung zu erstellen (Investitionsgüter-Produzenten) oder um sie unverändert an andere Organisationen weiterzuveräußern, die diese Leistungserstellung vornehmen (Produktionsverbindungshandel)“ (Engelhardt 1998, S. 14). Diese Definition enthält bereits zwei der drei gängigen Begriffsbildungsansätze. Zum Einen wird der gütertypologische Ansatz verwendet, der die Art des Gutes zum Aufsatzpunkt hat. Ein Investitionsgut wird hierbei als Produktionsfaktor betrachtet, das im Leistungsprozess verwendet wird. Zum Anderen enthält die Definition den institutionellen Ansatz, der Investitionsgüter als Wirtschaftsgüter ansieht, die nicht an Endkonsumenten, sondern an Organisationen abgesetzt werden (vgl. Sander 2004, S. 10). Schließlich kann noch ein prozessorientierter Ansatz unterschieden werden, der auf die Besonderheiten des zugrunde liegenden Vermarktungs- und Kaufprozesses abstellt (vgl. Kutschker 1972, S. 47).

Zur **Typisierung der Art des Investitionsgütergeschäftes** bietet sich in der Literatur eine Vielzahl von Ansätzen an (vgl. z. B. Backhaus/Voeth 2007, S. 202; Kleinaltenkamp 2000, S.757 ff.). Im Folgenden sollen zur Einordnung des Nutzfahrzeuggeschäftes die Typologisierungen von Kleinaltenkamp und Backhaus vorgestellt werden.

Bei Kleinaltenkamp bildet die erste Dimension das Ausmaß, in dem die angebotenen Problemlösungen auf die Kundenwünsche angepasst sind (Kundenintegration), die zweite Dimension bildet die Intensität der zwischen Kunden und Lieferanten existierenden Geschäftsbeziehungen (vgl. Kleinaltenkamp 2001, S. 757 ff.). Diese Dimensionen sowie die sich hieraus ergebenden Geschäftstypen sind in der folgenden Abbildung 2-1 dargestellt.

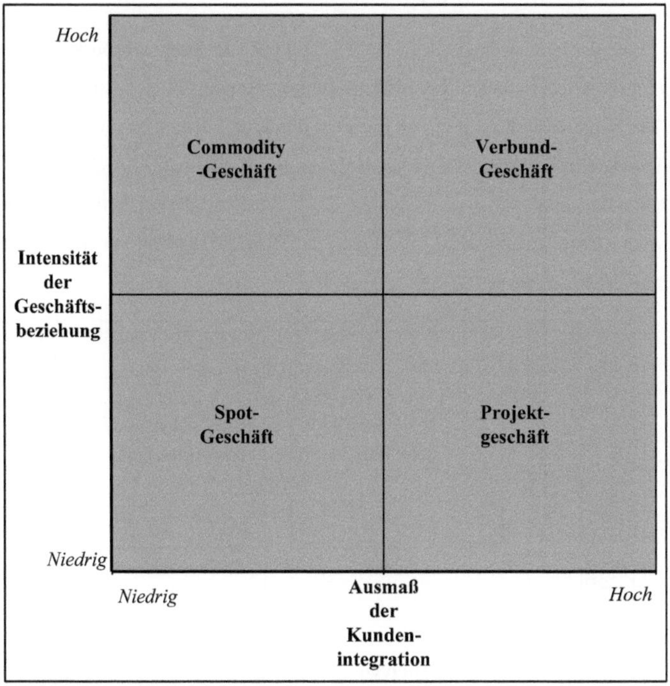

Quelle: Kleinaltenkamp 2000, S. 604
Abb. 2-1 Geschäftstypologie auf Investitionsgütermärkten I

Spot-Geschäfte liegen vor, wenn die gehandelten Güter standardisiert sind und sich zwischen Anbieter und Nachfrager keinerlei Geschäftsbeziehungen entwickeln (z. B. Rohstoffhandel über Auktionen und Warenbörsen). Commodity-Geschäfte weisen gegenüber Spot-Geschäften eine Beziehung auf Grund von Zusatzleistungen wie Wartung und Instandhaltung auf. Das Produkt ist jedoch auch relativ homogen. Hier ist auch das Lkw-Geschäft einzuordnen, obwohl es eine unglaubliche Variantenvielfalt im Detail gibt, diese jedoch im Vergleich zu anderen Branchen einen relativ geringen Variationsgrad aufweisen. Projektgeschäfte sind demgegenüber durch eine intensive, individuelle Entwicklung für den Kunden geprägt, es entsteht hierbei jedoch meist keine langfristige Geschäftsbeziehung (z. B. Großanlagengeschäft). Verbundgeschäfte schließlich weisen eine große Kundenindividualität als auch eine intensive Anbieter-Kunde-Beziehung auf (z. B. Telekommunikationssysteme) (vgl. Backhaus/Voeth 2007, S. 190f.). Kritisch muss bei dieser Typologisierung angemerkt werden, dass es sich mehr um eine pragmatische Einteilung als um eine theoretisch begründeten Sachverhalt handelt und die Übergänge zwischen den einzelnen Ausprägungen nicht klar abgegrenzt sind (vgl. Kleinaltenkamp 2001, S. 757 ff.).

Der zweite, sehr verbreitete Ansatz von Backhaus weist die Dimensionen Kaufverbund und Transaktionsform auf, welche den Investitionsgütermarkt maßgeblich bestimmen (vgl. Abbildung 2-2). Der Kaufverbund zeigt an, ob die nachgefragten Leistungen im Verbund mit anderen Leistungen gekauft werden. Die Transaktionsform bezeichnet, ob sich das Angebot auf einen Einzelkunden oder auf den anonymen Markt bezieht. Darauf aufbauend können die Geschäftstypen Zuliefer-, System-, Anlagen- und Produktgeschäft unterschieden werden (vgl. Backhaus/Voeth 2007, S. 202).

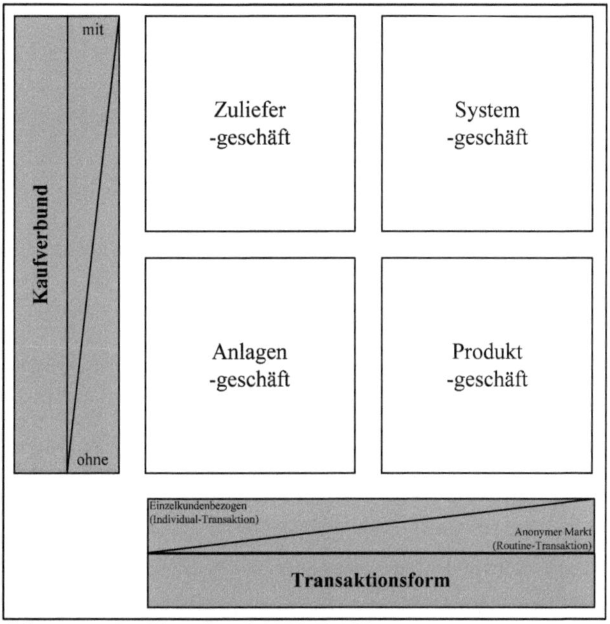

Quelle: In Anlehnung an Backhaus/Voeth 2007, S. 202
Abb. 2-2: Geschäftstypologie auf Investitionsgütermärkten II

Beim Zuliefergeschäft wird eine identische Leistung in großer Stückzahl produziert, jedoch kundenindividuell entwickelt. Ein typisches Beispiel ist hierfür ein Automobilhersteller, der von einem Zulieferer Komponenten bezieht. Dagegen ist das Systemgeschäft auf den anonymen Markt ausgerichtet. Jeder Käufer bindet sich jedoch wie auch beim Zuliefergeschäft langfristig. Der Grund hierfür liegt darin, dass er bei Systemerweiterungen auf herstellerspezifische Systemkomponenten angewiesen ist (z. B. Computer-Betriebssystem). Im Anlagengeschäft werden komplexe Produkte gehandelt, deren Vermarktung schon vor der eigentlichen Fertigung stattfindet. Im Gegensatz zum Produktgeschäft weist es einen hohen Spezifikationsgrad auf (vgl. Backhaus/Voeth 2007, S. 202 f.). Das Lkw-Geschäft aber kann im Umfeld der Investitionsgüter trotz der teils beträchtlichen Unterschiede bezüglich Fahrzeugausstattung, -größe und –technik dem weitestgehend standardisierten Produktgeschäft zugeordnet werden (vgl. auch Kirsch/Kutschker 1978, S. 32 ff.). Kritisch ist an dieser zweiten Typologie von Backhaus wie auch bei der von Kleinaltenkamp die Definition der Übergänge der einzelnen Formen. Dennoch dienen beide für eine erste rudimentäre Einordung.

Bei Investitionsgütern liegt in der Regel im Gegensatz zu individuellen Bedürfnisstrukturen im Konsumgütergeschäft ein **derivativer Bedarf** vor. Dieser ist somit eine abgeleitete Größe, welche die quantitativen, qualitativen und wertmäßigen Anforderungen verschiedener nachgelagerter Marktstufen abbildet (vgl. Grün/Wolfrum 1994, S. 182 f.). So wird z. B. ein Nachfrager eines Nutzfahrzeuges diesen Kauf im Hinblick auf die Anforderungen seines Unternehmens (z. B. finanzieller Rahmen, Betriebskostenniveau, Wartungsfreundlichkeit etc.) und die Bedürfnisse seiner Kunden evaluieren. Für den Anbieter sind auf mehrstufigen Märkten die Wettbewerbsvorteile somit teils als Funktion der Wettbewerbsvorteile auf Folgemärkten anzusehen (vgl. Bidmon 2004, S. 103). So muss z. B. ein Lkw-Hersteller im Idealfall eine Vielzahl an Modellen anbieten, die mit Aufbauten und Ausbauten individuell den Einsatzorten und Einsatzzwecken der Kunden angepasst werden können.

Auch geht damit eine **Vielfältigkeit von Kaufkriterien** einher. So können Umweltfaktoren (politische und wirtschaftliche Rahmenbedingungen), das Image des Anbieters (Größe, Bekanntheit, Marktpräsenz), das Leistungspotenzial (technologische und abwicklungstechnische Kompetenz, Umfang und Qualität des Dienstleistungsangebots), der Leistungserstellungsprozess, aber auch das Leistungsergebnis (Produktqualität und –palette, Preis-Leistungs-Verhältnis) die Kaufentscheidung beeinflussen (vgl. Bidmon 2004, S. 117).

Ein weiteres Merkmal des Investitionsgütergeschäftes ist das organisationale Beschaffungsverhalten, welches sich in einem **multipersonalen Problemlösungs- und Entscheidungsprozess** vollzieht, der durch aktives Informationsverhalten und durch häufige Interaktionen gekennzeichnet ist (vgl. Sander 2004, S. 10.). Hierfür finden sich in der Literatur eine Vielzahl von Phasenkonzepten (vgl. für einen Überblick Backhaus/Voeth 2007, S. 45). Exemplarisch soll hier das Konzept von Backhaus und Günter angeführt werden, welches sich in eine Voranfrage-, eine Angebotserstellungs-, eine Verhandlungs-, eine Abwicklungs- sowie eine Gewährleistungsphase gliedert (vgl. Backhaus/Voeth 2007, S. 44). Kritisch kann hierbei angemerkt werden, dass der Verlauf in der Realität auch Rückkopplungsschleifen aufweist oder im Extremfall sogar in einer anderen Reihenfolge vonstatten geht. Positiv muss die Möglichkeit herausgestellt werden, damit ähnliche Aktivitäten zu Gruppen zusammenzufassen zu können (vgl. Bidmon 2004, S. 115). Auf diesen Prozess wirken eine Reihe von situativen Einflussfaktoren, so dass dieser unterschiedlich ablaufen kann.

In besonderem Maße ist dabei die Zusammensetzung des **Buying Centers** (Einkaufsgremium), also dem gedanklichen Konstrukt aus allen am Entscheidungsprozess formell oder informell beteiligten Personen, von Bedeutung. Im Normalfall setzt sich dieses, wie in Abbildung 2-3 dargestellt, aus Mitgliedern unterschiedlicher Funktionsbereiche und Hierarchieebenen zusammen, welche die Kaufentscheidung nach unter Umständen divergierenden Kriterien bewerten. Grundsätzlich können die Rollen des Einkäufers, des Benutzers, des Beeinflussers, des Informationsselektierers sowie des Entscheiders eingenommen werden (vgl. Webster/Wind 1972, S. 77 ff.). Der Einkäufer wählt dabei Lieferanten aus und tätigt Kaufabschlüsse. Der Benutzer ist Erfahrungsträger im Hinblick auf die Qualität des zu kaufenden Produkts. Er gibt Anregungen und bestimmt durch sein Verhalten den Erfolg einer Beschaffungsaktion wesentlich mit. Beeinflusser sind formal nicht am Kaufprozess beteiligt, beeinflussen diesen aber durch ihre Informationspolitik. Informationsselektierer steuern die Informationsströme im und in das Buying Center (z. B. Assistenten von Entscheidungsträgern). Der Entscheider schließlich bestimmt auf Grund seiner Machtposition letztendlich über die Auftragsvergabe. Die Zusammensetzung des Buying Centers ist dabei abhängig von der Bedeutung des Kaufs und der Neuartigkeit des Kaufs. Daher ist zu unterscheiden, ob es sich um einen Erstkauf oder einen Wiederkauf handelt (Kauftyp) (vgl. Backhaus/Voeth 2007, S. 52 ff.).

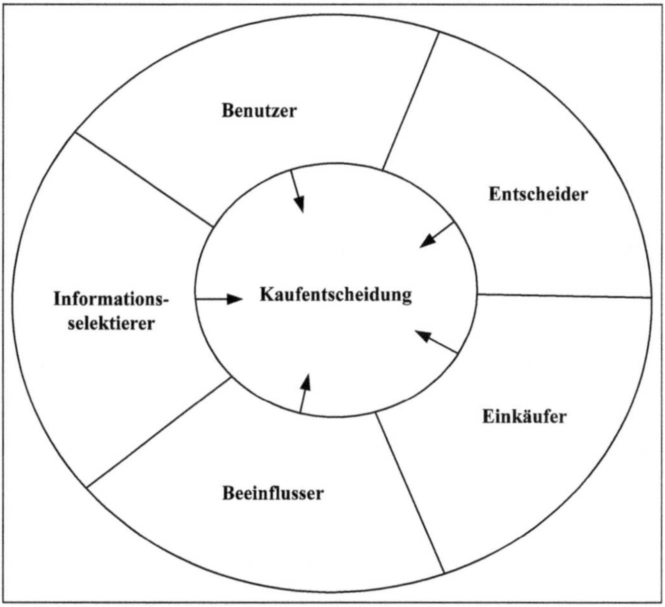

Quelle: In Anlehnung an Webster/Wind 1972, S. 77 ff.
Abb. 2-3: Rollen des Einkaufsgremiums nach Webster/Wind

Dieses Rollenmodell ist auf Grund seiner Anschaulichkeit weit verbreitet. Jedoch steht auch bei diesem bis heute eine empirische Überprüfung des Erklärungswertes aus. Des Weiteren sind die einzelnen Rollen nicht überschneidungsfrei, da eine Person mehrere Rollen einnehmen kann. Auch handelt es sich bei einem Investitionsgütergeschäft oft um formalisierte Verfahren auf Grund von vorgegebenen Lieferantenauswahlkriterien, Produktbeurteilungskriterien, Wirtschaftlichkeitsanalysen oder Vorschriften über den Instanzenweg (vgl. Bidmon 2004, S. 113). Schließlich impliziert der multipersonale Pröblemlösungs- und Entscheidungsprozess eine größere **Professionalität der Beteiligten** als der Kauf von Konsumgütern und damit einhergehend tendenziell einen größeren Grad an Rationalität (vgl. Dichtl/Engelhardt 1980, S. 147).

Nachdem die Besonderheiten des Investitionsgütergeschäftes im Allgemeinen herausgearbeitet wurden soll nun die automobilwirtschaftliche Wertschöpfungskette im Speziellen betrachtet werden. Zuerst soll diese im Ganzen betrachtet werden, vor auf die Besonderheiten ausgewählter Wertschöpfungskettenteile eingegangen wird.

2.1.2 Automobilwirtschaftliche Wertschöpfungskette

Im alltäglichen Sprachgebrauch verbindet man mit dem Automobilmarkt zunächst das Neuwagengeschäft. Jedoch sind mit diesem weitere wirtschaftliche Aktivitäten verbunden, die teilweise vorgelagert (**upstream**), teilweise nachgelagert (**downstream**) sind (vgl. Abbildung 2-4). Dieser Marktverbund, der auf dem Konzept der Wertschöpfungskette beruht, wird im weiteren Verlauf der Arbeit als automobile Wertschöpfungskette bezeichnet. Hierbei können upstream der Markt für Zulieferungen sowie Entwicklungsleistungen unterschieden werden. Downstream sind jegliche Bereiche über die gesamte Nutzungsphase des Fahrzeugs aufzuführen. Nach Diez zählen hierzu der Markt für Neuwagen, für automobilbezogene Finanzdienstleistungen, für Service und Teile, für die Kraftstoffversorgung, für Gebrauchtwagen und schließlich für die Entsorgung des Altfahrzeuges (vgl. Diez 2006, S. 17). In einer weitergehenden Betrachtung kann der Wertschöpfungskettenteil Service und Teile nochmals untergliedert werden. So inkludiert der Bereich Service, Wartung und Reparatur, aber auch das Fuhrpark- bzw. Flotten-, Fracht- und Logistikmanagement, Fahrzeugvermietung sowie Fahrerinformationssysteme und Fahrertrainings. Unter Flottenmanagement (Fuhrparkmanagement) ist dabei der systematische Aufbau und die Steuerung eines Fuhrparks zu verstehen (vgl. Klaus 1997, S. 320). Ein Beispiel, welches auch bereits Transportlogistikelemente integriert, ist der telematikgestützte Internetdienst der Fleetboard GmbH (vgl. Fleetboard GmbH 2010). Der Bereich Teile umfasst schließlich Ersatzteile, Schmierstoffe, Reifen und Accessoires (vgl. Capgemini Consulting 2010, S. 6).

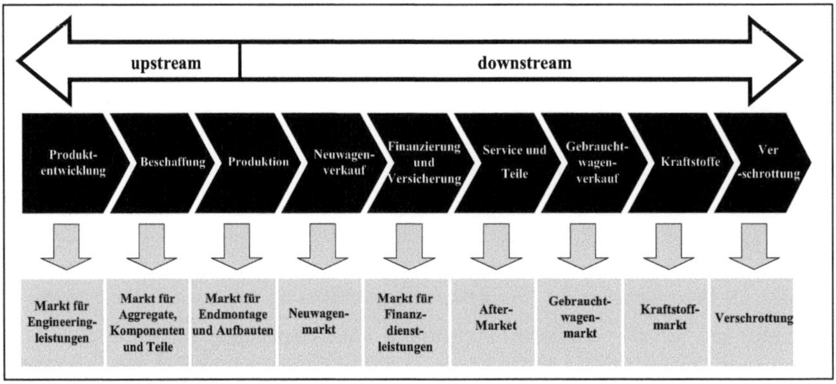

Quelle: Diez 2006, S. 18

Abb. 2-4: Automobilmarkt als Marktverbund

Die Bedeutung dieser Märkte ist teils beträchtlich. So erfolgen bereits drei Viertel der automobilen Wertschöpfung durch **Zulieferer** (vgl. VDA 2005, S. 55 ff.). Achtzig Prozent der

Gewinne der Hersteller stammen inzwischen aus Downstream-Geschäften (vgl. Mercer 2007, S. 3). Der **Markt für Serviceleistungen** schafft einen Großteil der Arbeitsplätze im Kraftfahrzeuggewerbe und bildet die wichtigste Ertragssäule für die Absatzmittler. Das **Ersatzteilgeschäft** ist nicht nur profitabel, sondern besonders konjunkturresistent, so dass es in konjunkturschwachen Jahren unverzichtbare Einnahmen liefert. Schließlich ist der **Markt für Finanzdienstleistungen** auf Grund hoher Erträge für die Nutzfahrzeughersteller sehr interessant (vgl. Diez 2006, S. 19). Bei Automobilkonzernen kann darüber hinaus das Neufahrzeuggeschäft jeweils als eine Spartenbetrachtung (z. B. Pkw, Lkw) aufgefasst werden oder eine ganzheitliche Sichtweise verfolgt werden.

Zusammenfassend gibt es vor allem in den dem Verkauf nachgelagerten Wertschöpfungskettenteilen erhebliche Gewinnpotenziale. Damit hat der Marktverbund nicht nur eine analytische Relevanz, sondern zugleich eine hohe strategisch-praktische Bedeutung. Generell zeichnet sich bei der automobilwirtschaftlichen Wertschöpfungsstruktur ein Trend weg von einer zu hohen Fertigungs- und Entwicklungstiefe hin zu einer Ausweitung der Aktivitäten im Vertrieb und Service. Der vertikale Integrationsgrad variiert hierbei jedoch sowohl konzern- als auch markenspezifisch (vgl. Diez 2006, S. 19 f.).

Daneben gewinnt die automobile Wertschöpfungskette auch aus Kundensicht mehr und mehr an Bedeutung. Hier sind es vor allem die gesamten Kosten eines Fahrzeuges über seine Nutzungsdauer in Form von Anschaffungskosten, Kosten für Service, Wartung und Reparaturen, aber auch für jegliche weitere Dienstleistungen, die im Fokus stehen (**Total Cost of Ownership** [TCO] oder auch bezeichnet als Life Cycle Costs). So entfallen im Nutzfahrzeugbereich auf die Anschaffungskosten nur 15 Prozent der TCO, 85 Prozent ergeben sich aus Folgekosten (vgl. Diez 1995, S. 232). Das Ziel ist bei der TCO-Betrachtung des Kunden stets, die mit der Nutzung eines Lkw verbundenen Kosten zu optimieren. Wichtige Komponenten sind hierbei die Reduktion des Kraftstoffverbrauchs, aber auch die Verlängerung der Service- und Wartungsintervalle (vgl. Hutter 2009, S. 76). Ein gegenläufiger Effekt entsteht vor allem aus Umweltauflagen in Form von Abgasnormen. Welches Leistungsspektrum jeweils relevant ist, hängt in der Regel zum Einen von der regionalen Präsenz, zum Anderen von der Fuhrparkgröße des Kunden ab. Abbildung 2-5 soll diesen Zusammenhang verdeutlichen. So sind inhabergeführte, primär lokal tätige Unternehmen meist nur am klassischen Neufahrzeuggeschäft mit unter Umständen einem speziellen Aufbau interessiert. Auch kann es vorkommen, dass hier ein Altfahrzeug in Zahlung gegeben werden soll. Mittelgroße Unternehmen wünschen auf Grund ihres meist höheren Professionalitätsgrades und der internationaleren Präsenz darüber hinaus auch die Möglichkeit, Fahrzeuge zu finanzieren bzw. zu leasen (Bilanzoptimierung), temporäre Kapazitätsspitzen mit Mietfahrzeugen zu überbrücken, aber auch Serviceverträge abzuschließen, um eine sichere Kalkulationsbasis zu haben. Schließlich sind für global agierende Unternehmen zusätzlich zur Minimierung der Steuerlast Cross-Border-Finanzierungen[1] relevant. Auch sind häufig Fahrzeug-Rücknahmevereinbarungen, ein professionelles Flotten- und Projektmanagement, Telematikdienstleistungen sowie Spezialanfertigungen gewünscht.

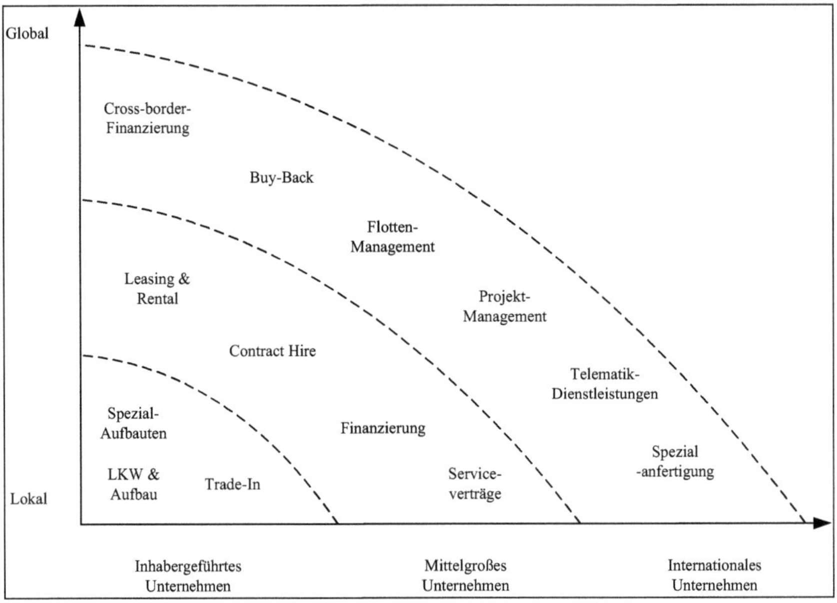

Quelle: DaimlerChrysler AG 2006, S. 4

Abb. 2-5: Beispiel Leistungsspektrum Mercedes-Benz Trucks

Sicherlich sind jegliche in diesem Unterabschnitt aufgeführten Geschäftsteile relevant und werden in der Zukunft eventuell beträchtlich an Bedeutung gewinnen. Eine idealerweise allumfassende Betrachtung über alle Sparten eines Automobilkonzerns und über jegliches Downstream-Geschäft würde jedoch den Umfang dieser Arbeit bei Weitem sprengen. Daher soll im weiteren Verlauf der Arbeit der Fokus auf die momentan ertragsreichsten automobilen Wertschöpfungskettenteile gelegt werden. Diese sind das klassische Kerngeschäft in Form des Neufahrzeugverkaufes sowie die Downstream-Bereiche Gebrauchtfahrzeughandel, Fi-

[1] Beim Cross-Border-Leasing haben der Leasinggeber und der Leasingnehmer ihren Sitz in verschiedenen Staaten.

nanzdienstleistungen und After-Sales. Letzterer soll weiter untergliedert werden in die Untergruppen Servicevertrag, Werkstatt- und Ersatzteilegeschäft.

2.2 Besonderheiten und wichtige Prozesse ausgewählter Wertschöpfungskettenteile

2.2.1 Neufahrzeuggeschäft

Grundlegend handelt es sich beim Neufahrzeugverkauf der Nutzfahrzeugindustrie um ein **zyklisches Geschäft**. Bedingt werden diese Zyklen durch konjunkturelle Schwankungen, welche schnell zu einem vertriebspolitischen Problem werden können. Gelingt es dem Nutzfahrzeughersteller nicht, die Produktion an die schwankende Nachfrage anzupassen, muss ein kostspieliger Fahrzeugbestand aufgebaut werden, um keine Lieferengpässe entstehen zu lassen (vgl. Diez 1999, S. 21 ff.). Abhilfe kann hierbei z. B. das Konzept der „atmenden Fabrik" schaffen, das als Hauptinstrumentarium die Einführung flexibler Arbeitszeitkonten für die Beschäftigten vorsieht (Management of Cycles) (vgl. Diez 2006, S. 23).

Daneben wird im Neufahrzeugbereich primär durch den Einsatz von Maßnahmen zur Reduktion variantenabhängiger Kosten versucht, Einsparungspotenziale zu realisieren. Dies kann grundsätzlich durch eine **Gleichteile-Strategie**, ein Badge-Engineering und eine Plattform-Strategie erfolgen. Mit Ersterer wird versucht, aus einem bestimmten Teilebaukasten eine Vielzahl von Varianten herzustellen. Dabei werden alle für den Kunden nicht kaufentscheidungsrelevanten Teile in verschiedenen Modellen eingesetzt. Beim **Badge-Engineering** handelt es sich dagegen um die Entwicklung und Produktion baugleicher Fahrzeuge, die mit nur geringen optischen Differenzierungen unter verschiedenen Markennamen angeboten werden. Gefährlich ist hier vor allem die mangelnde Produktdifferenzierung. Die **Plattform-Strategie** stellt schließlich den Mittelweg zwischen den zwei vorhergehenden dar, da hier in der Regel die Bodengruppe, der Antriebsstrang und die Achsen vereinheitlicht werden (vgl. Diez 2006, S. 150 ff.).

Die **Preisbildung** des Nutzfahrzeuges erfolgt zum Einen kostenorientiert. Zum Anderen müssen aber auch auf Grund vorliegender Käufermärkte zwingend die Preisbereitschaft der Kunden sowie die relativen Wettbewerbspreise berücksichtigt werden. Die Preisbereitschaft der Kunden kann z. B. mit der Conjoint-Measurement-Analyse bestimmt werden, indem mittels Befragungen der Beitrag unterschiedlicher Produktmerkmale zur Bildung von Käuferpräferenzen ermittelt wird (vgl. Sander 2004, S. 208 ff.). Hierbei stellt auch der Preis ein Produktmerkmal dar. Alternativ kann die Preisbildung wettbewerbsorientiert durch Identifikation des

„relevant set" erfolgen, d.h. der Gesamtheit der Marken und Modelle, die auf Grund des Anspruchsniveaus des Kunden in die engere Auswahl rücken. Da es sich bei dem Nutzfahrzeugmarkt um einen oligopolistischen Markt handelt, werden Preisaktionen eines Marktteilnehmers tendenziell zu schnellen Reaktionen der anderen Hersteller führen (zur Preisbildung auf oligopolistischen Märkten vgl. Sander 2004, S. 470 ff.). Problematisch ist im Nutzfahrzeugbereich wie auch im Pkw-Bereich die Preisdurchsetzung. Abhilfe kann hier durch die Verfolgung einer Pull-Strategie, d.h. der ausschließlichen Fertigung auf der Grundlage von Kundenaufträgen, einer Flexibilisierung der Mengenpolitik in Form der bereits erwähnten „atmenden Fabrik", aber auch durch eine Konsolidierung der Händlernetze erreicht werden (vgl. Diez 2006, S. 247 ff.).

Bezüglich der Ausgestaltung der Vertriebssysteme stellt sich die Situation bei den Nutzfahrzeugherstellern wie folgt dar: Internationale Vertriebssysteme umfassen in der Regel eine Ebene des **Großhandels (Wholesale)** und des **Einzelhandels (Retail)**. Auf der Großhandelsebene wird festgesetzt, wie die einzelnen nationalen Märkte beliefert werden (Verkauf an Wiederverkäufer). Bei der Gestaltung der Retail-Ebene geht es darum, wie die jeweiligen nationalen Märkte bearbeitet werden (Verkauf an Endkunden) (vgl. Diez 2006, S. 269). Auf der Wholesale-Ebene unterscheidet man je nach Markterschließungsphase und -potenzial den Vertrieb über vertragsgebundene Importeure, über herstellereigene Tochtergesellschaften und über Joint Ventures (vgl. Brockmeier 2000, S. 15 ff.). Auf Grund der Bedeutung der für die Kundenwertberechnung relevanten Hauptabsatzmärkte kann im weiteren Verlauf der Arbeit davon ausgegangen werden, dass die Hersteller hundertprozentige Tochtergesellschaften einsetzen, die ihrerseits Verträge mit den jeweiligen Absatzmittlern abschließen. Im Folgenden steht daher die Retail-Ebene im Mittelpunkt der Betrachtung. Die hier zu treffende Grundsatzentscheidung richtet sich auf die Wahl zwischen einem direkten und einem indirekten Absatzweg.

Beim **direkten Vertrieb** verzichtet der Hersteller auf die Integration von Absatzmittlern. Stattdessen tritt er in unmittelbaren Kontakt mit dem Endverbraucher (vgl. Meffert/Burmann/Kirchgeorg 2008, S. 574). Formen des direkten Vertriebs sind die herstellereigene Vertriebsabteilung und Verkaufsstellen in Form von Niederlassungen (vgl. Böhler/Scigliano 2005, S. 166 f.; Kuhlmann 2001, S. 49). Die Verkaufsaktivitäten **zentraler Verkaufsabteilungen** konzentrieren sich zumeist auf spezielle Abnehmergruppen, wie z. B. Flottenkunden oder Behörden. **Niederlassungen** sind zum Unternehmensverbund des Herstellers gehörende Absatzorgane. Vorteilhaft ist hierbei vor allem die Möglichkeit des direkten Zugriffs des Herstellers auf den Markt und die Kundendaten. Durch Sonderaktionen besteht die Möglichkeit, kurzfristig zusätzliche Produkte zu vermarkten, um so die Herstellerlager zu räumen. Auch haben Niederlassungen meist den Status eines Pilotbetriebs (Flagship-Stores) und sollen bedingt durch ihre Größe und die meist besondere Architektur das Markenimage und die Markenpräsenz an teuren, aber strategisch wichtigen Standorten prägen. Dem entgegen steht natürlich eine hohe Kostenbelastung des Herstellers (vgl. Benkel 2000, S. 19).

Indirekter Vertrieb liegt dagegen vor, wenn selbständige Händler in den Absatzweg eingeschaltet sind (vgl. Meffert/Burmann/Kirchgeorg 2008, S. 573). Dieser grenzt sich vom direkten Vertrieb durch den Tatbestand der rechtlichen Eigenständigkeit eines Unternehmens ab. Gründe für die Einbeziehung des selbständigen Handels können sowohl die Kosten- oder Risikominderung als auch eine Funktionsspezialisierung durch Arbeitsteilung sein (vgl. Ahlert 1987, S. 230). Je nach Ausprägung der eingeschalteten Absatzmittlerstufen unterscheidet man den einstufigen und den mehrstufigen Vertrieb. Der **einstufige Vertrieb** sieht die Einbindung von Absatzmittlern auf nur einer Stufe vor. Beim **mehrstufigen Vertrieb** werden neben den Absatzmittlern auf der ersten Handelsstufe auf untergeordneten Handelsstufen weitere Händler eingesetzt (vgl. Böhler/Scigliano 2005, S. 167 f.).

In der Praxis bedienen sich die meisten Hersteller jedoch sowohl direkter als auch indirekter Formen des Vertriebs (vgl. Kuhlmann 2001, S. 56). Dies wird als **Mehrkanalsystem**, als paralleler oder auch als mehrgleisiger Absatz bezeichnet (vgl. Sander 2004, S. 656 ff.). Der Hauptgrund für die Mehrkanaldistribution ist das Streben nach Ausschöpfung des gesamten Marktpotenziales und ein flächendeckender Service, was mit einem einzigen Absatzweg i.d.R. nicht möglich ist (vgl. Specht/Fritz 2005, S. 165). Problematisch kann hierbei vor allem der Aufbau unbedachter zusätzlicher Vertriebskanäle sein. Die Folge sind ein Nichterreichen der kritischen Masse und zusätzliche Komplexität bei der Koordination (vgl. Homburg/Schäfer/Schneider 2006, S. 53).

Zur Steuerung des Vertriebsnetzes sind **Margensysteme** eines der wesentlichen Instrumente der Nutzfahrzeughersteller. Bezüglich der Vertriebsziele dienen sie vor allem einer Optimierung der Marktausschöpfung, der Erhöhung der Kundenzufriedenheit und -bindung sowie der Sicherstellung eines markenadäquaten Auftritts. Entsprechend dieser unterschiedlichen Zielsetzungen sind die aktuellen Margensysteme in der Regel mehrdimensional ausgestaltet. Neben einem **Grundrabatt**, d.h. der Vergütung des Händlers für die Erfüllung seiner vertraglichen Verpflichtungen, umfassen sie oft **leistungsorientierte Boni** (vgl. Diez 2006, S. 340).

Dies sind zusätzliche Vergütungen, die dem Händler für die Erfüllung seiner vertraglichen Aufgaben gewährt werden. Des Weiteren haben **Prämien** dabei oft als monetäres Steuerungsinstrument eine besondere Bedeutung. Darunter werden zeitlich begrenzte und in der Regel modellbezogene finanzielle Anreize verstanden, die Hersteller ihren Absatzmittlern zur kurzfristigen Stimulierung des Absatzes gewähren. Sie sind nicht Teil der vertraglichen Vergütung (vgl. Diez/Calles/Merten 2004, S. 2). Als generelle Tendenz zeigt sich, dass die Grundrabatte zugunsten eines höheren Anteils von **leistungsbezogenen Elementen** abgesenkt werden. Grundsätzlich unterscheidet man **quantitative** und **qualitative Boni**. Als quantitativ können sämtliche mengenbezogenen Boni wie die absolute Absatzmenge, deren relative Veränderung im Zeitablauf, aber auch die Planungsgenauigkeit bezeichnet werden. Qualitative Boni beziehen sich dagegen auf die Erfüllung bestimmter Herstellerstandards, wobei hier zwischen Corporate Identity- und Prozessstandards unterschieden werden kann, sowie auf die Erzielung einer hohen Kundenzufriedenheit (vgl. Diez/Calles/Merten 2004, S. 3 ff.).

Eine weitere wichtige Besonderheit besteht in der Modifikation der hergestellten Fahrzeuge durch **Aufbauhersteller**. Diese bieten Aufbauten für eine Vielzahl von Branchen und Anwendungszwecken, wie z. B. Kipp- und Müllaufbauten, Betonmischer, Feuerwehr- und Krankenfahrzeuge.

Schließlich lassen sich die Nutzfahrzeughersteller global betrachtet in die Geschäftsmodelle Spezialist, Generalist und Full-Line-Hersteller einordnen. Der **Spezialist** produziert ausschließlich schwere Lkw. **Generalisten** produzieren sowohl mittelschwere als auch schwere Nutzfahrzeuge. Als **Full-Line-Hersteller** gelten schließlich Unternehmen, die neben den Nutzfahrzeugen auch im Transportermarkt agieren (vgl. Institut für Automobilwirtschaft 2006, S. 19).

Daneben gewinnt aber auch das Gebrauchtfahrzeuggeschäft stetig an Bedeutung. So weisen Prognosen den Gebrauchtwagenmarkt auch für die Zukunft als Wachstumsmarkt aus (vgl. Brachat 2005, S. 179).

2.2.2 Gebrauchtfahrzeuggeschäft

Durch die Zunahme von Leasing und Contract Hire[2] und den damit verbundenen Fahrzeugrückläufern wächst bei allen Nutzfahrzeugherstellern stetig der Bestand an jungen Gebrauchten (vgl. Institut für Automobilwirtschaft 2006, S. 41). So liegt die Haltedauer von

[2] Kurzzeitmiete zur Abdeckung auftragsbedingter Bedarfsspitzen, Überbrückung von Lieferzeiten und Ermöglichung des gelegentlichen Einsatzes von Spezialaufbauten.

LKW über 6 Tonnen im Erstbesitz meist zwischen 36 und 48 Monaten (vgl. Institut für Automobilwirtschaft 2006, S. 41).

Des Weiteren sammeln sich bei den Absatzmittlern durch Vereinbarungen beim Neufahrzeugverkauf bezüglich Fahrzeughereinnahmen bzw. –rücknahmen Gebrauchtfahrzeugbestände an. Bei Fahrzeughereinnahmen, auch bezeichnet als **Trade Ins**, wird ein Fahrzeug in Zahlung genommen, um einen Geschäftsabschluss herbeizuführen bzw. einen indirekten Nachlass in Form einer neufahrzeugseitigen Incentivierung zu gewähren. Bei Fahrzeugrücknahmen (**Buy Backs**) wird dagegen bereits bei Vertragsunterzeichnung für das Neufahrzeug die Rücknahme zu einem bestimmten Zeitpunkt mit einer fest definierten Laufleistung, in einem fest definierten technischen Zustand festgelegt. Es können hier in einer weiteren Differenzierung offene und geschlossene Buy Backs unterschieden werden. Bei Ersteren hat der Kunde ein Wahlrecht, das Fahrzeug zum vordefinierten Zeitpunkt an den Hersteller zurückzugeben. Dies bedeutet eine vollständige Risikoübernahme bezüglich der Gebrauchtwagenpreisentwicklung durch den Hersteller. Bei Zweiteren ist die Rückgabe für den Kunden verpflichtend, was wiederum ein Risiko für den Hersteller inkludiert, jedoch auch zugleich die Chance, durch eine gegenläufige Marktentwicklung einen Gewinn zu realisieren.

Schließlich kann vor dem Hintergrund des Gebrauchtwagenmarktes als Wachstumsmarkt im Rahmen der Erschließung neuer Marktchancen selbst der Ankauf von Fremdfabrikaten in Betracht gezogen werden, um gegenüber dem Kunden als Vollsortimenter auftreten zu können (vgl. Brachat 2005, S. 180). So führt Brachat einen signifikanten Zusammenhang zwischen dem Fahrzeugsortiment und dem Ertrag an (vgl. Brachat 2005, S. 184).

All dies bedingt die Notwendigkeit für jeden Hersteller, ein Konzept zur Vermarktung dieser Rückläufer aufzubauen. So kann zum Einen das Gebrauchtwagengeschäft beim Neufahrzeug-Absatzmittler integriert werden oder auch als Stand-Alone-Betrieb aufgebaut werden (z. B. Mercedes-Benz mit dem TruckStore-Konzept). Auch ist die Internetpräsenz beim Gebrauchtwagenhandel nicht mehr wegzudenken.

Die Erfolgsfaktoren beim Gebrauchtfahrzeuggeschäft liegen in professionellen Prozessstandards, der Standdauer eines Gebrauchtfahrzeuges (Umschlagshäufigkeit je Standplatz) und der Profitabilität, aber auch der professionelle Einkauf sollte im Auge behalten werden. Das Bestandsmanagement sollte daher zeitnah eine eventuell notwendige Aufbereitung durchführen. Diese ist beim Weiterverkauf an einen anderen Händler, abgesehen von einer Grundreinigung, im Normalfall überschaubar. Bei der geplanten Veräußerung an einen Endabnehmer dagegen ist diese im Einzelfall sehr umfassend und kostenintensiv. Die Ermittlung des Einkaufs- bzw. Hereinnahmewerts läuft meist initial auf Basis des in Abbildung 2-6 angeführten Grundschemas ab (vgl. ähnlich Brachat 2005, S. 187 ff.). Ausgehend vom Schwacke- bzw. DAT-Verkaufspreis des Grundmodells wird durch Zu- und Abschläge für Ausstattung und Zustand des Fahrzeuges sowie der zu Grunde liegenden Marktsituation der Nettoverkaufspreis ermittelt. Danach werden Instandsetzungskosten, Garantiekosten, die Verkäuferprovision, eine monetär bewertete durchschnittliche Standzeit sowie indirekte Kosten in Abzug gebracht. In der Folge muss jedoch beim Verkauf darüber hinaus stetig sowohl eine Marktpreisbeobachtung als auch eventuell eine Preisanpassung erfolgen.

	Kalkulation Gebrauchtfahrzeug-Hereinnahme
	Verkaufspreis netto lt. Schwacke / DAT
-	Korrektur um: Mehr-/Minderkilometer, abweichende Erstzulassung, Mehr-/Minderausstattung,
	Anzahl Fahrzeughalter, Einsatzart, Erhaltungszustand, Abnutzung, Vorschäden,
	indvidiueller Marktzu- bzw. -abschlag, Gewinnmarge
=	**Verkaufspreis netto**
-	**Direkte Kosten**
	+ Instandsetzung
	+ Aufbereitung
	+ Gebrauchtwagen-Garantie
	+ Verkäuferprovision
	+ Standzeit
-	**Indirekte Kosten**
	(Ausstattung, EDV, Telefon, Porto, u.a.)
=	**Hereinnahmepreis brutto**

Quelle: In Anlehnung an Brachat 2005, S. 189

Abb. 2-6: Grundschema der Gebrauchtwagen-Hereinnahmepreis-Ermittlung

Schließlich spielt das Markenimage bei der Gebrauchtfahrzeug-Vermarktung eine entscheidende Rolle. Differenzierungsfaktoren können hier eine Gebrauchtfahrzeuggarantie, die Beratung, aber auch die Qualität sein (vgl. ähnlich Brachat 2005, S. 187 f.). So teilt TruckStore z. B. jegliche Fahrzeuge in drei verschiedene Klassen ein, die den Käufer einen ersten Rückschluss auf die Qualität des Fahrzeuges ziehen lassen (vgl. Abbildung 2-7). Bei der Kategorie Gold erhält der Kunde ein komplett instandgesetztes und aufbereitetes Fahrzeug inklusive Garantie. Die Kategorie Silber inkludiert eine optische Aufbereitung und optional eine Garantie. Bronze schließlich steht für ein technisch geprüftes Fahrzeug, welches auch grundgereinigt wurde.

Gold	Silber	Bronze
• Fahrzeug maximal 4 Jahre alt • TruckStore Garantie / Herstellergarantie • Technisch geprüft, nach TruckStore Standards • Alle danach notwendigen Reparaturen und Services durchgeführt • Hauptuntersuchung entsprechend gesetzlicher Vorgaben neu • Optisch hochwertig aufbereitet • Reifenprofil mindestens 6mm	• Fahrzeug maximal 6 Jahre alt • TruckStore Garantie optional • Verkehrssicher • Optisch aufbereitet • Reifenprofil mindestens 3mm	• Technisch geprüft • Verkehrssicher • Grundgereinigt TruckStore Used Trucks and Services by Mercedes-Benz

Quelle: Daimler AG 2010b
Abb. 2-7: Preis-Leistungs-Kategorien Truckstore

Konkurrierende Marktparteien der Hersteller im Gebrauchtwagenmarkt sind vor allem Endabnehmer-Endabnehmer-Geschäfte, aber auch Auktionshäuser, Miet- und Leasinggesellschaften, Online-Gebrauchtwagen-Börsen (z. B. Mobile.de) sowie sehr professionelle, unabhängige Gebrauchtwagenhändler (z. B. Kleyn Trucks) (vgl. Brachat 2005, S. 181). Das bedeutendste Downstream-Geschäft stellt aber unumstritten der Bereich After-Sales dar, da der Anteil der Dienstleistung an der Gesamtleistung eines Wirtschaftsgutes kontinuierlich wächst. Viel wichtiger aber noch ist der bedeutende Ergebnisbeitrag, welcher z. B. bei einem Absatzmittler zwei Drittel des Ergebnisses ausmacht (Lohn und Teile) (vgl. Brachat 2005, S. 194 f.). Für den Hersteller ist dabei vor allem das Teilegeschäft enorm lukrativ (vgl. Diez 2006, S. 176). Auch ist hier positiv die viel geringere Konjunkturanfälligkeit im Gegensatz zum Neu- und Gebrauchtfahrzeuggeschäft anzuführen (vgl. Diez/Reindl 2005, S. 27).

2.2.3 After-Sales

Das After-Sales-Geschäft umfasst alle Leistungen, die für die Sicherung des Gebrauchsnutzens des Automobils notwendig sind. Es beinhaltet die **Durchführung von Wartungs- und Reparaturarbeiten** am Fahrzeug sowie die **Versorgung des Kunden mit Ersatzteilen** (vgl. Diez 2006, S. 176).

Bezüglich der Entwicklung des Bereiches After-Sales werden sich der weltweit steigende Bestand an Nutzfahrzeugen, die stetig ansteigenden Laufleistungen je Fahrzeug und Jahr sowie die zunehmende Technologiekomplexität positiv auswirken, andererseits neutralisieren die durch Umweltauflagen induzierte Verjüngung des Bestandes als auch immer längere Wartungsintervalle diesen Effekt. Auch wirken fortwährende Bemühungen, die Reparaturanfälligkeit zu minimieren und die Verschleißfestigkeit wesentlicher Aggregate und Komponenten zu erhöhen, dem After-Sales-Geschäft kontraproduktiv entgegen. Diez und Merten kommen daher zu dem Schluss, dass das Servicemarktvolumen in den nächsten Jahren konstant bleiben wird (vgl. Diez/Merten 2007, S. 30).

Eine weitere Rahmenbedingung, die das After-Sales-Geschäft in Europa nachhaltig prägt, ist die im Jahr 2002 in Kraft getretene **Gruppenfreistellungsverordnung (GVO) Nr. 1400/2002**. Diese erfordert zum Einen die rein qualitative Selektion der Reparaturwerkstätten durch den Hersteller, welche einen Kontrahierungszwang begründet, soweit die Servicestandards des Herstellers erfüllt werden. Alternativ stellt sie den quantitativen selektiven oder quantitativen exklusiven Vertrieb von Servicedienstleistungen bis zu einem Marktanteil von 30 Prozent frei. Zum Anderen besteht im Nutzfahrzeugbereich immer noch eine Standortklausel („Location Clause"), womit ein Hersteller seine Vertragshändler verpflichten kann, nur von einem speziellen, autorisierten Standort tätig zu sein (vgl. Diez/Merten 2007, S. 16). Schließlich sind demnach Originalersatzteile nicht mehr an den Vertriebsweg über den Hersteller gebunden, sondern entscheidend sind vielmehr qualitative Merkmale des Ersatzteiles. So kann ein Hersteller nur noch im Rahmen von Garantie- und Kulanzarbeiten den Einsatz von ihm zugelieferten Teilen verbindlich festlegen (vgl. Diez 2006, S. 180).

Das wichtigste Instrument zur Kundenbindung und -loyalität stellen im After-Sales-Bereich **Serviceverträge** dar. Hierbei handelt es sich um eine vertragliche Vereinbarung zwischen Kunde und Hersteller, die sich auf die Wartung und/oder die Reparatur bezieht. Der Vertrag erstreckt sich im Normalfall auf eine vordefinierte Dauer und beinhaltet die Durchführung der determinierten Arbeitsumfänge (vgl. Diez/Merten 2007, S. 51). Serviceverträge leisten einen gewichtigen Beitrag zur Auslastung der Werkstätten, schaffen Möglichkeiten, Teileumsatz zu generieren und ermöglichen eine exaktere Planung bezüglich eingehender Aufträge aus Wartungsbedarfen (vgl. Diez/Merten 2007, S. 66). Für den Kunden ist primär die Kalkulierbarkeit der Servicekosten attraktiv (vgl. Diez/Merten 2007, S. 51).

Als Marktteilnehmer des Servicegeschäftes können hier einerseits herstellereigene und -gebundene Werkstätten mit Notfall-Dienst („Road Assistance") unterschieden werden, andererseits herstellerungebundene Anbieter wie freie Werkstätten und Werkstattsysteme (z. B. „Ad Truck-Drive“). Der Vorteil Letzterer liegt primär im Auftritt als kompetenter Partner für Mehrmarkenfuhrparks. Darüber hinaus hatten große Nutzfahrzeugflotten in der Vergangenheit auf Grund eines jederzeitigen Zugriffs sowie der zeitlichen Flexibilität eigene Regiewerkstätten. Auf Grund des heutzutage ausgeweiteten Serviceangebotes herstellergebundener als auch –ungebundener Anbieter werden diese aber mehr und mehr als zu vermeidender Kostenfaktor angesehen (vgl. Diez/Merten 2007, S. 35). Beim Teilegeschäft sind als Betriebsformen zentrale und regionale Versorgungslager, Vertriebszentren, regionale Versorgungszentren und Teiledepots der Nutzfahrzeughersteller sowie auf Seiten des freien Marktes zusammengeschlossene Teilegroß- und Einzelhändler vorzufinden (vgl. Brachat 2005, S. 206).

Schließlich handelt es sich auch bei den Finanzdienstleistungen um einen bedeutenden Teil der automobilen Wertschöpfungskette, der in den letzten Jahrzenten stetig an Bedeutung gewonnen hat (vgl. Diez 2006, S. 166). So entscheiden sich kontinuierlich mehr Kunden für spezialisierte Finanzierungs- und Leasingangebote.

2.2.4 Finanzdienstleistungen

Die bedeutendsten Formen von automobilwirtschaftlichen Finanzdienstleistungen sind die Finanzierung und das Leasing. Sie erfüllen aus Sicht eines Nutzfahrzeugherstellers eine **Absatzförderungs-**, eine **Kundenbindungs-** sowie eine **Gewinnerzielungsfunktion** (vgl. Lorenz 2001, S. 86 ff.; Schantz/Grzimek 1995, S. 315 ff.).

In Form der Absatzförderung überwinden diese in konjunkturschwachen Zeiten Kaufhemmnisse und erleichtern den Abverkauf von Fahrzeugen mit mangelnder Marktakzeptanz. Der Grund hierfür ist die Möglichkeit, das tatsächliche Ausmaß des Preisnachlasses nicht explizit ausweisen zu müssen und damit temporäre Kaufanreize zu schaffen, ohne die langfristige Preispositionierung aufzugeben (vgl. Schantz/Grzimek 1995, S. 320).

Auch kann die Kundenbindung durch Finanzierungs- und speziell durch Leasingverträge erhöht werden. So ist bei Letzteren genau vorhersehbar, wann der Kunde auf einen Folgekauf oder ein weiteres Leasingangebot angesprochen werden kann. Daneben ergeben sich auf Grund der in der Regel vorherrschenden Vertragswerkstattpflicht während der Vertragslaufzeit positive Rückwirkungen auf das Werkstatt- und Teilegeschäft (vgl. Lorenz 2001, S. 88).

Schließlich stellen Finanzdienstleistungen eine inzwischen nicht unbedeutende Ertragsquelle für Nutzfahrzeughersteller auf Grund günstiger Refinanzierungskosten und nicht auftretender Ausgaben für ein kostspieliges Filialnetz im Gegensatz zu Universalbanken dar (vgl.

Bentenrieder/Bosch/Joas 2005, S. 7). Im Umkehrschluss gewinnt damit aber auch die Bedeutung des Ratings für den Hersteller mehr und mehr an Bedeutung (vgl. Diez 2006, S. 167).

Bei der klassischen **Finanzierung** handelt es sich um einen Ratenkredit mit dem Ziel des Erwerbes des Eigentums am Fahrzeug durch eine vollständige Tilgung des Kaufpreises, der Zinsen und Finanzierungskosten über einen vordefinierten Zeitraum. Dies schafft für den Kunden eine klare Kalkulationsgrundlage. Daneben werden heute verstärkt Schlussratenfinanzierungen angeboten, bei denen der Kunde eine Anzahlung entrichtet, in der Folge seine Raten entsprechend der tatsächlichen Nutzung begleicht und am Vertragsende ein Wahlrecht hat (Ballonkredit). Das Wahlrecht umfasst als Möglichkeiten meist den Kauf zu einem garantierten Restwert, die Weiterfinanzierung sowie die Fahrzeugrückgabe. Mit letzterer Möglichkeit wird das Restwertrisiko nicht unerheblich auf den Kreditgeber bzw. den assoziierten Vertragshändler übertragen. Diese Form der Finanzierung ähnelt dem Leasing (vgl. Lorenz 2001, S. 60f.).

Als **Leasing** bezeichnet man die entgeltliche Überlassung eines Vertragsgegenstandes durch den Leasinggeber zur Nutzung durch den Leasingnehmer. Das Entgelt ist eine über die Laufzeit des Vertrages konstante, in der Regel monatlich fällige Rate (vgl. Bitz/Stark 2008, S. 117 f.). Die Höhe dieser Rate wird primär durch folgende Faktoren beeinflusst (vgl. Diez 2006, S. 168 f.):

- Anschaffungskosten
- Finanzierungskosten des Leasinggebers
- Kalkulierter Restwert
- Dauer der Grundmietzeit
- Verwaltungskosten und Gewinnspanne des Leasinggebers

Die Dauer spielt hierbei mit herein, da der Wertverlust im Automobilbereich degressiv verläuft. Längere Vertragslaufzeiten führen daher tendenziell zu niedrigeren monatlichen Leasingraten. Schließlich kann durch einen hohen Restwert der Leasinggeber die Attraktivität seines Angebotes erhöhen, verlagert aber zugleich mögliche Risiken in die Zukunft (vgl. Diez 2006, S. 169). Diese Übertragung des Verwertungsrisikos auf den Leasinggeber, aber auch die steuerliche Absetzbarkeit der Leasingraten sowie Bilanzneutralität und Liquiditätserhalt sind die Vorteile für den Kunden beim Leasing.

Als Formen des Leasings sind Verträge mit einer vereinbarten jährlichen Kilometerleistung, mit vereinbartem Restwert sowie das Service-Leasing zu unterscheiden. Ersteres wird häufig mit einer Sonderzahlung des Leasingnehmers verbunden. Bei Zweiterem wird der Leasingnehmer am Vermarktungsrisiko des Gebrauchtfahrzeugs beteiligt. Diese Form wird auf Grund der unattraktiven Risikosituation des Leasingnehmers nur noch selten eingesetzt. Schließlich werden beim Service-Leasing neben der Überlassung des Fahrzeuges noch zusätzliche Dienstleistungen wie z. B. der Kundendienst und Verschleissreparaturen in Form eines Servicevertrages angeboten (vgl. Lorenz 2001, S. 62 ff.; 94 ff.). Ein Beispiel für diese Art der Bündelung von Dienstleistungen ist die Charterway GmbH der Daimler AG.

Bezüglich der Marktteilnehmer der im Finanzdienstleistungsgeschäft tätigen Unternehmen können die herstellergebundenen („Captives“) und die herstellerungebundenen Finanzdienstleister („Non-captives“) unterschieden werden. Bei Letzeren kann wiederum in Auto-Spezialbanken und Geschäftsbanken differiert werden (vgl. Diez 2006, S. 170 f.).

Nachdem die Besonderheiten der Nutzfahrzeugindustrie und der ausgewählten Wertschöpfungskettenteile vorgestellt wurden, gilt es im folgenden Kapitel, die einzelnen Elemente der integrierten Vertriebssteuerung vorzustellen. Neben der Definition und der Zielbestimmung der integrierten Vertriebssteuerung soll hier vertiefend auf das Vertriebscontrolling als Basis der integrierten Vertriebssteuerung eingegangen werden. Auch erfolgt eine Betrachtung des notwendigen Wandels von der Produkt- zur Kundenorientierung in diesem Bereich sowie eine Erläuterung des Zusammenspiels von Kundennähe, Kundenzufriedenheit, Kundenbindung und ökonomischem Erfolg.

3. Die Elemente der integrierten Vertriebssteuerung

3.1 Begriff der integrierten Vertriebssteuerung

Der Begriff **Vertrieb** wird bis heute in der Literatur nicht einheitlich definiert. Eine frühe Definition stammt von Evers, der unter Vertrieb alle Mittel zusammenfasst, „...die den potenziellen Kunden die Gelegenheit zum Kauf und zur Nutzung der abzusetzenden Produkte verschaffen“ (Evers 1979, S. 22). Olbrich teilt diese Definition später in eine **funktionale** und eine **institutionelle Sichtweise**. Bei Ersterer stehen die Maßnahmen im Vordergrund, die ein Anbieter ergreift, um seine Leistungen den Nachfragern rechtskräftig zu verkaufen. Die Aufgaben des Vertriebs sind damit primär die Auftragsgewinnung, -bearbeitung, die Lagerhaltung, die Verpackung, der Transport und der Kundendienst. Bei der zweiten Sichtweise dominiert die organisatorische Einheit, die sich aus internen Mitarbeitern und Absatzhelfern zusammensetzt (vgl. Olbrich 2006, S. 218 f.).

Im Rahmen der Wertschöpfungskette von Porter, „welche die physisch und technologisch unterscheidbaren, von einem Unternehmen ausgeführten Aktivitäten als Wertaktivitäten bezeichnet“, ist der Vertrieb den primären Aktivitäten zuzuordnen. Diese sind mit der Herstellung und dem Vertrieb eines Produktes verbunden und von den Unterstützungsaktivitäten abzugrenzen (vgl. Porter 2000, S. 68 f.).

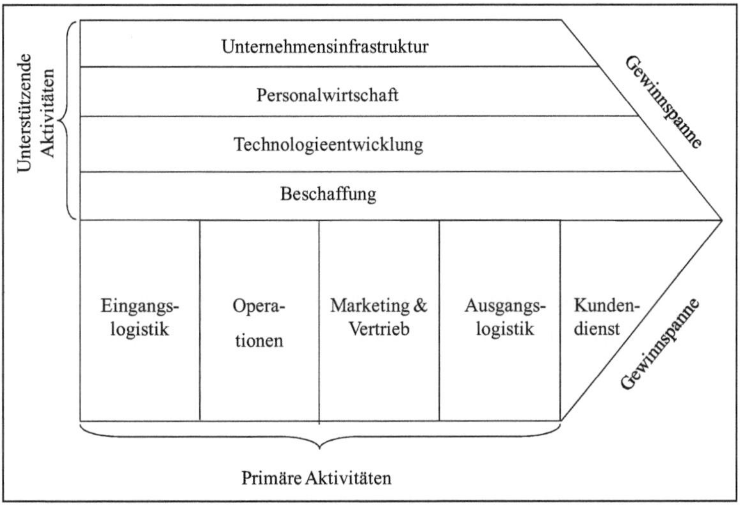

Quelle: Porter 2000, S. 62
Abb. 3-1: Wertschöpfungskette von Porter

Daneben kommen auch die Begriffe „Distribution“ und „Absatz“ zum Einsatz. Diller formuliert **„Absatz“** weitgehend konform mit obigen Definitionen, als den „entgeltlichen Verkauf von Wirtschaftsgütern und -leistungen am Ende des betrieblichen Leistungsprozesses“ (Diller 1992, S. 3). Raffée hingegen sieht die betriebliche Hauptfunktion Absatz als „jegliche Tätigkeiten, deren Ziel die Abgabe der vom Unternehmen geschaffenen Leistungen am Markt ist“ (Raffée 1974, S. 180 f.). Diese Gleichsetzung ist auf den ersten Blick nicht unproblematisch, da hiermit die Funktionen des Vertriebs um den kompletten Marketing-Mix erweiterbar sind, was sehr weit greift. Specht und Fritz rechtfertigen dies mit dem stets kombinierten Einsatz absatzpolitischer Instrumente (vgl. Specht/Fritz 2005, S. 36).

Schließlich sind im Rahmen des **Distributionsbegriffes** eine gesamtwirtschaftliche und eine einzelwirtschaftliche Betrachtungsweise zu unterscheiden. **Gesamtwirtschaftlich** ist es zweckmäßig, von Produktion, Konsumption und Distribution als Bereiche wirtschaftlicher Tätigkeit zu unterscheiden (vgl. Klein-Blenkers 1974, S. 473). In ihrer **einzel- bzw. betriebswirtschaftlichen Fassung** kann der Vertrieb in Form der Distributionspolitik als Teil des Marketing-Mix aufgefasst werden (vgl. Winkelmann 2008a, S. 15). Hierbei wird wiederum oft differenziert in die physische und die akquisitorische Distribution. Die **physische Distribution** beschäftigt sich mit der Gestaltung des Transport- und Lagerhaltungssystems einschließlich der Auftragsabwicklung und Auslieferung. Die **akquisitorische Distribution** umfasst die Gestaltung der Kette aus herstellereigenen Absatzorganen und dem Handel, wobei ökonomische, rechtliche und informatorische Aspekte im Vordergrund stehen (vgl. Sander 2004. S. 647 f.). Wesentliche Entscheidungsbereiche sind hier die Gestaltung des Vertriebssystems, d.h. der Struktur der Beziehungen zwischen Herstellern und absetzenden Wirtschaftssubjekten, und der Verkaufsaktivitäten (vgl. Ahlert 1996, S. 22; Homburg/Krohmer 2003, S. 702).

In den folgenden Ausführungen sollen auf Grund der praxisnahen Themenstellung der vorliegenden Arbeit die Begrifflichkeiten „Vertrieb“, „Absatz“ und „Distribution“ synonym verwendet werden. Es stehen jedoch Entscheidungen bezüglich der akquisitorischen Distribution im Vordergrund.

Im Rahmen des Vertriebs kommt damit speziell der **Steuerung** eine übergeordnete Bedeutung zu. Sehr allgemein definiert Rinn: „Steuerung, verstanden als Funktion der Willensdurchsetzung, dient der Umsetzung der Planung in die Durchführung ihrer Realisation“ (Rinn 1991, S. 41). Schweitzer und Küpper konkretisieren diese Formulierung mit einer umfassenderen Auffassung von Steuerung als informationsverarbeitendem Prozess zur Durchsetzung,

Kontrolle und Sicherung von Planvorgaben, bei der es primär um die zielorientierte Lenkung von Prozessen der Planrealisation und um die Lenkung von Entscheidungs- bzw. Verhaltensprozessen der Mitarbeiter geht (vgl. Schweitzer/Küpper 2008, S. 2). Im Idealfall handelt es sich dabei um einen Regelkreis mit Vor- und Rückkopplungsinformationen (vgl. Schweitzer/Küpper 2008, S. 3f.; Dauser 1995, S. 40). Häufig werden die Begrifflichkeiten Führung, Leitung und Lenkung daher auch synonym für den Steuerungsbegriff verwendet (vgl. Dauser 1995, S. 40).

Die **Vertriebssteuerung** definieren Habitz und Schröder sehr breit als einen Managementprozess zur Steuerung aller Vertriebsaktivitäten und damit der Koordination jeglicher vertriebspolitischer Entscheidungen (vgl. Habitz/Schröder 2001, S. 234 ff.). Detaillierter beschreibt Pangratz Vertriebssteuerung als „die zielgerichtete und problemorientierte Umsetzung der Vertriebspolitik in die konkrete Gestaltung und Einsatz der vertrieblichen Mittel, Maßnahmen und Funktionsträger" (Pangratz 1979, S. 10). Er sieht die Vertriebssteuerung als Gesamtsteuerungssystem, das jegliche vertriebliche Entscheidungsprobleme erfasst und darauf aufbauend die Vertriebspolitik im Hinblick auf die Unternehmens- bzw. Vertriebsziele effizient und wirksam gestaltet. Neben der inhaltlichen Gestaltungsfunktion bezieht Pangratz vor allem sachbezogene, personalbezogene und organisatorische Entscheidungen im Rahmen der Koordinationsfunktion mit ein (vgl. Pangratz 1979, S. 10 f.).

Für die vorliegende Arbeit soll diese Definition als Basis dienen, jedoch muss in diesem Zusammenhang das Steuerungsfeld genauer determiniert werden. Hierfür soll die gesamte bereits in Unterabschnitt 2.1.3 erläuterte automobile Wertschöpfungskette herangezogen werden und damit eine integrierte Betrachtung erfolgen. Integration bedeutet in diesem Zusammenhang jedoch keinesfalls die Verschmelzung der einzelnen Wertschöpfungskettenteile (vgl. Hutter 2009, S. 221). Zu eigenständig agieren hierfür die einzelnen Geschäftsbereiche eines Nutzfahrzeugherstellers. Vielmehr handelt es sich um eine „übergreifende Verzahnung separater Leistungen" (Hutter 2009, S. 221). Die Definition lautet damit wie folgt:

Die integrierte Vertriebssteuerung ist die zielgerichtete und problemorientierte Umsetzung der Vertriebspolitik über die gesamte automobile Wertschöpfungskette in die konkrete Gestaltung und den Einsatz der vertrieblichen Mittel, Maßnahmen und Funktionsträger.

Welche Ober- und Unterziele hiermit verfolgt werden, soll im folgenden Abschnitt erörtert werden. Dabei sollen in einem ersten Schritt die Konzepte des Shareholder- und Stakeholder-

Values vorgestellt werden, bevor daraus die Ziele der integrierten Vertriebssteuerung abgeleitet werden.

3.2 Ziele der integrierten Vertriebssteuerung

Allgemein stellt ein **Ziel** einen gewünschten Zustand in der Zukunft dar, der als Ergebnis einer Handlung eintreten soll (vgl. Raffée 1974, S. 121). Ein bedeutendes Merkmal von unternehmerischem Handeln ist die Zweck- und Zielorientierung. Eine Definition nach Ausmaß, Inhalt und Zeitbezug ist dabei zwingend erforderlich. Ansonsten besteht die Gefahr eines ausschließlich reaktiv getriebenen Handelns ohne Orientierungs- und Richtgrößen. Im Rahmen einer Unternehmung können neben dem klassischen Gewinnstreben zur Existenzsicherung Markstellungs-, Rentabilitätsziele, finanzielle, soziale als auch Markt- und Prestigeziele als Ziele genannt werden. Hiermit wird bereits deutlich, dass ein modernes Unternehmen stets ein **mehrdimensionales Zielsystem** verfolgt, wobei diese stets in einer Zielhierarchie mit **Mittel-Zweck-Beziehung** eingeordnet sind. Das heißt, die Realisierung untergeordneter Ziele trägt zur Erreichung des übergeordneten Ziels bei. Die Spitze dieser **Zielhierarchie** bilden dabei die allgemeinen Wertvorstellungen sowie der Unternehmenszweck. Während Erstere durch die Geschäftsgrundsätze und Leitlinien des Unternehmens determiniert werden, ergibt sich der Unternehmenszweck meist aus den Leistungen, die erbracht werden sollen (vgl. Wapniewksi 2006, S. 111). Darauf folgend werden Formal- und Sachziele unterschieden. Die **Sachziele** bilden die Steuerungsgrundlage und beziehen sich auf das Handeln bei der Ausübung der einzelnen betrieblichen Funktionen. Demgegenüber stellen die **Formalziele** auf den Erfolg unternehmerischen Handelns ab und sind damit den Sachzielen übergeordnet (vgl. Thommen/Achleitner 1998, S. 102).

Im Rahmen der Thematik der vorliegenden Arbeit soll im weiteren Verlauf dem seit den neunziger Jahren sehr verbreiteten Ansatz der **wertorientierten Unternehmensführung** gefolgt werden. Dieser propagiert eine konsequente Ausrichtung an den gegenwärtigen und zukünftigen Werten bzw. Nutzenpotenzialen eines Unternehmens. Das oberste Ziel ist dabei, abgesehen von der Existenzsicherung, die Steigerung des Unternehmenswertes. Es gilt somit, Strategien zur Realisierung von Nutzenpotenzialen zu erarbeiten, um letztendlich den Gesamtnutzen des Unternehmens sowie seiner Anspruchsgruppen zu steigern (vgl. Bruhn 1998, S. 148).

Das gängigste Konzept ist dabei der **Shareholder Value-Ansatz**. Er propagiert die Maximierung des Marktwertes des Eigentümervermögens und stellt damit den Anteilseigner in den

Mittelpunkt der Betrachtung (vgl. Günther 2008, S. 25 f.). Zur Ermittlung des Unternehmenswertes wird hierbei der Barwert der freien Zahlungsüberschüsse ermittelt, welche potentiell an die Anteilseigner ausgeschüttet werden können (vgl. Günther 2008, S. 78 ff.). Häufig wird dieser Ansatz jedoch kritisch als monistisches Zielkonzept bezeichnet und seine einseitige Orientierung an den Interessen der Eigentümer angeprangert (vgl. Bleicher 2004, S. 122).

Als Alternative wird dann das **Konzept des Stakeholder-Values** angeführt, welches neben den Eigentümern auch jegliche andere Anspruchsgruppen (Kunden, Mitarbeiter, Kreditgeber, Lieferanten) in die Zielformulierung miteinbezieht (vgl. Ulrich/Fluri 1992, S. 77 ff.). Nicht unproblematisch ist hierbei aber die wenig konkrete Zielsetzung der Nutzenmaximierung sämtlicher Anspruchsgruppen. Jedoch lässt sich die Realisierung eines hohen Shareholder Values meist erst durch die Berücksichtigung der anderen Anspruchsgruppen realisieren und es fließt daher bereits hier die grundlegende Idee des Stakeholder-Konzeptes mit ein. Umgekehrt ist aber auch der Shareholder-Value die zwingende Voraussetzung für die Befriedigung der Ansprüche der Stakeholder (vgl. Albach 2001, S. 654).

Dies impliziert im Rahmen der vorliegenden Arbeit, dass zwar die Unternehmenswertsteigerung als langfristiges Oberziel angesehen wird, jedoch zugleich im Rahmen einer Mittel-Zweck-Beziehung die Ziele der anderen Stakeholder wie z. B. Kundenzufriedenheit, Liquidität und Mitarbeiterzufriedenheit verfolgt werden. Für die integrierte Vertriebssteuerung bedeutet dies eine stringente Steuerung aller beteiligten Teile der automobilen Wertschöpfungskette, entsprechend der langfristigen Unternehmenswertsteigerung und der daraus abgeleiteten Vertriebsziele. Diese lassen sich wiederum in **strategische** und **operative** Ziele unterteilen.

Erstere betreffen primär den Aufbau von Leistungspotenzialen und die angestrebten strategischen Wettbewerbsvorteile. Dabei handelt es sich im Vertrieb um die Art und Weise, wie die letztlich anvisierten Endkunden erreicht werden sollen, die Rolle des Unternehmens im Absatzkanal, die langfristige Gestaltung des Distributionssystems und den Imagebeitrag, den dieses erbringen soll. Des Weiteren dreht es sich bei diesen um die strukturellen Leistungen der gewählten Distributionskanäle gegenüber dem Endkunden und deren relative Kosten im Vergleich mit Wettbewerbern (vgl. Specht/Fritz 2005, S. 244 ff.).

Eine **operationale Formulierung** nach Zielinhalt und –ausmaß sowie dem Zeit- und Segmentbezug ist darauf folgend zu gewährleisten (vgl. Meffert/Burmann/Kirchgeorg 2008, S. 564). Bei der Systematisierung hilft die Unterteilung in quantitative und qualitative Ziele (vgl. Pepels 1992, S. 6). Als **quantitative Vertriebsziele** gelten dabei jene, die sich in Geld- oder Mengendimensionen operationalisieren lassen. Beispiele für monetäre Ziele sind z. B.

geringe Vertriebskosten, Endpreisrealisierung, Profitabilitätssteigerung der Handelsorganisation, ein hoher absatzkanalspezifischer Nettoerlös pro Einheit und hohe Deckungsbeiträge. Für in Mengendimensionen darstellbare Ziele sind dies die Erhöhung des Absatzes, die Marktanteils-/Segmentausweitung, der Marktsituation angepasste Fahrzeugbestände, hohe Penetrationsraten der einzelnen Teile der automobilen Wertschöpfungskette, aber auch eine kurze Lieferzeit (vgl. Benkel 2000, S. 37 ff.; Hofbauer/Hellwig 2005, S. 61 f.). Wesentliche **qualitative Vertriebsziele** stellen die Kooperationsbereitschaft und die Flexibilität von Absatzmittlern dar. Eng hiermit verbunden ist das Bedürfnis nach Steuer- und Kontrollierbarkeit des Absatzkanals, um z. B. Marketingmaßnahmen am Point of Sale (PoS) zu realisieren. Darüber hinaus sind das Image des Absatzkanals zur Unterstützung der Produktpositionierung und die Kundenzufriedenheit bzw. Kundenbindung im Absatzkanal wichtige qualitative Vertriebsziele (vgl. Specht/Fritz 2005, S. 163 ff.).

Zur Erreichung dieser Ziele sollte die Möglichkeit bestehen, auf die Planrealisation sowie auf die Aktivitäten der Mitarbeiter Einfluss zu nehmen. Auch müssen bei Abweichungen entsprechende Gegensteuerungsmaßnahmen initiiert werden. Hierfür ist die Einrichtung eines durchgängigen Informations-, Planungs- und Kontrollsystems in Form des Vertriebscontrollings zwingend erforderlich. Dieses bildet die Ausgangsbasis für jegliche Vertriebssteuerungsaktivitäten.

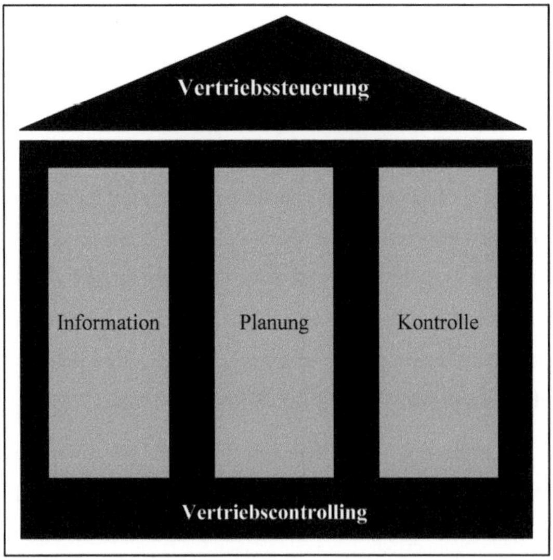

Abb. 3-2: Fundament der Vertriebssteuerung

Im Folgenden soll daher nun der Status Quo des Vertriebscontrollings im Allgemeinen näher betrachtet werden. Angereichert wird dieser theoretische Hintergrund durch die Beschreibung der Vorgehensweise in der Praxis des Vertriebscontrollings der Mercedes-Benz Trucks Division.

3.3 Vertriebscontrolling als Basis der integrierten Vertriebssteuerung

3.3.1 Begriff und Ziele des Vertriebscontrollings

Controlling allgemein wird von Reichmann als „die zielbezogene Unterstützung von Führungsaufgaben, die der systemgestützten Informationsbeschaffung und Informationsverarbeitung zur Planerstellung, Koordination und Kontrolle dient“, bezeichnet; „es ist eine rechnungswesen- und vorsystemgestützte Systematik zur Verbesserung der Entscheidungsqualität auf allen Führungsstufen der Unternehmungen“ (Reichmann 2006, S. 13). Link, Gerth und Voßbeck erweitern dieses Aufgabenspektrum um die Steigerung der Effektivität durch Optimierung der vorhergehenden Elemente (vgl. Link/Gerth/Voßbeck 2000, S. 10).

Das **Vertriebscontrolling** kann nun zum Einen als Subsystem des zentralen Controllings angesehen werden (vgl. Rinn 1991, S. 16), zum Anderen aber auch als ein eigenständiges Organ im Rahmen einer funktionsbezogenen Betrachtung, welches lediglich durch die Koordinationsfunktion der Überleitung der Planziele des Unternehmens in Vertriebsziele mit dem Zentralcontrolling in Berührung kommt (vgl. Dauser 1995, S. 50). Bei näherer Betrachtung besitzt die zweite Sichtweise jedoch mehr Realitätsnähe, da es auf Grund der Sicherstellung der Marktorientierung doch einige Besonderheiten im Rahmen des Aufgabenspektrums zu beachten gibt (vgl. auch Duderstadt 2006, S. 30). Diese werden in den folgenden Unterabschnitten näher erläutert werden.

Für die Definition des Vertriebscontrollings formuliert Köhler die „Koordination der Informationsversorgung für Managementaufgaben im Rahmen der akquisitorischen und physischen Distribution“ (Köhler 2001a, S. 1804). Wielpütz benennt detaillierter das Vertriebscontrolling als die „Versorgung des Vertriebsmanagements mit entscheidungsvorbereitenden und –unterstützenden Informationen über den koordinierten Einsatz von Planungs-, Steuerungs- und Kontrollinstrumenten zum Zwecke der ertragsorientierten Ausrichtung des betrieblichen Funktionsbereiches „Vertrieb und Verkauf“ einerseits und der Optimierung distributionsbezogener Maßnahmen andererseits“ (Wielpütz 1994, S. 190). Sicherlich mag die auch hier angeführte Aufgabe der Steuerung für den Einen oder Anderen befremdlich wirken, da diese in den vorangehenden Ausführungen als übergeordnetes Konstrukt definiert wurde.

Jedoch muss dies nicht zwingend im Widerspruch zu den vorhergehenden Ausführungen stehen, da das Vertriebscontrolling bereits Bedarfe zur Steuerung identifizieren sollte und auch entsprechende Gegensteuerungsmaßnahmen entwickeln sollte. Die finale Entscheidung über ihren Einsatz wird dennoch in der Mehrheit der Fälle bei der mit der Führungsfunktion betrauten Vertriebssteuerung liegen.

Das **Ziel des Vertriebscontrollings** ist damit die Sicherstellung einer den Steuerungsaufgaben angemessenen Informationsversorgung, Vertriebsplanung und -kontrolle. Dies bedeutet aus einer strategischen Perspektive die **Sicherung zukünftiger Erfolgspotenziale** sowie die Erkennung und Minimierung möglicher Risiken. Operativ gilt es vor allem, vergangenheitsbezogene und gegenwärtige Daten der Vertriebssteuerung bereitzustellen, um **vorhandene Erfolgspotenziale** zu nutzen und damit kurz- bis mittelfristig die Vertriebseffizienz in Form von Erfolgs-, Rentabilitäts- und Liquiditätszielen sicherzustellen (vgl. Link/Gerth/Voßbeck 2000, S. 20; Becker 2001, S. 33; Reichmann 2006, S. 410).

Durch die Koordination der Informationsversorgung und -verwendung soll es der Vertriebssteuerung ermöglicht werden, kurzfristig auf Marktveränderungen zu reagieren und langfristig die Erfolgsvoraussetzungen der Produkte am Markt sicherzustellen (vgl. Deglow 2003, S. 55; Schneider 1998, S. 6 f.). Mittels der Planung sollen aus strategischer Sicht langfristig und aggregiert Vorgaben für die zukünftige Entwicklung und damit die Sicherung zukünftiger Erfolgspotenziale erarbeitet werden. Die operative Komponente muss so dann diese in detaillierte Maßnahmen transformieren (vgl. Becker 2002, S. 834 ff.; Homburg 1998, S. 6). Die Kontrolle schließlich überprüft den Realisierungsgrad der Planung, zeigt Abweichungen auf und initiiert im Bedarfsfall Gegenmaßnahmen (vgl. Schreyögg/Steinmann 1985, S. 392). Diese Aufgaben sollen in den folgenden Unterabschnitten detailliert erläutert werden.

3.3.2 Aufgaben und Funktionen des Vertriebscontrollings

3.3.2.1 Informationsfunktion

Der Entscheidungsprozess der Willensbildung und –durchsetzung der Vertriebssteuerung kann grundsätzlich mittels intuitiver und/oder reflexiver Prozesse erfolgen. Während Erstere auf begrenztem, meist implizitem Wissen basieren, stützen sich reflexive Willensbildungsprozesse auf explizites Wissen, welches gezielt für die vorliegende Entscheidungssituation erhoben wird (vgl. Weber 1999, S. 32). Da vor dem Hintergrund der vorliegenden Arbeit die Führungsfunktion meist institutionell durch mehrere Abteilungen und Personen bei einem Nutzfahrzeughersteller ausgeführt wird, ist ein reflexiver Willensbildungsprozess so gut wie immer erforderlich. Daher soll im weiteren Verlauf der Arbeit auf diesem der Fokus liegen.

Dennoch können intuitive Prozesse ebenso zielführend sein, lediglich die Ermangelung der intersubjektiven Nachvollziehbarkeit stellt hier ein Hindernis dar. Informationen bilden somit für den Willensbildungsprozess eine grundlegende Voraussetzung (vgl. Tewes 2003, S. 237).

Wittmann formuliert den Begriff **Information** als „Wissen, das der Vorbereitung zielorientierter Handlungen dient“ (Wittmann 1980, Sp. 896). Entsprechend ist die Hauptaufgabe der Informationsfunktion die Bereitstellung von Informationen für die Planungs- und Unterstützungsfunktion. Vereinfachend wird daher häufig in Phasendarstellungen die Informationsfunktion zeitlich als Vorstufe der Planung betrachtet. In der Praxis sind die Informations-, die Planungs- und die Kontrollfunktion jedoch parallel ablaufende Prozesse, die untereinander vielfältig verknüpft sind (vgl. Horváth 2006, S. 330).

Die **Informationsfunktion** selbst wird häufig in die Teilprozesse Informationsbeschaffung, Informationsaufbereitung bzw. –verarbeitung, Informationsspeicherung und Informationsübermittlung geteilt (vgl. Becker 1999, S. 103 ff.; Wittmann 1980, Sp. 895 f.)

Die Basis der Informationsbeschaffung ist dabei die Ermittlung des Bedarfs an Informationen. Der **Informationsbedarf** ist die „Art, Menge und Qualität der Informationsgüter, die ein Informationssubjekt im gegebenen Informationskontext zur Erfüllung einer Aufgabe in einer bestimmten Zeit und innerhalb eines gegebenen Raumgebietes benötigt bzw. braucht“ (Szyperski 1980, Sp. 904). Dieser Bedarf ist jedoch realistisch betrachtet nicht objektiv bestimmbar, da es immer zum Einen die Informationsnachfrage in Form von von Entscheidungsträgern subjektiv gewünschten Informationen gibt und zum Anderen das Informationsangebot in Form aller tatsächlich vorhandenen Informationen (vgl. Rinn 1991, S. 27). Die Aufgabe der Informationsfunktion ist es damit, möglichst das Spannungsfeld zwischen Informationsangebot, -nachfrage und –bedarf in Einklang zu bringen (vgl. Schierenbeck/Wöhle 2008, S. 130). Abbildung 3-3 zeigt mögliche Ineffizienzen, die bedingt durch dieses Spannungsfeld auftreten können (vgl. Gemünden 1993, Sp. 1726):

- Der Informationsbedarf wird nicht hinreichend gedeckt (Segment 1 und 3).

- Nicht alle notwendigen Informationen werden abgerufen (Segment 1 und 2). Komplexitäts- und Kommunikationshindernisse stören die Artikulation des Informationsbedarfes und die Nutzung dieser Informationen.

- Nicht erforderliche Informationen werden angeboten (Segment 5 und 6). Mit der Bereitstellung entstehen unnötige Kosten durch die Beschaffung und Speicherung. Darüber hinaus wird Entscheidern der Blick für das Wesentliche versperrt.

- Nicht notwendige Informationen werden angefragt (Segment 5 und 7). Oft kommt es hierzu durch zu grob definierte Problemstellungen und ein subjektives Bedürfnis nach mehr Entscheidungssicherheit.

Die an Aufgaben, Zielen und Rahmenbedingungen der Vertriebssteuerung orientierte Erfassung des Informationsbedarfes soll zur Vermeidung dieser Ineffizienzen beitragen und eine effektive Informationsversorgung gewährleisten. Die aufgeführten Ineffizienzen implizieren auch, dass das Informationsangebot sich nicht ausschließlich an der Nachfrage der Entscheider ausrichtet, sondern zugleich eine unabhängige, objektive Informations-bedarfsermittlung erfolgt, um Entscheider auf relevante neue Chancen und Risiken hinzuweisen (vgl. auch Eberling 2002, S. 88 f.). Der klassische Adressatenkreis umfasst hierbei die Geschäftsführung, die Vertriebsleitung, wertschöpfungskettenübergreifende Gremien, die einzelnen Vertriebsgesellschaften sowie den Verband der Automobilwirtschaft (vgl. Strohbach 2010).

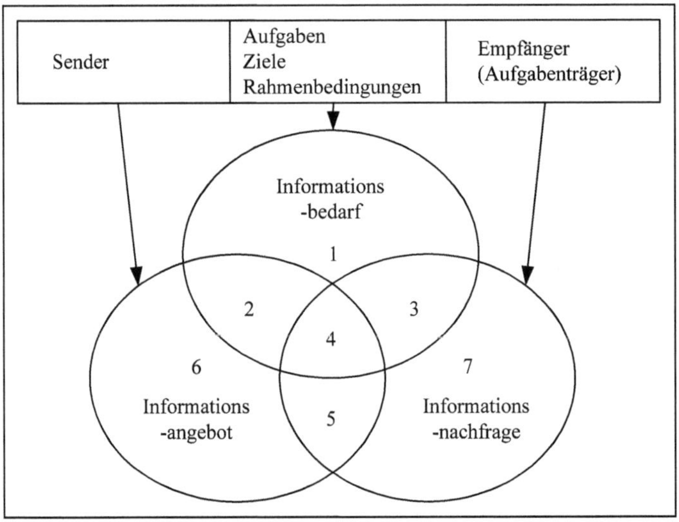

Quelle: Berthel 1975, S. 30
Abb. 3-3: Informationsangebot, - bedarf und -nachfrage

Im anschließenden **Informationsbeschaffungsprozess** muss determiniert werden, aus welcher internen oder externen Quelle und mit welcher Methode die Informationen bereitgestellt werden können. Das Vertriebscontrolling hat damit hier planende, beratende und koordinierende Funktion bei der Auswahl und Festlegung von Informationsquellen zu erfüllen. Die **Informationsaufbereitung und –verarbeitung** erfolgt darauf durch Verdichtung und Verknüpfung der beschafften Einzelinformationen in benutzeradäquater Form. Die Notwendigkeit der **Speicherung und Übermittlung dieser Informationen** ergibt sich schließlich durch die mögliche zeitliche und organisatorisch divergierende Informationsverfügbarkeit und -verwendung. Dies bedeutet für das Vertriebscontrolling die Sicherstellung übersichtlicher und redundanzfreier Datenverarbeitungssysteme (vgl. Becker 1999, S. 21 ff.).

Als wichtigste Aufgaben des strategischen Vertriebscontrollings im Rahmen der Informationsfunktion sind zu nennen (vgl. Strohbach 2010; Winkelmann 2008a, S. 643; Link/Gerth/Voßbeck 2000, S. 21; Becker 2001, S. 61; Hentschel 2000, S. 94):

- Branchen- und Marktanalysen
- Markt- und Kundensegmentierungsverfahren
- Lebenszyklus-Analysen
- Portfolioanalysen

Die operative Informationsfunktion wirkt primär mit folgenden Tätigkeiten unterstützend:

- Erstellung zentraler Monatsberichte bezüglich Absatz, Marktanteil, Nachlass und Umsatz
- Bestandsbericht
- Aufdecken und Analyse von Schwachstellen im Vertriebsbereich und deren Ursachen sowie Erarbeitung von Vorschlägen zur Bereinigung
- Sonderauftrags-Kalkulationen
- Potenzialanalysen
- Break-Even-Analysen

Neben der Informationsfunktion ist die Planungsfunktion für ein effizientes Vertriebscontrolling immanent wichtig. Daher soll im folgenden Unterabschnitt die Planungsfunktion des Vertriebscontrollings detailliert betrachtet werden.

3.3.2.2 Planungsfunktion

Sehr allgemein definiert Staehle **Planung** als die geistige „Vorwegnahme von Handlungen unter Unsicherheit bei unvollkommener Information...Sie beruht auf Prognosen über den zukünftigen Eintritt von Ereignissen..." (Staehle 1987, S. 505). Szyperski und Mußhoff konkretisieren diesen Zweck der Planung mit der Eingrenzung und Strukturierung zukünftiger Entscheidungs- und Handlungsspielräume (vgl. Szyperski/Mußhoff 1989, Sp. 1436). Dieses Zweckverständnis aufgreifend definiert Dauser Planung „...als kontinuierlicher und zukunftsbezogener Entscheidungsprozess...der antizipativ und systematisch das Durchdenken und Formulieren von Zielen, Handlungsalternativen und Verhaltensweisen, deren optimale Auswahl und die Festlegung der rationellen Realisierung der ausgewählten Alternative sicherstellt“ (vgl. Dauser 1995, S. 62). Dies impliziert für den weiteren Verlauf der Arbeit, dass auch die Organisationsgestaltung sowie die Personalführung Teil der Planung sind.

Bei der **strategischen Planung** werden hierbei primär Vorgaben und Strategien zur langfristigen Zielerreichung erarbeitet. Die Basis bildet dabei die Festlegung der strategischen Ausgangsposition mittels einer externen Umweltanalyse der Chancen und Risiken sowie einer internen Situationsanalyse bezüglich der Stärken und Schwächen des Nutzfahrzeugherstellers (vgl. Schierenbeck/Wöhle 2008, S. 532). Darauf aufbauend erfolgt die Strategieformulierung in Form der Determinierung der strategischen Geschäftsfelder auf der Ebene der Gesamtunternehmung und der strategischen Geschäftseinheiten (vgl. Peemöller 1997, S. 123). Hierbei gilt es zu bestimmen, „[...] welche Ziel- oder Kundengruppen mit welchem Produktangebot und über welche Absatzwege akquiriert werden sollen“ (Dauser 1995, S. 81). Der Planungshorizont liegt im Falle von Mercedes-Benz Trucks bei sieben Jahren (vgl. Strohbach 2010). Sie erfolgt in Form von Best-Case/ Worst-Case-Szenarien mit Hilfe von volkswirtschaftlichen Indikatoren und der Wirtschaftlichkeitsrechnungen der einzelnen Produkte. Wichtig ist hierbei die Beachtung von Effekten wie Umweltauflagen (z. B. Euro 6), Maut oder neuer Produkte (vgl. Strohbach 2010). Diese Schritte erfolgen meist zentral in der strategischen Unternehmensplanung oder dem Zentralcontrolling.

Darauf aufbauend ergibt sich dann die **Vertriebsstrategie** als „eine mittel- bis langfristig wirkende Grundsatzentscheidung, die sich an den unternehmensspezifisch zugrunde liegenden Zielsystemen und Gegebenheiten mit Bezug zum Absatzkanal ausrichtet“ (Dreier 1999, S. 194). Die Vertriebssteuerung hat nun die Aufgabe, diese zu operationalisieren. Als Basis für die Vertriebssteuerung dient hierbei der **strategische Vertriebsplan**. Er determiniert Ziel-Kundengruppen, Ansatzpunkte für deren Ansprache, Vertriebsziele, Steuerungsgrößen sowie einzusetzende Vertriebsressourcen (vgl. Schlosser 2004, S. 19 f.). Daneben erfolgt bei Mercedes-Benz Trucks eine grobe Planung jedes Marktes nach mittelschweren (Medium Duty Trucks) und schweren Nutzfahrzeugen (Heavy Duty Trucks) mit einem Planungshorizont von zehn Jahren. Diese wird in der Folge mit Vergangenheitswerten, der Bruttosozialproduktentwicklung des Marktes und gesetzten Planungsprämissen (z. B. Marktanteil plus x Prozent) abgeglichen (vgl. Strohbach 2010).

Dabei liegt die originäre **Vertriebsplanungsaufgabe** weniger beim Vertriebscontrolling, sondern vielmehr die systemkoppelnde Koordination „[...] der Initiierung und der Vorbereitung der Vertriebsplanung, der Planabstimmung sowie der Überprüfung der Planergebnisse“ (Deglow 2003, S. 62 f.). Das Hauptaugenmerk sollte somit seitens des Vertriebscontrollings auf die Koordination des gesamten Planungsprozesses hinsichtlich der organisatorischen und prozessualen Abstimmung gerichtet sein. Dies impliziert die Bereitstellung von Planungsmethoden- und –techniken und die Entwicklung von einheitlichen Vorlagen, die sachliche und zeitliche Abstimmung sowie die Zusammenführung der Vertriebsteilpläne. Darüber hinaus müssen die Schnittstellen zu anderen Funktionsbereichsplänen sowie die Abstimmung der Gesamtplanung des Unternehmens beachtet werden (vgl. Dauser 1995, S. 69; Rinn 1991, S. 34).

Die Vertriebsstrategie und die strategische Vertriebsplanung bilden in der Folge den Handlungsrahmen für die **operative Vertriebsplanung** (vgl. Duderstadt 2006, S. 127). Das Vertriebscontrolling nimmt hierbei wieder die Koordinations- und Unterstützungsfunktion der operativen Planung wahr, indem es Informationen zur Unterstützung der Planung bereitstellt und periodenbezogene Mittel- und Kurzfristziele mit den strategischen Zielvorgaben abgleicht (vgl. Homburg/Krohmer 2003, S. 1003; Link/Gerth/Voßbeck 2000, S. 201). Die operative Zielplanung beinhaltet „die Planung der Absatzziele für Produktarten/-gruppen, Märkte, Kundengruppen und Vertriebswege jeweils nach Menge und Wert für die gesamte Planperiode bzw. Teil-Planperioden“ (Rinn 1991, S. 38). Sie lässt sich weiter untergliedern in eine operative Planung im engeren Sinn sowie eine Kurzfristplanung bezüglich des Produktionsprogramms. Die operative Planung im engeren Sinn umfasst hierbei in der Regel einen Zeitraum von zwei bis drei Jahren und hat zum Einen das Ziel, eine formale Aussage vor dem Aufsichtsrat sowie der Hauptversammlung bezüglich der zukünftigen mittelfristigen Entwicklung zu treffen. Zum Anderen erfolgt hiermit die Steuerung in Form eines strukturgebenden Orientierungsrahmens, aber auch als Maßstab zur Messung der Performance (vgl. Strohbach 2010). Die Kurzfristplanung dient demgegenüber vielmehr der stetigen Determinierung des exakten Produktionsverlaufes und der Anpassung des Produktionsprogrammes an die Marktentwicklung. Das Ziel ist hierbei eine gleichmäßige Auslastung der Produktionsstätten, eine Minimierung der absoluten Terminabweichung sowie eine Minimierung der Time-to-Market (vgl. Heinrich/Zeier S. 115).

Ablauforganisatorisch können für die operative Planung im engeren Sinn prinzipiell das retrograde und das progressive Planungsverfahren oder das Gegenstromverfahren instrumentalisiert werden. Bei Ersterer (**Top-Down-Planung**) wird aus den übergeordneten, langfristigen Gesamtunternehmenszielen der Vertriebsplan abgeleitet. Vorteilhaft ist hierbei vor allem die zentrale Planerstellung, welche das angestrebte Unternehmensziel weitestgehend sicherstellt und damit grundsätzlich einen geringeren Koordinationsaufwand nach sich zieht. Nachteilig ist die oft fehlende Kenntnis der Vertriebsleitung über die tatsächliche Situation in den einzelnen Märkten, was im ungünstigsten Fall zu einer unrealistischen Zielvorgabe bzw. einer fehlenden Zielidentifikation im operativen Bereich führen kann (vgl. Ennsfellner 1993, S. 100 f.).

Das **progressive Planungsverfahren** (Bottom-Up) wählt dagegen die entgegengesetzte Vorgehensweise beginnend auf der untersten Vertriebsebene. Positiv ist hierbei vor allem der Realitätsbezug der Planungsprämissen herauszustellen, aber auch die Motivation der Vertriebsmitarbeiter (vgl. Peemöller 1997, S. 155). Nachteilig kann sich eine Abweichung zu den Unternehmenszielen bemerkbar machen. Hintergrund ist hierfür die oft defensive Planung von Vertriebsmitarbeitern auf Grund einer Kopplung des Zielerreichungsgrades mit der leistungsbezogenen Vergütung (vgl. Ennsfellner 1993, S. 102 ff.).

Das **Gegenstromverfahren** schließlich ist eine Kombination der vorhergehenden Planungsverfahren. Auf eine Top-Down-Planung erfolgt zur Korrektur bzw. Bestätigung ein Bottom-Up-Rücklauf. Bei Zielkonflikten oder Ressourcenrestriktionen erfolgt unmittelbar eine Plankorrektur z. B. in Form eines Abstimmungsprozesses (vgl. Ennsfellner 1993, S. 104). Vorteilhaft sind hierbei primär der Einbezug aller Beteiligten und die sofortige Auflösung von Zielkonflikten. Kritisch ist primär der Zeit-, Arbeits- und Koordinationsaufwand (vgl. Deglow 2003, S. 62).

Bei Mercedes-Benz Trucks erfolgen darauf im Zeitablauf Korrekturen dieser Planung in Form der ersten und zweiten Isterwartung. Alternativ wäre hierbei auch ein aktualisierter Monatsbericht aus jedem Markt einsetzbar. Dies birgt jedoch die Gefahr, dass lediglich Planwerte fortgeschrieben werden und es am Jahresende zu deutlichen Abweichungen kommt. Des Weiteren ist diese Vorgehensweise auch sehr arbeitsintensiv. Weitaus exakter ist daher für einen kurzfristigen Zeitraum in Form des laufenden Jahres (rollierend) die verbindliche Einplanung des Produktionsprogrammes jedes Marktes, wobei als Aufsatzpunkt der Marktanteil dient (**Kurzfristplanung**). Sie dient damit der aktiven Steuerung der Produktion und berücksichtigt Kapazitätsbegrenzungen. Auch baut auf die Kurzfristplanung die Materialdisposition auf, welche in der Folge an interne und externe Lieferanten weitergeleitet wird (vgl. Strohbach 2010; Frey 2010).

Bezüglich der Reihenfolge der Planung empfiehlt Vollmuth mit dem **Absatz** zu beginnen, um in der Folge die geplanten Mengen mit den zu erzielenden Preisen für die **Umsatzplanung** zu multiplizieren. Je nach gewähltem Planungsverfahren wird der Absatz je Produktgruppe aus den Marktanteilen abgeleitet oder aus den Segmentabsätzen der Marktanteil ermittelt. Des

Weiteren müssen der Produktionsbedarf sowie der Fahrzeugbestand je Markt determiniert werden (vgl. Strohbach 2010). Darauf sollte die **Kostenplanung** primär basierend auf Zahlen des internen Rechnungswesens sowie die **Erlösplanung** als Differenz der Umsatz- und Kostenplanung durchgeführt werden (vgl. Vollmuth 2002, S. 51).

Zur Sicherstellung der **Planungsqualität** ist es ratsam, diese in die qualitative Zielerreichung einer Vertriebsgesellschaft aufzunehmen. Eine ausschließliche Kopplung der Planung mit der Zielerreichung ist jedoch zu vermeiden, da ansonsten eventuell zu defensive Planungen abgegeben werden, um in der Folge eine überproportionale Zielerreichung zu realisieren (vgl. Strohbach 2010).

Daneben ist die **organisatorische Struktur** ein zentraler Einflussfaktor auf die Effizienz und Effektivität der Umsetzung der im Willensbildungsprozess getroffenen Entscheidungen. Die Organisationsgestaltung hat das Ziel, die arbeitsteilige Aufgabenerfüllung unter der Verwendung von Regeln strukturiert, koordiniert und auf ein gemeinsames Ziel hin auszurichten (vgl. Thommen/Achleitner 1998, S. 674 ff.). In der gängigen Literatur werden hierfür **Ablauf- und Aufbauorganisation** unterschieden (vgl. Thommen/Achleitner 1998, S. 684 ff.). Erstere verkörpert die Zuweisung von Aufgaben auf Aufgabenträger in zeitlich-räumlicher Hinsicht (Prozess der Aufgabenerfüllung), Zweitere hingegen beschreibt die Zusammenfassung von Aufgaben des Ausführungssystems zu homogenen Aufgabengebieten und die Abgrenzung der Rollen von Aufgabenträgern in strukturell-personeller Hinsicht (vgl. Tewes 2003, S. 324).

Schließlich gilt es im Rahmen der Planung mittels **Personalführungsmaßnahmen** zielgerichtet und durch die Unternehmensleitung legitimiert das Verhalten der Mitarbeiter zu beeinflussen. Hierbei können die direkte, persönliche Führung und die indirekte Steuerung mittels Anreizsystemen unterschieden werden (vgl. Weber 1995, S. 568). Sehr allgemein umfassen **Anreizsysteme** alle Maßnahmen, die Dritte zu einem für den Anreizgewährer förderlichen Verhalten veranlassen (vgl. Drumm 2000, S. 525). Im weiteren Verlauf der vorliegenden Arbeit sollen primär Letztere im Vordergrund stehen. All diese Planungsaktivitäten sind jedoch nur sinnvoll, wenn die Zielrealisierung regelmäßig nachgehalten wird.

3.3.2.3 Kontrollfunktion

Planung und Kontrolle sind grundsätzlich sehr eng miteinander verbunden, so dass diese von Horváth sogar als eine Einheit betrachtet werden. Die Ergänzung der Planung durch die Kontrolle wird mit dem Ziel durchgeführt, die Ungewissheit zu reduzieren. Dies inkludiert die Überprüfung der getroffenen Annahmen, die Zielrealisierung der geplanten Maßnahmen, den Einsatz der geplanten Mittel und ihre Wirkung sowie das Nachhalten des Verhaltens aller am

Prozess beteiligten (vgl. Horváth 2006, S. 155 f.). Damit kann die Kontrolle definiert werden, als „function of the system which provides direction in conformance to the plan, or in other words, the maintenance of variations from system objectives within allowable limits" (Johnson/Kast/Rosenzweig 1963, S. 58).

Je nachdem, welches Kontrollobjekt im Mittelpunkt der Betrachtung steht, unterscheidet man ergebnisorientierte und verfahrensorientierte Kontrollen (vgl. Horváth 2006, S. 157): **Ergebnisorientierte Kontrollen (i.w.S.)** ermöglichen mittels eines Vergleichs der geplanten und der realisierten Gestaltung eine Aussage, ob das spezifizierte Handlungsergebnis realisiert werden konnte. Diese lassen sich weiter unterscheiden in:

- **Prämissenkontrollen**, welche die über die Planung getroffenen Grundannahmen über interne und externe Rahmenbedingungen analysieren.
- **Planfortschrittskontrollen**, die Soll-Wird-Vergleiche bezogen auf die Zielerreichung von Zwischenzielen innerhalb gesamtheitlicher Planungen durchführen. Dies kann z. B. in Form der Hochrechnung der Ist-Ergebnisse auf Prüfpunkte im Planungshorizont (meist Quartale) geschehen, um frühzeitig strategische Planungslücken (Marktchancen und Fehlentwicklungen), die einschneidende Änderungen im Vorgehen verlangen, zu erkennen. Im Idealfall gipfelt dies im Ausbau des Kennzahlensystems in ein Frühwarnsystem.
- **Ergebniskontrollen (i.e.S.)**, die nach der Realisierung der Planung durchgeführt werden. Beispiele sind hierfür permanente Soll/Ist-Vergleiche auf Geschäftsfelds-, Gebiets-, Produktgruppen-, Artikel-, Vertriebskanal- und Kundenebene bezüglich Umsatzgeschehen und Kostenentwicklung.

Dagegen betrachten **verfahrensorientierte Kontrollen** den Vergleich zwischen tatsächlich angewandten und vorgeschriebenen Planungsprozessen. Diese einzelnen Formen der Ergebniskontrolle (i.w.S.) sollen mit Abbildung 3-4 nochmals verdeutlicht werden.

Kontrollen sind damit weder zeitlich noch sachlich ausschließlich nachgelagert (Feedback-Kontrolle), sondern fortlaufend zur Unterstützung des gesamten Planungsprozesses durchzuführen (Feedforward-Kontrolle) (vgl. Rinn 1991, S. 31). Dies impliziert eine ständige Funktionsüberprüfung und Bereitstellung von Instrumenten zur Identifikation von Schwachstellen sowie Anpassungs-, Verbesserungs- und Weiterentwicklungsmaßnahmen (vgl. Rinn 1991, S. 34). Die Unterscheidung in eine strategische und operative Komponente kann schließlich analog der Planungsaufgaben auch bei der Kontrolle erfolgen (vgl. Hahn 1991, S. 138).

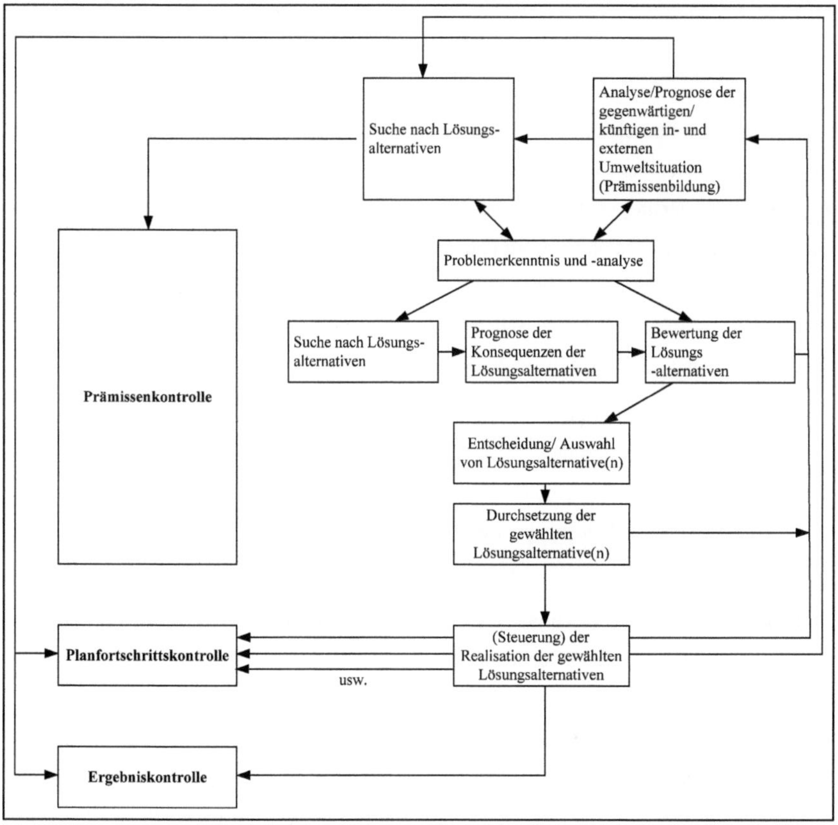

Quelle: Macharzina 1999, S. 335
Abb. 3-4: Formen der Ergebniskontrolle i.w.S.

Wie in den vorangehenden Unterabschnitten gezeigt werden konnte, ist das gegenwärtige Vorgehen des Vertriebscontrollings primär produktzentriert. Um weitere Potenziale zu heben, ist jedoch dringend auch eine ausgeprägte Integration der Kundenseite notwendig.

3.4 Wandel von der Produkt- zur Kundenorientierung

Auf Grund einer fortschreitenden Angleichung der Produkte und Leistungen ist generell mit einer weiteren Verschärfung des horizontalen Wettbewerbs zu rechnen. Des Weiteren werden komparative Konkurrenzvorteile immer schneller adaptiert und damit neutralisiert, was klassische Wettbewerbsstrategien wie Differenzierung, Kostenführerschaft und Fokussierung auf Marktnischen mehr und mehr entkräftet (vgl. Müller/Riesenbeck 1991, S. 67; Peter 1998, S. 74). Der zur Ausschöpfung der Marktpotentiale nötige Paradigmenwechsel in Form einer

Ausrichtung aller Aktivitäten und Prozesse am Markt im Allgemeinen und an den Kunden und Wettbewerbern im Speziellen ist daher dringend notwendig. Es wäre jedoch vermessen, die innerhalb einer unternehmensinternen Betrachtung immanent wichtige Produktbetrachtung als obsolet zu bezeichnen. Vielmehr geht es auch hier wiederum um einen integrierten Ansatz, wobei neben der Produktorientierung eine Kundenorientierung etabliert werden soll. Die **Marktorientierung** stellt dabei das übergeordnete Konstrukt dar, welche die Orientierung an den Bedürfnissen und Erwartungen des Kunden, aber auch an den Marktfaktoren, die diese Bedürfnisse beeinflussen, determiniert (vgl. Homburg/Jensen 2000, S. 57). Winkelmann konkretisiert mit folgenden strategischen Orientierungen die Begrifflichkeit als Facetten der Marktorientierung (vgl. Winkelmann 2008c, S. 35):

- Technologieorientierung
- Wettbewerbsorientierung
- Vertriebspartnerorientierung
- Betriebswirtschaftliche Gewinnorientierung
- Kundenorientierung

Die **Kundenorientierung** verkörpert die Fähigkeit eines Unternehmens, die Bedürfnisse eines Kunden zu befriedigen, in dem die Anforderungen des Kunden kontinuierlich erfasst werden und anschließend entsprechend umgesetzt werden (vgl. Bruhn 2000, S. 27). Dies impliziert, wie bereits ausgeführt, eine unternehmensweite Ausrichtung am Absatzmarkt, bei der die Ziele der wertorientierten Unternehmensführung jedoch als zwingende Nebenbedingung anzusehen sind. Die Schaffung innovativer Leistungen wird damit letztendlich Mittel zum Zweck, um über den so generierten Kundennutzen und das damit verbundene akquisitorische Potenzial Kundenbeziehungen aufzubauen. Im Sinne einer wertorientierten Unternehmensführung muss es daher zu einer stärkeren Verbindung der Erfolgspotenziale (Kundenbeziehung) mit der Erfolgsgröße (Unternehmenswert), d.h. der Sachziele mit den Formalzielen, kommen (vgl. Tewes 2003, S. 46 ff.). Dieser Weg von der Kundennähe über die Kundenzufriedenheit und Kundenbindung zum ökonomischen Erfolg soll im folgenden Abschnitt detailliert beleuchtet werden.

3.5 Kundennähe, Kundenzufriedenheit, Kundenbindung und ökonomischer Erfolg

Wenn auch der ökonomische Erfolg im Sinne der Gewinnmaximierung nicht mehr das einzige Ziel darstellt, sondern vielmehr eines unter vielen im Rahmen eines komplexen multidimensionalen Zielsystems, so ist dieser doch eine notwendige Stabilitätsbedingung und Grundvoraussetzung für die langfristige Existenzsicherung (vgl. Giloth 2003, S. 6). Der ökonomische Erfolg wird in vielen theoretischen und empirischen Arbeiten auch als Endpunkt einer Wirkungskette angesehen (vgl. z. B. Gerpott 2000, S. 31ff.; Homburg et al. 1999, S. 182ff.; Krafft 1999, S. 528). Diesem voran gehen die Kundennähe, die Kundenzufriedenheit sowie die Kundenbindung.

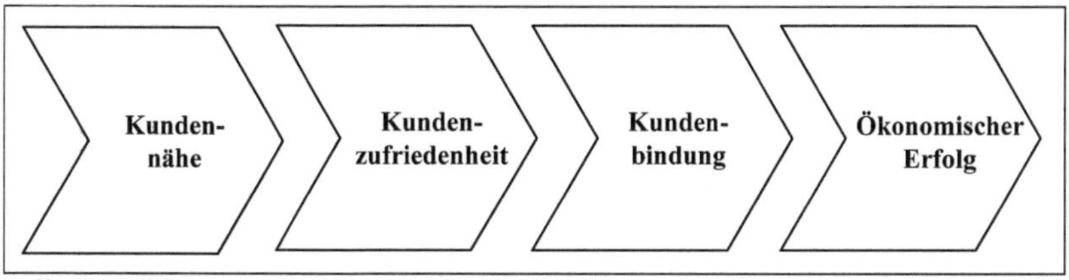

Quelle: In Anlehnung an Homburg/Bruhn 2003, S. 10
Abb. 3-5: Kundennähe, Kundenzufriedenheit, Kundenbindung und ökonomischer Erfolg

Kundennähe ist das vom Kunden wahrgenommene Gefühl, dass sich der Anbieter eines Produktes bzw. einer Leistung bemüht, seine Belange ernst nimmt und eine langfristige Beziehung zu ihm sucht (vgl. Winkelmann 2008a, S. 123). Die Begrifflichkeit wurde im deutschsprachigen Raum besonders stark durch Homburg geprägt (vgl. Homburg 1998b). Mehr und mehr ist jedoch zu beobachten, wie sich die Begriffe der bereits oben erläuterten Markt- und Kundenorientierung gegenüber der Kundennähe in der Literatur durchsetzen (vgl. Krafft 2002, S. 9). Zur Messung der Kundennähe operationalisierte Homburg die Dimensionen Qualität (speziell Produkt- und Dienstleistungsqualität sowie die Qualität kundenbezogener Prozesse), Flexibilität (im Umgang mit Kunden) und Interaktion (vgl. Homburg 1998b S.76).

Bezüglich der Auswirkungen von Kundennähe auf die Kundenzufriedenheit konnte Homburg zeigen, dass diese Beiden signifikant zusammenhängen und der Zusammenhang eine s-förmige (logistische) Funktionsform aufweist (vgl. Homburg 1998a, S. 130 f.). Dies deckt sich mit der von Simon formulierten Optimumshypothese, nach der mit größerer Kundenähe die Grenzkosten steigen bei gleichzeitig sinkendem Grenznutzen (vgl. Simon 1991, S. 272). Trotz der umfangreichen Untersuchung Homburgs hat sich bis heute kein einheitliches Vorgehen zur Messung der Kundennähe bzw. Markt- und Kundenorientierung durchgesetzt (vgl. Krafft 2002, S. 14). Auch konnte, von Homburg abweichend zu dem oben skizzierten Ablauf, ein direkter Zusammenhang zwischen der Kundennähe und dem ökonomischen Erfolg identifiziert werden (vgl. Krafft 2002, S. 48).

Die **Kundenzufriedenheit** wird in der Literatur überwiegend entsprechend dem Confirmation/Disconfirmation-Paradigma als das Ergebnis eines komplexen psychischen Vergleichsprozesses definiert, wobei die wahrgenommenen Erfahrungen nach dem Gebrauch eines Produktes bzw. einer Dienstleistung (Ist-Leistung) mit den Erwartungen, Wünschen oder weiteren Vergleichsstandards vor der Nutzung (Soll-Leistung) abgeglichen werden (vgl. Homburg/Rudolph 1997, S. 33 ff.). Im Fall eines Kaufaktes wird von transaktionaler Zufriedenheit gesprochen, während eine Betrachtung einer längeren Geschäftebeziehung als dynamische Zufriedenheit bezeichnet wird (vgl. Winkelmann 2008a, S. 126). Bezüglich ihrer Erhebung werden objektive und subjektive Verfahren unterschieden.

Die objektiven Verfahren beruhen dabei nicht auf Zufriedenheitseinschätzungen, sondern auf nachvollziehbaren Ereignissen wie z. B. Kundenbeschwerden (Critical Incidents) oder Geschäftserfolgen. Subjektive Verfahren sind dagegen ausdrücklich urteilsgestützt, wobei hier bezüglich der Fragetechnik explizite und implizite Vorgehensweisen unterschieden werden (vgl. Winkelmann 2008a, S. 129).

Bezüglich der einbezogenen Determinanten gibt es jedoch bis heute kein einheitliches Vorgehen. So nennt Rapp technische Produktqualität, Servicequalität, Reputationsqualität, persönliche Beziehungsqualität und Preiswahrnehmung als wesentliche Komponenten (vgl. Rapp 1995, S. 119 ff.). Später führt Krüger-Strohmayer die Leistungsmerkmale Produktqualität, After-Sales-Support und Kunden-Mitarbeiter-Interaktion an. Als alternatives Vorgehen erläutert sie darüber hinaus eine prozessuale Sichtweise mit den Phasen Vorkauf, Kauf und Nachkauf, ohne jedoch explizit den Zusammenhang mit der Kundenzufriedenheit nachzuhalten (vgl. Krüger-Strohmayer 2000, S. 70 ff.).

Generell können nach dem Modell von Kano Kundenanforderungen in drei Leistungskategorien unterschieden werden (Froböse/Kaapke 2000, S. 108 f.):

- Basisanforderungen: Sie stellen Muss-Kriterien dar. Ihre Nichterfüllung führt zu Unzufriedenheit, während ihre Erfüllung lediglich Nichtunzufriedenheit hervorruft. Herzberg bezeichnet diese auch als Hygiene-Faktoren (vgl. Herzberg/Mausner/ Snyderman 1959).
- Leistungsanforderungen: Hierbei handelt es sich um Sollkriterien, mit deren Erfüllung die Zufriedenheit steigt bzw. bei Nichterfüllung die Unzufriedenheit zunimmt.

- Begeisterungsanforderungen: Sie sind Leistungsanforderungen, die nicht vom Kunden erwartet werden und daher auch bei Nichterfüllung keine Unzufriedenheit auslösen. Werden diese jedoch angeboten, lösen sie Begeisterung aus, da der Kunde nicht damit gerechnet hat. Problematisch kann hier die Gefahr der Wandlung der Begeisterungsleistung in eine Leistungsanforderung sein.

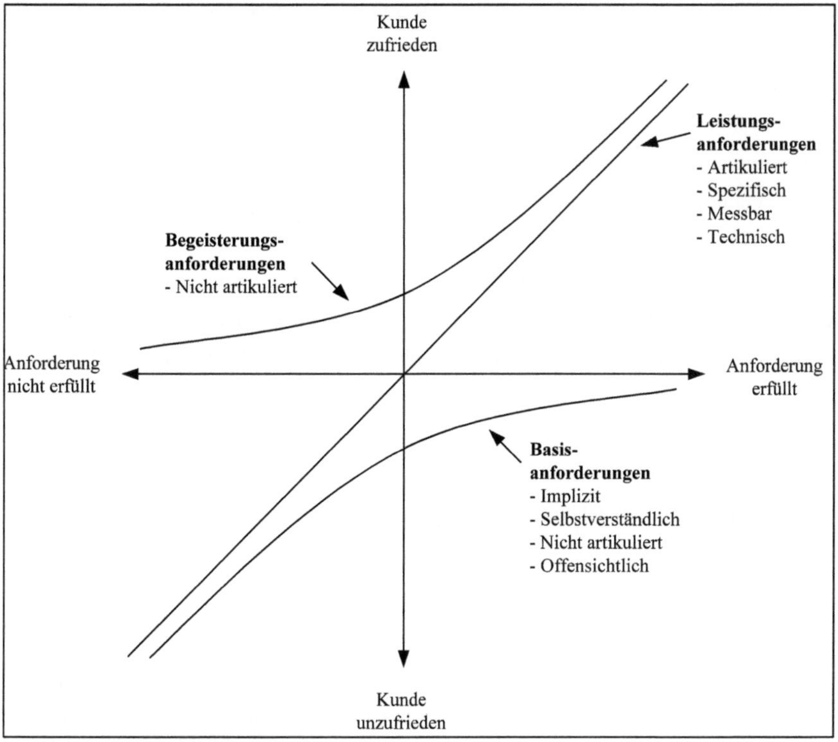

Quelle: Kano 1984; Berger et al. 1993, S. 26
Abb. 3-6: Kano-Modell

Bezüglich der positiven Wirkung auf den ökonomischen Erfolg können nach Mödritscher, der diverse Untersuchungen zusammenfasst, bei der Kundenzufriedenheit direkte performance-orientierte und indirekte kundenbeziehungsorientierte Wirkungen unterschieden werden (vgl. Mödritscher 2008, S. 94). Erstere treten dabei z. B. in Form von Loyalitätssteigerungen, einer Verringerung der Preiselastizität, steigenden und stabileren Cashflows, aber auch der Senkung von Fehlerkosten auf. Zweitere umfassen zum Einen Verhaltensabsichten der Kunden in Form einer höheren Wiederkaufsabsicht, einem stärkeren Commitment und einer höheren Preisbereitschaft bzw. einer geringeren Preissensibilität. Zum Anderen aber auch inkludieren die indirekten kundenbeziehungsorientierten Wirkungen beobachtbares Kaufverhalten über eine gesteigerte Kundenloyalität in Form von Wiederkäufen oder Weiterempfehlungen. Damit dieser Zusammenhang jedoch seine volle Wirkung entfaltet, bedarf es eines längeren Zeithorizontes. Kurzfristig sind Effekte kaum nachhaltig nachweisbar (vgl. Bernhardt/Donthu/Kennett 2000, S. 161 f.).

Als **Kundenbindung** wird im Wesentlichen die Aufrechterhaltung einer Geschäftsbeziehung bezeichnet, die durch eine nicht zufällige Folge von Markttransaktionen zwischen Lieferant und Kunde gekennzeichnet ist (Krafft 2002, S. 22). Synonym wird auch öfters der Begriff Kundenloyalität verwendet, wohingegen Matzler und Stahl Loyalität als Kundenbindung, angereichert mit Commitment und Vertrauen, betrachten (vgl. Matzler/Stahl 2000, S. 632). Zentrale Voraussetzung für den Aufbau und den Erhalt der Kundenbindung ist ein überragender Wertbeitrag des Anbieters, der wahrgenommen und erlebt wird und zu einer emotionalen Kundenbindung führt (vgl. Smidt/Marzian 2001, S. 33; Eggert 2000, S. 120 f.). Alternativ können vertragliche Bindungen eingegangen werden, wobei hier jedoch immer beachtet werden muss, dass faktische Ausstiegsbarrieren leicht eine latente Unzufriedenheit bedingen können (vgl. Storbacka/Strandvik/Grönroos 1999, S. 77). Zur Messung des Konstrukts der Kundenbindung werden üblicherweise die Dimension des bisherigen Verhaltens in Form des Kaufverhaltens und der Weiterempfehlung sowie die Verhaltensabsichten wie Wieder-, Zusatzkauf- oder Weiterempfehlungsabsicht unterschieden (vgl. Meyer/Oevermann 1995, Sp. 1341).

Der Zusammenhang zwischen der Kundenzufriedenheit und der Kundenbindung wurde in einer Reihe von empirischen Untersuchungen belegt. Bezüglich des exakten funktionalen Verlaufs herrscht jedoch keine Einigkeit. So identifizierten Mittal und Kamakura einen progressiven (konvexen) Zusammenhang. Dies bedeutet, dass ab einem bestimmten Punkt die Erhöhung der Kundenzufriedenheit zu einem überproportionalen Anstieg der Kundenloyalität führt. Wird dagegen statt dem Wiederkaufsverhalten die Wiederkaufsabsicht als Indikator für die Kundenloyalität gewählt, ergibt sich ein degressiv (konkav) verlaufender Zusammenhang (vgl. Mittal/Kamakura 2001, S. 140). Jones und Sasser machen hier das Vorliegen des jeweiligen Verlaufs von der Wettbewerbsintensität innerhalb der Branche abhängig. Ist diese stark ausgeprägt, konnten sie einen progressiven Verlauf identifizieren, andernfalls einen degressiven (vgl. Jones/Sasser 1995, S. 92). Darüber hinaus ermittelten Müller und Riesenbeck eine sattelförmige Funktion, welche durch einen Indifferenzbereich bei „durchschnittlicher“ Zufriedenheit gekennzeichnet ist (vgl. Müller/Riesenbeck 1991, S. 69). Ähnlich, jedoch ohne einen Indifferenzbereich, identifizierten Oliva, Oliver und MacMillian einen s-förmigen Verlauf. Danach wirkt sich eine Erhöhung der Kundenzufriedenheit bis zu einem gewissen Niveau erst überproportional, danach unterproportional auf die Kundenbindung aus (vgl. Oliva/Oliver/MacMillian 1992, S. 85). Abbildung 3-7 fasst die erläuterten Verläufe zwischen Kundenbindung und Kundenzufriedenheit zusammen.

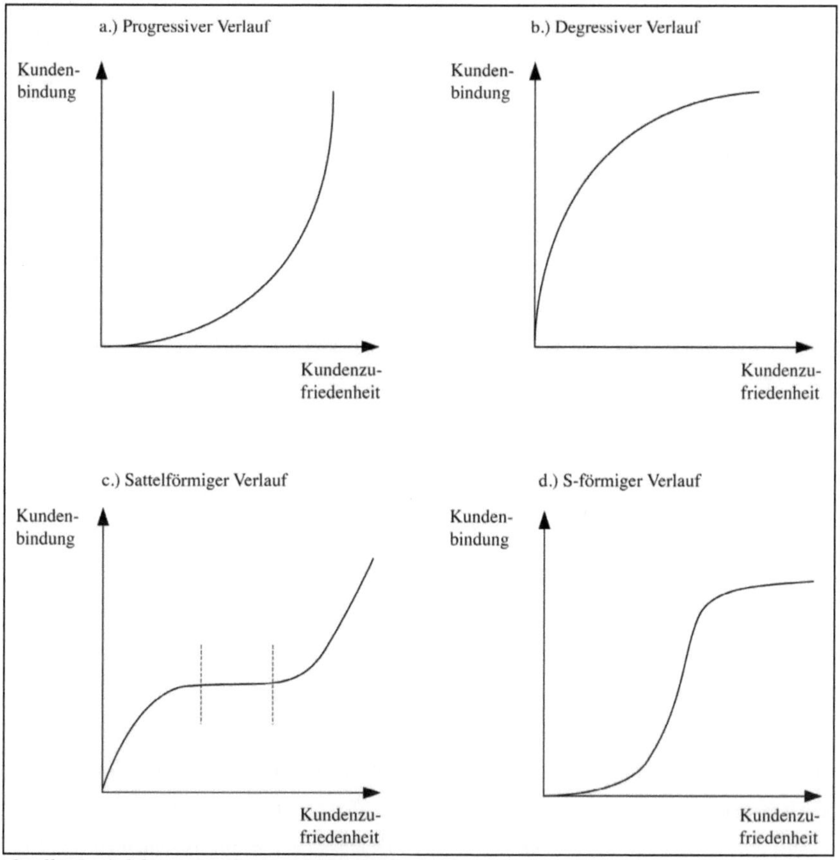

Quelle: In Anlehnung an Giering 2000, S. 31
Abb. 3-7: Kundenbindung und Kundenzufriedenheit

Jedoch führt Kundenzufriedenheit nicht zwingend zur Kundenbindung, wenn sie auch in den meisten Fällen eine zentrale Voraussetzung für diese darstellt (vgl. Homburg/Giering/Hentschel 1999, S.8 f.). Des Weiteren muss bei diesen Studien kritisch angemerkt werden, dass die Ausgangsdaten oft auch die Grundlage für das Kundenbindungsmanagement darstellen (vgl. Mödritscher 2008, S. 105).

Die Wirkung der Kundenbindung auf den **ökonomischen Erfolg** wurde erstmals von Reichheld und Sasser mittels einer Befragung aufgebracht. Eine direkte Messung erfolgte jedoch nicht (vgl. Reichheld/Sasser 1990, S. 106 ff.). Später folgten verschiedene weitergehende Fallstudien, wobei jedoch immer noch Forschungsbedarf bezüglich des konkreten messbaren Zusammenhangs besteht (vgl. Mödritscher 2008, S. 114 f.). Auch sieht Krafft Kundennähe, Kundenzufriedenheit und Kundenbindung nicht als primäre Einflussfaktoren an, sondern vielmehr die Kauffrequenz- und –menge, die Beziehungsdauer sowie die Kosten (vgl. Krafft 1999, S. 526).

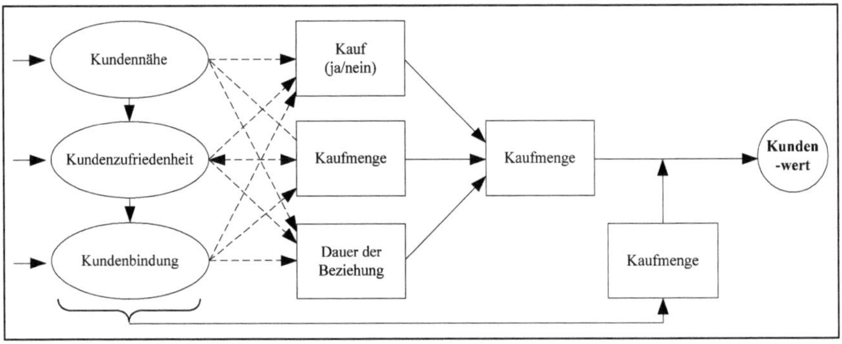

Quelle: Krafft 1999, S. 526
Abb. 3-8: Wirkungszusammenhang der Kundenbindung nach Krafft

Wie die vorausgehenden Ausführungen gezeigt haben, kann zwar von einem grundlegenden Wirkungszusammenhang von Kundennähe, Kundenzufriedenheit, Kundenbindung und ökonomischem Erfolg gesprochen werden, jedoch kann nicht von einem einfachen linearen und symmetrischen Wirkungszusammenhang ausgegangen werden. Auch handelt es sich nicht um einen Automatismus, sondern um eine mögliche Entwicklungskette. Daher müssen vielmehr gezielt Kundennähe, -zufriedenheit und –bindung auf ihre tatsächliche Erfolgswirksamkeit hin ausgerichtet werden. Denn es kann nicht das Ziel eines Unternehmens sein, jegliche Kunden zu binden. Vielmehr müssen die langfristig „wertvollen" Kundenbeziehungen identifiziert werden. Als zentrale Steuerungsgröße bietet sich hierfür der Kundenwert an.

4. Der Kundenwert im Rahmen der integrierten Vertriebssteuerung

4.1 Grundlagen des Kundenwertes

4.1.1 Begriff des Kundenwertes

Für eine erste Annäherung an das Konstrukt des Kundenwertes soll zuerst der Begriff in seine Einzelteile zerlegt werden. Campbell und Cunningham definieren einen **Kunden** ganz allgemein als Abnehmer unternehmerischer Leistungen (vgl. Campbell/Cunningham 1983, S. 371 ff.). Ähnlich, aber konkreter, bezeichnet Nötzel Kunden als „Abnehmer der vom Unternehmen hergestellten Produkte oder durchgeführten Dienstleistungen“ (Nötzel 1979, S. 392). Zukünftige mögliche Abnehmer sollen damit von der weiteren Betrachtung ausgeschlossen werden. Die Kunden können bezüglich ihrer Art nach Individuen und Organisationen bzw. Institutionen unterschieden werden. Im weiteren Verlauf ist - auf Grund der Schwerpunktlegung auf Großkunden in der Themenstellung - der Fokus auf Zweiteren.

Bezüglich des Wertbegriffes soll, wie auch in vielen vorausgehenden Veröffentlichungen zum Thema Kundenwert, einem auf Engels zurückgehenden gerundiven Wertverständnis gefolgt werden (vgl. Engels 1962, S. 11 f.; Rudolf-Sipötz 2001, S. 13; Mödritscher 2008, S. 9). Demnach wird der **Wert** eines Subjektes, Objektes bzw. einer Aktion als Maßstab für dessen Vorziehenswürdigkeit verstanden (vgl. Engels 1962, S. 1 ff.). Durchgeführt wird diese Bewertung vor dem Hintergrund des Zielsystems eines Unternehmens und den damit verbundenen Handlungsmöglichkeiten (vgl. Bamberg/Coenenberg 2004, S. 35 ff.).

Der eigentliche Kundenwertbegriff wird in einen Kundenwert aus Anbietersicht und einen **Kundenwert aus Nachfragersicht** (auch bezeichnet als „Customer Value“) differenziert. Letzterer zeigt an, in welchem Ausmaß ein Unternehmen dazu beiträgt, die Ziele des Kunden zu erfüllen (vgl. Cornelsen 2000, S. 37). Er ergibt sich als Ergebnis des Vergleiches aus der Gegenüberstellung der subjektiven Nutzensumme und der subjektiven Aufwandssumme (vgl. Eggert 2003, S. 46 ff.). Diese Betrachtungsweise steht im weiteren Verlauf dieser Arbeit nicht im Vordergrund, ist - wie in Unterabschnitt 4.1.2 gezeigt werden wird - jedoch eng verknüpft mit dem hier detailliert betrachteten Kundenwert aus Anbietersicht.

Bei einer Systematisierung der in der gängigen Literatur verwendeten **Kundenwertbegriffe aus Anbietersicht** fällt auf, dass bis heute keine einheitliche Begriffsdefinition vorliegt. So werden teils die Bestimmungsgrößen des Kundenwertes (Sachdimension), teils der Zeitbezug (Zeitdimension), oft aber auch die Aggregationsebene (Objektdimension) einer Definition zu Grunde gelegt (vgl. Rudolf-Sipötz 2001, S. 14 f.). Die Sachdimension betrachtet dabei den

Umfang der einbezogenen quantitativen und qualitativen Elemente. Bei der zeitlichen Dimension können statische bzw. periodenbezogene sowie dynamische bzw. periodenübergreifende Ansätze unterschieden werden. Die Objektdimension schließlich differenziert, ob einzelne Kunden, Kundensegmente oder aber der gesamte Kundenstamm bewertet werden (vgl. Foster/Gupta/Sjoblom 1996, S. 5; Mulhern 1999, S. 27). In letzterem Fall wird dann meistens von einem Kundenstammwert bzw. „Customer Equity" gesprochen (vgl. Rust/Lemon/Zeithaml 2000; Blattberg/Getz/Thomas 2001). Dieser ist z. B. bezüglich seines Ansatzes in der Bilanz eines Unternehmens dem Markenwert (Brand Equity) sehr ähnlich (vgl. Krafft 2002, S. 33).

Viele Autoren beschränken sich bei ihrem Vorgehen auf Umsatz- oder Deckungsbeitragsgrößen und interpretieren den Kundenwert damit als eindimensionale Größe. Diese Sichtweise greift jedoch eindeutig zu kurz. Daher schrieb Canning bereits früh erste Ausführungen zum Kundenwert als mehrdimensionales Konstrukt nieder. So bezieht er neben der Kundenprofitabilität auch qualitative Faktoren, wie das Absatzwachstum eines Kunden im Zeitverlauf, die Meinungs- und Marktführerschaft, das technologische Know-How und den Anteil am Gesamtbedarf des Kunden explizit mit ein (vgl. Canning 1982, S.89 ff.). Damit erfolgt bei ihm bewusst erstmalig die Abgrenzung der Kundenprofitabilität als Teilwert des Kundenwertes und nicht der Einsatz als alleinige Bestimmungsgröße.

Später formuliert Plinke die Bedeutung eines Kunden negativ als den „Schaden, der eintritt, wenn der Kunde abwandert, also der drohende Verlust von Erfolgspotenzialen" (Plinke 1989, S. 316). Auch er bezieht, wie in der Folge noch viele andere Autoren, sowohl quantitative als auch qualitative Größen mit ein (vgl. Plinke 1989, S. 317; Rieker 1995, S. 57 ff.; Schleuning 1994, S. 159 ff.; Blattberg/Thomas 1998, S. 362).

Daneben scheint es sinnvoll trotz des zunehmenden Komplexitätsgrades sowohl vergangenheitsbezogene als auch zukunftsorientierte Werte in den Kundenwert mit einfließen zu lassen. Wenngleich auch die zukunftsbezogene Betrachtung auf Grund des Potenzialcharakters weitaus wichtiger ist, sollten dennoch auch stetig historische Daten auf Grund ihrer innewohnenden Sicherheit mit einbezogen werden. Auch soll selbstverständlich die gesamte automobile Wertschöpfungskette in die Kundenwertermittlung einbezogen werden. Die Betrachtungsebene soll bei der vorliegenden Arbeit eindeutig auf der Einzelkundenebene liegen, wenn auch im weiteren Verlauf manchmal Aggregationen vorgenommen werden.

Die Definition des Kundenwertes für die vorliegende Arbeit lautet damit wie folgt:

Der Kundenwert ist das Maß für die ökonomische Gesamtbedeutung des Kunden entlang der automobilen Wertschöpfungskette. Die ökonomische Gesamtbedeutung stellt die Kombination sowohl retrospektiver und prospektiver als auch quantitativer und qualitativer Komponenten dar.

4.1.2 Ziel des Kundenwertes

Wie in Abschnitt 3.5 deutlich wurde, ist der Idealfall das Erreichen einer Win-Win-Situation, indem durch die Maximierung der Erfüllung der Kundenbedürfnisse die Maximierung des Unternehmenswertes erreicht wird. Auch wird diese These durch Rappaport bestätigt: „Zufriedene Kunden sind die Quelle langfristiger Cash-Flows eines Unternehmens. Andererseits führt die Bedürfnisbefriedigung von Kunden nicht automatisch zu Shareholder Value" (Rappaport 1999, S. 9). Daher sollte die Marktorientierung in Form einer Ausrichtung der Aktivitäten und Prozesse an den Kunden und den Wettbewerbern zur Generierung langfristiger Erfolgspotenziale miteinbezogen werden (vgl. Tewes 2003, S. 41 ff.).

Die in Abschnitt 3.2 erläuterte Aufgabe der wertorientierten Unternehmensführung, Nutzenpotenziale nach dem Verständnis des Shareholder-Value-Konzeptes zu generieren, impliziert, neben dem Substanzwert des Unternehmens als Werttreiber immaterielle Vermögensgegenstände wie Kunden, Marken und Mitarbeiter zu betrachten (vgl. Bellinger/Vahl 1984, S. 18). Das heißt, ein Kunde sollte auf Grund seiner Wertigkeit wie andere Vermögensgegenstände als Investitionsobjekt behandelt werden (vgl. Plinke 1989, S. 316 ff.). Damit muß der Kundenwert zur zentralen Steuerungs- und Zielgröße im Rahmen einer auf dem Shareholder-Value-Konzept aufbauenden sowie am Markt orientierten integrierten Vertriebssteuerung erhoben werden.

Das Ziel des Kundenwertes ist es somit, als zentrale Steuerungs- und Zielgröße im Rahmen einer integrierten Vertriebssteuerung, einen Beitrag zur Maximierung des Unternehmenswertes zu leisten.

Abbildung 4-1 soll den soeben erläuterten Zusammenhang zwischen wert- und kundenorientierter Unternehmensführung und dem Kundenwert als zentraler Steuerungs- und Zielgröße nochmals verdeutlichen.

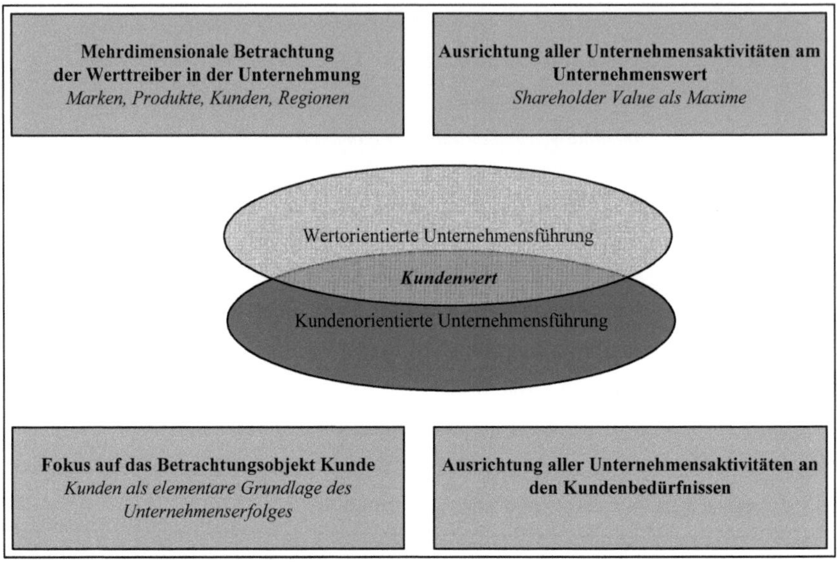

Quelle: In Anlehnung an Weber/Lissautzki 2004, S. 9

Abb. 4-1: Kundenwert im Spannungsfeld zwischen wert- und kundenorientierter Unternehmensführung

4.2 Ausgewählte Determinanten des Kundenwertes und ihre Einflussfaktoren

4.2.1 Systematisierung

So mannigfaltig wie in der Literatur das Thema Kundenwert behandelt wird, so vielfältig ist auch die Auswahl der einzelnen Kundenwertdeterminanten. Diese Mehrdimensionalität rührt aus der Tatsache, dass der Kunde verschiedene Rollen und Funktionen während der Beziehung mit einem Unternehmen einnehmen kann (vgl. Cornelsen 2000, S. 170). So agiert ein Kunde zum Einen als Abnehmer von Produkten und Serviceleistungen eines Nutzfahrzeugherstellers. Zum Anderen kann ein Kunde in der Rolle des Nutzers als Transmitter von Outgoing-Informationen dienen, d.h. er fördert z. B. den Austausch von Informationen und Empfehlungen außerhalb der eigentlichen Geschäftsbeziehung im direkten Kunden-Kunden-Kontakt (vgl. Cornelsen 2000, S. 170 f.). Schließlich geben Kunden als Partner Ingoing-Informationen z. B. in Form von Verbesserungsvorschlägen oder Beschwerden, welche entweder eigeninitiiert oder durch aktive Maßnahmen des Automobilherstellers erfasst werden, an diesen weiter (vgl. Cornelsen 2000, S. 171).

Quelle	Gliederung/Kategorisierung	Einbezogene Komponenten
Plinke 1989, S. 316 f.	Determinanten werden als Potenziale bezeichnet, Unterscheidung in monetäre und nicht-monetäre Größen	Relatives Umsatzpotenzial, relatives Deckungsbeitragspotenzial, Referenzpotenzial, Innovationspotenzial, Synergiepotenzial
Krüger-Strohmayer 2000, S. 118	Unterscheidung in monetäre und nicht-monetäre Komponenten	Umsatzerlöse, Gewinne aus Weiterempfehlung, Kundengewinnungskosten, Kosten vor/während/nach der Dienstleistungserstellung, Meinungsführerschaft, Preissensibilität, Beziehungsqualität, Qualitätsbewusstsein, Risikobereitschaft, Abwanderungsgefährdung, Beziehungsintensität
Cornelsen 2000, S. 171	Determinanten werden als Werte bezeichnet, Unterscheidung in direkte und indirekte Kundenbeiträge	Kundenumsatz, Kundenerfolg, Referenzwert, Informationswert, Cross-Selling-Wert
Gelbrich 2001, S. 54 ff.	Determinanten werden in monetäre und nicht-monetäre Bestandteile des Kundenwertes eingeteilt	Umsatz, Gewinn bzw. Deckungsbeitrag, Cross-Selling-Potenzial, Informationspotenzial, Referenzpotenzial, Markentreue, Kooperationspotenzial, Know-hoe- bzw. Innovationspotenzial, Technologischer Stand des Kunden, Umsatzwachstum des Kunden, Kapazitätsauslastung, Verschuldungsbereitschaft
Rudolf-Sipötz 2001, S. 95	Determinanten werden als Potenziale bezeichnet, Unterscheidung in Markt- und Ressourcenpotenziale bzw. direkte und indirekte Beiträge	Ertragspotenzial, Entwicklungspotenzial, Cross-Buying-Potenzial, Loyalitätspotenzial, Referenzpotenzial, Informationspotenzial, Kooperationspotenzial, Synergiepotenzial
Schmöller 2001, S. 121	Unterscheidung in Markt- und Ressourcenpotenzial	Ertragspotenzial, Informationspotenzial, Referenzpotenzial, strategische Potenziale
Diller 2002, S. 304 ff.	Determinanten werden als Werte bezeichnet, Unterscheidung in die Kategorien Kundenwert und Sicherheitsziele, Kundenwert und Wachstumsziele sowie Kundenwert und Profitabilitätsziele	Basiswert (Umsatz der letzten Periode), Informationswert, Penetrationswert, Referenzwert, Cross-Selling-Wert, Preispremium, Transaktionskostenwert, Kundengewinnungs- und -bindungskosten
Eberling 2002, S. 129 f.	Determinanten werden als Werte bezeichnet, Unterscheidung in ökonomische und vor-ökonomische Komponenten	Erlöse, Kosten, Referenzwert, Informationswert, Sicherheitswert
Tewes 2003, S. 77 ff.	Determinanten werden als Potenziale bezeichnet, Unterscheidung in monetäre und nicht-monetäre Komponenten plus Kundenloyalität als separate Kategorie	Ertragspotenzial, Cross-Selling-Potenzial, Referenzpotenzial, Informationspotenzial, Kundenloyalität

Abb. 4-2: Kundenwertmodelle und ihre Komponenten
(in chronologischer Reihenfolge)

Diese Rollen und Funktionen bilden die Basis für die Mehrzahl der in der Literatur vorhandenen Kundenwertmodelle, wobei jedoch die Art der einbezogenen Kriterien, deren Gewichtung sowie deren Einteilung stark variiert. Es erfolgen z. B. Kategorisierungen in „quantitative und qualtitative", „monetäre und nicht-monetäre" und „ökonomische und vor-ökonomische" Determinanten. Trotz dieser abweichenden Gruppierungen sind sich die einzelnen Kundenwertmodelle bezüglich ihrer enthaltenen Teilwerte oft sehr ähnlich (vgl. Howald 2007, S. 34). Auf

Grund der bereits sehr ausgiebigen Darlegung der enthaltenen Determinanten der verschiedenen Kundenwertmodelle in der gängigen Kundenwertliteratur sei hier auf diese verwiesen und mit Abbildung 4-2 nur ein kurzer Abriss der prägendsten Modelle tabellarisch aufgeführt (für einen detaillierten Vergleich vgl. z. B. Rudolf-Sipötz 2001, S. 14 ff.; Lissautzki 2007, S. 87 ff.; Howald 2007, S. 34 ff.).

Auch bei der vorliegenden Untersuchung soll das Rollenkonzept von Cornelsen als Basis gewählt werden, jedoch um ergänzende Komponenten für die vorliegende Branchenbetrachtung erweitert werden. So soll im weiteren Verlauf der Arbeit der Kunde nicht nur als Abnehmer, Referenzträger oder Informationslieferant betrachtet werden, sondern es erfolgt darüber hinaus eine Untersuchung des Kunden als Teil der Anbieter-Kunde-Beziehung, als Partner beim Transport, als potentieller zukünftiger Nachfrager sowie als Schuldner (vgl. Abbildung 4-3).

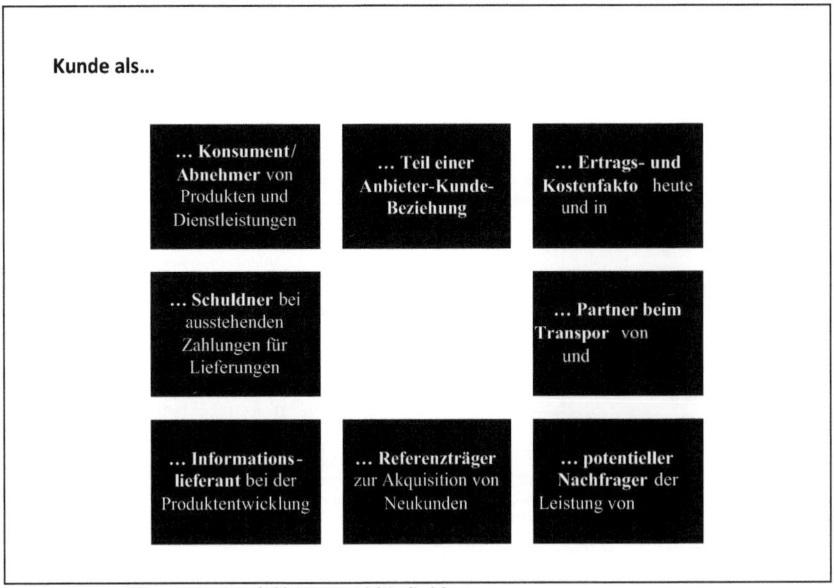

Quelle: In Anlehnung an Rudolf-Sipötz 2001, S. 92
Abb. 4-3: Funktionen des Kunden

Die Einteilung der einzelnen Komponenten des Kundenwertes erfolgt in monetäre und nichtmonetäre Komponenten. Erstere sind der Ertrags-, der Entwicklungs- und der Kooperationswert. Zweitere umfassen den Penetrations-, den Referenz-, den Informations-, den Loyalitäts- wie auch den Liquiditätswert. Abbildung 4-4 zeigt diese in den folgenden Unterabschnitten detailliert erläuterten Determinanten des Kundenwertmodells für einen Nutzfahrzeughersteller.

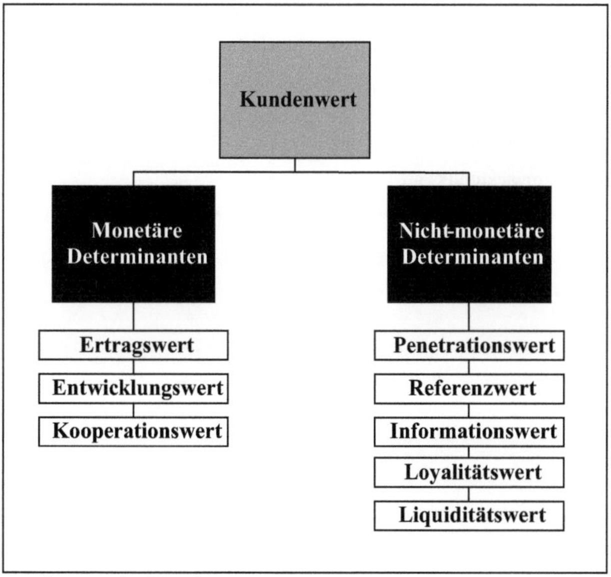

Abb. 4-4: Determinanten des Kundenwertes

Die entsprechenden Einflussfaktoren der Determinanten (oft auch in der gängigen Literatur als Kundenwerttreiber oder Teilwerte bezeichnet) werden dabei aus anderen Untersuchungen übernommen bzw. -wo nicht vorliegend- vom Autor aus sach-logischen Zusammenhängen abgeleitet, da eine empirische Untersuchung jeglicher Einflussfaktoren der Determinanten bezogen auf die Nutzfahrzeugindustrie den Rahmen dieser Arbeit sprengen würde. Das Ziel dieser Identifikation der jeweiligen Einflussfaktoren ist es, Ursache-Wirkungs-Zusammenhänge aufzudecken und im weiteren Verlauf der Arbeit die einzelnen Teilkonstrukte des Kundenwertes messbar zu machen.

Der Wertbegriff soll sich hier wie auch bereits bei der Definition des Kundenwertes nicht nur auf bestehende gegenwärtige Erfolgsbeiträge beziehen, sondern zugleich zukünftige Potenziale inkludieren. So stützen sich der Ertrags- und der Kooperationswert auf vergangenheitsbezogene Größen, während der Entwicklungswert sich ausschließlich auf zukünftige Potenziale konzentriert. Die einzelnen nicht-monetären Komponenten des Kundenwertes verkörpern zugleich eine Ist- als auch eine Zukunftsdimension. Sicherlich ist hier auch eine zeitliche Trennung denkbar. Basierend auf der Untersuchung von Rudolf-Sipötz, nach welcher Referenz-, Kooperations-, Informations- und Synergiewert zusammen nur zehn Prozent des Kundenwertes ausmachen, soll im Folgenden jedoch davon Abstand genommen werden (vgl. 2001, S. 176)[3]. Als Zielfunktion definierte Rudolf-Sipötz für die einzelnen Determinanten zum Einen den Ausbau bzw. die Nutzung bestehender Erfolgsbeiträge, zum Anderen das Erschließen bzw. den Aufbau von zukünftigen Potenzialen (vgl. Rudolf-Sipötz 2001, S. 93).

4.2.2 Monetäre Determinanten

4.2.2.1 Ertrags- u. Entwicklungswert

Generell stellen der Ertrags- und der Entwicklungswert eines Kunden die bedeutendsten Komponenten des Kundenwertes dar (vgl. Eberling 2002, S. 132). Für die vorliegende Arbeit soll der Ertragswert wie folgt definiert werden:

Der Ertragswert drückt die durchschnittliche gegenwärtige monetäre Bedeutung eines Kunden über alle Geschäftsarten in einem Investitionszyklus aus.

Die monetäre Bedeutung soll dabei durch die Summe aller Kundendeckungsbeiträge I eines Kunden über die gesamte automobile Wertschöpfungskette repräsentiert werden, welche mittels der in Abschnitt 5.2 angeführten Kundenerfolgsrechnung über alle Geschäftsarten aus den Erlösen und Kosten abgeleitet werden. Der **Kundendeckungsbeitrag I** gibt an, welcher Betrag zur Deckung der Fixkosten zur Verfügung steht. Er ermittelt sich durch die Differenzbildung von Nettoerlös und variablen Kosten. Die **Erlöse** entstehen dabei aus den abgesetzten Leistungen des Nutzfahrzeugherstellers an den Kunden (vgl. Eberling 2002, S. 132). **Kosten** sind ganz allgemein der Verbrauch von Wirtschaftsgütern für einen bestimmten Zweck (vgl. Schierenbeck/Wöhle 2008, S. 5). Im weiteren Verlauf soll hier der wertmäßige Kostenbegriff Anwendung finden. Ihm „liegt die Vorstellung bzw. die Forderung zugrunde, dass der Kostenwert die Funktion der Lenkung der Wirtschaftsgüter in ihre optimale Verwendungsweise übernimmt bzw. übernehmen soll“ (Schweitzer/Küpper 2008, S. 15). Dabei stellt sich insbesondere die Frage, welche Kosten einer Kundenbeziehung zugerechnet werden sollen. So lassen sich einige Kosten zwar direkt einem Kunden zuordnen wie z. B. die variablen Kosten der vom Kunden abgenommenen Leistungen. Andere können den Kunden jedoch nur möglichst verursachungsgerecht zugeordnet werden (vgl. Schulz 1995, S. 106). Auch stellen Unterschiede in der Kosteneffizienz bei der Ermittlung relevanter Kosten einen nicht unerhebli-

---

[3] Rudolf-Sipötz definierte den Kooperationswert abweichend zu der vorliegenden Untersuchung als Bereitschaft des Kunden auf begrenzte Zeit Produktionsfaktoren in den Dispositionsbereich des Anbieters einzubringen. Der Synergiewert umfasst alle Verbundwirkungen im Kundenstamm, in denen der Kunde Wechselwirkungen auslöst (vgl. 2001, S. 108 u. S. 129)

chen Punkt dar. So verursachen nicht alle Kunden, die die gleichen Leistungen abnehmen, zwangsläufig die gleichen Kosten (vgl. Eberling 2002, S. 139). Schließlich kommt es durch eine divergierende Intensität der Kundenbetreuung, unterschiedliche Auftragsgrößen oder Reklamationen zu Kostendifferenzen (vgl. Eberling 2002, S. 139; Rudolf-Sipötz 2001, S. 97).

Ein weiterer wichtiger Punkt bei der Ermittlung des kundenspezifischen Ertragswertes ist die Berücksichtigung der einzelnen Geschäftsarten im Rahmen des Ertragswerts. Allgemein fließen alle Teile der Wertschöpfungskette in die Berechnung mit ein. Eine Ausnahme stellt jedoch der Kundendeckungsbeitrag I des Gebrauchtfahrzeuggeschäftes dar. Dieser wird im Folgenden dem Käufer zugerechnet. Denkbar wäre hier auch eine Zurechnung des Gebrauchtfahrzeuggeschäftes dem Erstbesitzer des Fahrzeuges, was jedoch dann mehr dem Lebenszykluskonzept eines Fahrzeuges gerecht wird als einer Kundenbetrachtung.

Bezüglich des Betrachtungszeitraumes soll ein über alle Branchen rollierender Investitionszyklus angesetzt werden. Hierbei hat sich in der Praxis der Ansatz von vier Jahren bewährt, da dies die durchschnittliche branchen- als auch fahrzeugübergreifende Nutzungsdauer eines Nutzfahrzeuges darstellt (vgl. Propach 2008). Denkbar wäre hier auch zusätzlich eine Differenzierung nach der jeweiligen Branchennutzungsdauer, da hier deutliche Unterschiede bezüglich der Nutzungsgewohnheiten und Laufleistungen vorherrschen. So ist z. B. die Nutzungsdauer bei Entsorgern oder Feuerwehrfahrzeugen auf Grund eines kapitalintensiven Aufbaus weitaus größer, als die verschleißbedingt meist nur relativ kurz genutzten Fahrzeuge eines Vermieters. Der Durchschnitt wird schließlich ermittelt, indem die Summe aller Deckungsbeiträge durch die Länge des Investitionszyklus in Jahren geteilt wird.

$$Ertragswert = \frac{\sum Kundendeckungsbeitrag\ I\ über\ alle\ Geschäftsarten}{Länge\ Investitionszyklus} \tag{4.1}$$

Vorteilhaft ist hierbei vor allem, dass durch die Darstellung des Investitionszyklus Ausreißer einzelner Jahre geglättet werden und damit ein Vergleich über einzelne Jahre hinweg ermöglicht wird. Nachteilig kann der Ausweis nur einer Kenngröße sein, was jedoch durch eine detaillierte Rückverfolgungsmöglichkeit im Rahmen der Kundenerfolgsrechnung aufgehoben werden kann. Auch kann ein branchenspezifischer Betrachtungszeitraum unter Umständen das einheitliche Verständnis bezüglich eines retrospektiven Kundenwertes aufweichen und damit die Vergleichbarkeit erschweren.

Jedoch sind die gegenwärtigen Erträge eines Kunden von geringerer Relevanz als die erwarteten künftigen Erträge (vgl. ähnlich Köhler 1998, S. 339). Daher gilt es auch, die zukünftigen Erträge in Form des Entwicklungswertes in die Betrachtung aufzunehmen. Der Entwicklungswert wird für den weiteren Verlauf der Arbeit wie folgt definiert:

Der Entwicklungswert stellt die zukünftige, monetäre Bedeutung eines Kunden über alle Geschäftsarten entsprechend des Betrachtungszeitraumes der operativen Planung dar.

Damit zeigt dieser die Prognose des zukünftigen Ertragswertes an. Kritisch kann man hierbei anmerken, dass damit ein abweichender Betrachtungszeitraum zum vergangenheits-orientierten Ertragswert gewählt wird. Da jedoch eine quantitative Planung über vier Jahre statt über zwei bis drei Jahre im Rahmen der operativen Planung eine geringere Validität aufweist, wird diese Möglichkeit im weiteren Verlauf nicht weiter verfolgt.

Als Einflussfaktoren des Ertrags- und Entwicklungswertes sind jegliche im weiteren Verlauf detailliert erläuterten Determinanten zu nennen (vgl. ähnlich Weber/Lissautzki 2004, S. 19). Ein vereinfachtes Wirkungsmodell wird nach der Vorstellung jeglicher Determinanten des Kundenwertes in Unterabschnitt 4.2.3.5 dargelegt.

Darüber hinaus wird in der gängigen Literatur im Zusammenhang mit dem Ertrags- und Entwicklungswert der **Cross-Selling-Wert** angeführt. Dieser wird von Homburg und Schäfer definiert als der Verkauf von Zusatzprodukten an einen Abnehmer, der bereits eine Kernleistung von dem Unternehmen bezieht (vgl. Homburg/Schäfer 2003, S. 168). Im Fall des Nutzfahrzeuggeschäftes umfasst er damit jegliche Downstream-Leistungen. Cornelsen dagegen sieht Cross-Selling als den gekoppelten Verkauf untereinander unabhängiger Leistungen (vgl. Cornelsen 2000, S. 173). Ein Beispiel hierfür wäre z. B. der gleichzeitige Verkauf eines Sattelschleppers und eines Fahrzeugs für den Verteilerverkehr. Die Bedeutung des Cross-Selling-Potenziales resultiert aus der Annahme, dass die bestehende Geschäftsbeziehung ein Vorteil in der Akquisition neuer Abschlüsse in sich birgt (vgl. Eberling 2002, S. 132).

Des Weiteren wird in der Literatur als Unterform des Cross-Sellings das **Up-Selling** angeführt, womit eine Vergrößerung der Gesamtausgaben des Kunden in einer Produktgruppe ausgedrückt werden soll. Der Weg hierzu können allgemein Mengensteigerungen, Preiserhöhungen aber auch der Absatz höherwertiger Produktvarianten sein (vgl. Weber/Lissautzki 2004, S. 21).

Bezüglich der Faktoren, die die Höhe des Cross-Selling-Wertes eines Kunden beeinflussen, konnte Schäfer im Rahmen einer empirischen Untersuchung von organisationalen Kunden verschiedener Branchen die in Abbildung 4-5 dargestellten und im Folgenden näher erläuterten Einflussfaktoren identifizieren. So konnte er einen signifikant positiven Effekt der Komplexität des Kunden und einen etwas geringer signifikant ausfallenden positiven Einfluss der Dynamik der Absatzmärkte des Kunden auf dessen Bedarf an Zusatzprodukten nachweisen. Des Weiteren identifizierte er die Verbundbeziehung zwischen den Einstiegs- und den Zusatzprodukten als entscheidend. Diese determinieren zum Einen den Bedarf an Zusatzprodukten, zum Anderen die Bereitschaft Cross-Buying[4] zu betreiben. Darüber hinaus wurden, wie auch bereits in früheren Untersuchungen, als signifikant positive Effekte der Aufbau von Kundenvertrauen sowie die Breite des Produktprogrammes identifiziert (vgl. Schäfer 2002, S. 170).

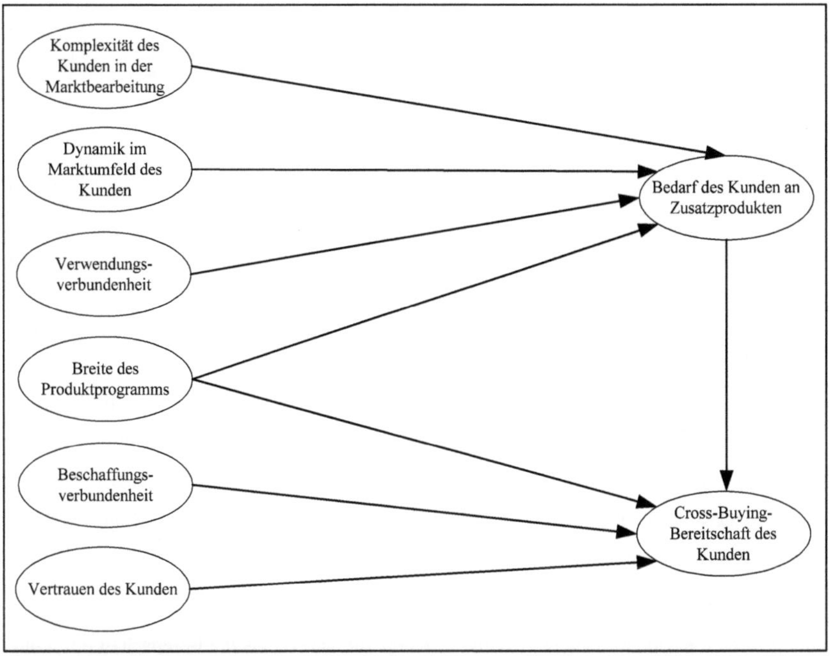

Quelle: Schäfer 2002, S. 128

Abb. 4-5: Einflussfaktoren auf die Höhe des Cross-Selling-Wertes

Auch identifizierte Schäfer Einflussfaktoren aus Sicht des Anbieters für eine erfolgreiche Erschließung des Cross-Selling-Wertes, welche in Abbildung 4-6 dargestellt sind. Zu betonen ist hier besonders die Bedeutung der Mitarbeiter, da sich sowohl deren Kundenkontakthäufig-

4 Cross-Buying bezeichnet das Zusatzkaufverhalten bei einem Anbieter aus Kundenperspektive (vgl. Papenhoff 2009, S. 34)

keit als auch deren Nutzung kundenbezogener Informationen signifikant positiv auswirken. Ebenso beeinflussen die Kundenorientierung des Informationssystems und des Vergütungssystems den wirtschaftlichen Erfolg. Schließlich gelten auch die Breite des Produktprogramms als auch die grundlegende Cross-Buying-Bereitschaft des Kunden als Einflussfaktoren für den Unternehmenserfolg (vgl. Schäfer 2002, S. 171 f.).

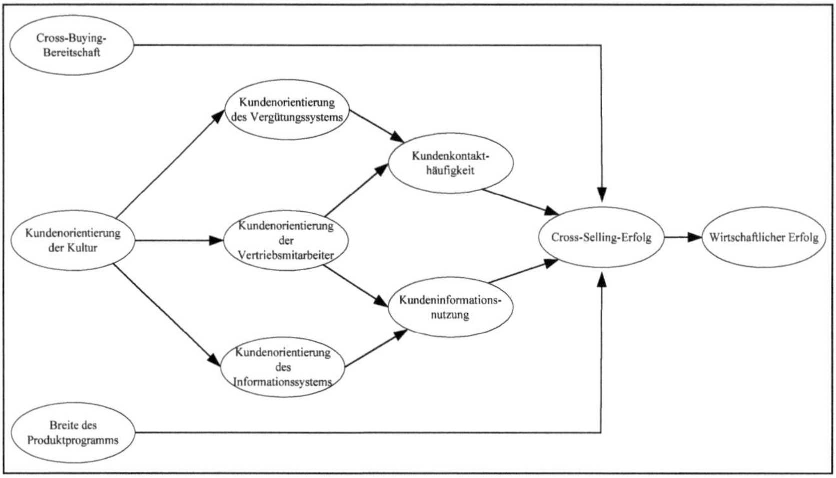

Quelle: Schäfer 2002, S. 158
Abb. 4-6: Einflussfaktoren des Cross-Selling-Wertes

All die weiter oben bereits angeführten Formen des Cross-Selling-Wertes sind im Rahmen dieser Arbeit bereits monetär durch den Entwicklungswert abgebildet. Für eine ergänzende Operationalisierung des maximal realisierbaren Potenzials im Hinblick auf eine integrierte Vertriebssteuerung sollen diese jedoch auch in Form des Penetrationswertes nochmals abgebildet werden (vgl. Unterabschnitt 4.2.3.1).

4.2.2.2 Kooperationswert

In der gängigen Kundenwertliteratur wird der Kooperationswert als die Bereitschaft des Kunden, dem Anbieter begrenzte Zeit Produktionsfaktoren (z. B. Mitarbeiter) in seinen Dispositionsbereich einzubringen, definiert (vgl. Rudolf-Sipötz 2001, S. 121). Bei der vorliegenden Arbeit soll zu Gunsten des Gegengeschäftes jedoch von dieser Definition Abstand genommen werden. Der Leitgedanke des Gegengeschäftes besteht in einer gegenseitigen Abnahme von Leistungen bzw. Produkten zwischen Nutzfahrzeughersteller und Logistikunternehmen. Sicherlich spielt die Kooperation mit einem Kunden in Form von temporärem Ressourcenübertrag auch in Einzelfällen, wie z. B. Truck Clinics[5], in der Nutzfahrzeugindustrie eine Rolle. Auch könnte eine Betrachtung des Ergebnisbeitrages durch die in Unterabschnitt 2.2.1 erläuterten Aufbauhersteller erfolgen. Da das Absatzvolumen Letzterer aber bereits über die Endkunden erfasst ist, soll dies bei der vorliegenden Arbeit vernachlässigt werden. Viel bedeutender sind die durch eine Zuteilung eines Frachtauftrages an einen Kunden entstehenden Frachtmehrkosten. Diese ergeben sich aus der Differenz der Frachtkosten des Beauftragten und des preisgünstigsten Wettbewerbers. Daher soll für den weiteren Verlauf folgende Definition verwendet werden:

Der Kooperationswert repräsentiert die durch die Zusammenarbeit mit einem Logistikdienstleister für den Nutzfahrzeughersteller entstehenden Frachtmehrkosten im Vergleich zum günstigsten Anbieter der Logistikleistung.

Trotz dieser den Kundenwert grundlegend negativ beeinflussenden Komponente darf nicht vergessen werden, dass mittels des Gegengeschäftes aus Gesamtunternehmenssicht dennoch ein positiver Wertbeitrag für den Automobilhersteller angestrebt wird. Damit wäre theoretisch auch ein Ausweis des Kooperationswertes in Form von abgesetzten Leistungen möglich. Problematisch erweist sich hier jedoch eine verursachungsgerechte Zuordnung. Daher wurde bei der vorliegenden Betrachtung die negative Komponente in Form der Frachtmehrkosten gewählt.

Im Folgenden soll beispielhaft die Grundidee und der Ablauf eines Gegengeschäftes am Beispiel des Clearing Office von Mercedes-Benz Trucks erläutert werden. Der Leitgedanke des Gegengeschäftes besteht, wie bereits eingangs ausgeführt, in einer gegenseitigen Abnahme von Leistungen bzw. Produkten zwischen Nutzfahrzeughersteller und Logistikunternehmen. Im Rahmen einer unternehmensinternen Betrachtung ist dabei das Empfangswerk der Frachtzahler. Für dieses Empfangswerk ist es grundlegend gleichgültig, welcher Spediteur die Transportleistung vollbringt. Etwas anders gestaltet sich jedoch die Situation aus vertriebsorientierter Gesamtunternehmenssicht, da nun der günstigste Spediteur nicht mehr zwingend der Ertragsreichste ist. Die Differenz zwischen dem günstigsten Spediteur und dem für den Nutzfahrzeughersteller ertragreichsten werden daher in Form von Frachtmehrkosten ausgewiesen. Für eine Koordination des Auswahlprozesses und eine Evaluierung der einzelnen Spediteure ist ein neutrales Clearing-Office eingerichtet. Dabei wird zweckdienlich der Materialstrom

---

5 Bei Car Clinics werden Testpersonen Prototypen vorgestellt und danach das Image und die Akzeptanz neuer Modelle bezüglich Design, Materialien und Qualität mittels Interviews ermittelt.

vom Zulieferer in das Produktionswerk bzw. zum zentralen Ersatzteillager (**Inbound-Logistik**) sowie der Materialverkehr vom Automobilhersteller zum Händler unterschieden (**Outbound-Logistik**). Unter dem Begriff Material sollen Stückgut, Ersatzteile sowie Fertigfahrzeuge subsummiert werden. Bezüglich der Typisierung der Logistikleistung unterscheidet man Gebietsspediteure und Direktvergaben. **Gebietsspediteure** sammeln Material von Zulieferern in einem fest definierten Gebiet und verteilen dieses an die Empfangswerke. Als Gebietsspediteur kann sich nur ein großes Fuhrunternehmen auf eine entsprechende Ausschreibung bewerben, da sowohl ein Netzwerk an Zwischenlagern als auch ein entsprechender Fuhrpark dafür von Nöten sind. Bei **Direktvergaben** haben dagegen auch kleinere Speditionen die Möglichkeit zu agieren, da es sich hier um festgelegte Komplettladungen von einem Lieferant in ein Werk des Nutzfahrzeugherstellers handelt. Sind diese, aber auch die Touren von Gebietsspediteuren wiederkehrend, so spricht man von **Relationen**. Die Ausschreibungsfrequenz von Relationen liegt in der Regel bei zwei Jahren, eine Neuausschreibung erfolgt aber spätestens im Moment einer gestiegenen Preisforderung seitens des aktuell ausführenden Spediteurs.

Zur Überprüfung der Marktpreise werden regelmäßig Bietverfahren in Form einer Ausschreibung für Logistikunternehmen initiiert. Dabei meldet der betreuende Key Account Manager den Kunden für einen Bieterkreis, um den Wettbewerb sicherzustellen (vgl. Krause 2009). Eine große Anzahl von Bietern muss dabei aus einer beziehungsorientierten Vertriebsperspektive negativ eingestuft werden, da eine Absage zu Imageverlusten bzw. im Extremfall einer Kundenabwanderung zur Konkurrenz führen kann. Jedoch ist diese im Rahmen eines fairen Wettbewerbs und damit vor dem Hintergrund aktueller Compliance-Standards trotzdem empfehlenswert. Der so zusammengestellte Bieterkreis erhält in der Folge jeweils ein Lastenheft sowie eine Angebotsmatrix, um seinen Preis für die ausgeschriebene Logistikleistung einzutragen. Darauf setzt sich ein Einkäufer des Nutzfahrzeugherstellers für Nachverhandlungen in Kontakt mit dem Bieter und räumt ihm so eine Möglichkeit ein, sein Erstangebot nochmals zu verbessern. In der Folge schaltet sich das neutrale Clearing Office ein und bewertet jeden Bieter an Hand diverser quantitativer Kriterien wie z. B. Ist- und Plan-Absatzzahlen sowie der Logistikquote als Ausdruck des Sättigungsgrades des Gegengeschäftes. Letztere ergibt sich, indem man den Ertragswert eines Kunden durch die Summe des Frachtumsatzes des Kunden mit dem Automobilhersteller dividiert (siehe Formel 4.2). Das heißt, je niedriger diese ausfällt, desto ausgelasteter ist ein Spediteur. Als Betrachtungszeitraum bietet sich hier auch wiederum die Dauer des durchschnittlichen Investitionszyklusses an.

$$Logistikquote = \frac{Ertragswert}{\sum Frachtumsatz\ mit\ dem\ Automobilhersteller} \quad (4.2)$$

Darauf basierend gibt die Clearing-Stelle schließlich eine Vergabeempfehlung ab, bevor die finale Entscheidung der nationalen Vertriebsleitung erfolgt. Handelt es sich um einen international agierenden Kandidatenkreis, werden jegliche tangierte Vertriebsgesellschaften in die Entscheidung mit einbezogen.

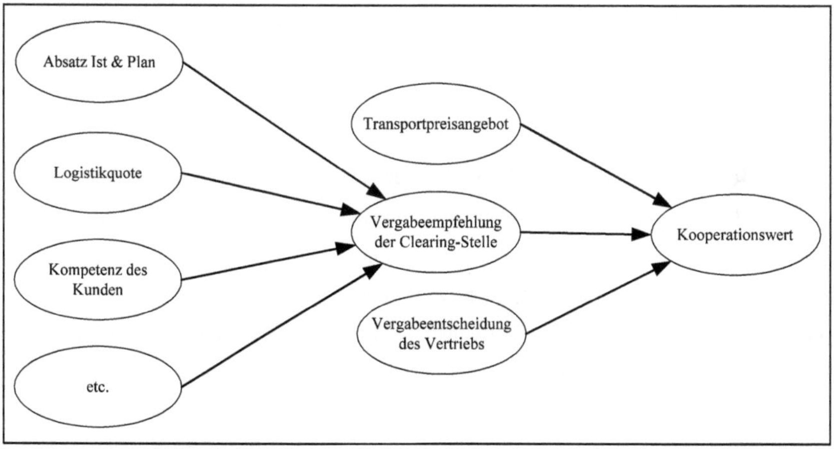

Abb. 4-7: Einflussfaktoren des Kooperationswerts

4.2.3 Nicht-monetäre Determinanten

4.2.3.1 Penetrationswert

Der Penetrationswert drückt die Ausschöpfung des maximalen kundenspezifischen Absatzpotenziales durch den Automobilhersteller in ausgewählten Geschäftsarten aus.

Im Gegensatz zum Entwicklungswert, welcher auf unternehmensinternen operativen Planungen über realisierbare Absatzpotenziale im Planungszeitraum basiert, gibt der Penetrationswert den Ausschöpfungsgrad des maximal zu realisierenden Potenziales an.

Sicher kann man sich hier nun die Frage stellen, warum im Fall des Penetrationswertes nur ausgewählte Geschäftsarten tangiert sind, während der Aktionsradius der vorangehenden Determinanten sich stets wertschöpfungskettenübergreifend darstellte. Dies lässt sich damit begründen, dass es in den Bereichen Gebrauchtfahrzeughandel, Werkstatt- und Teilegeschäft schwierig bis unmöglich ist, das maximale kundenspezifsche Absatzpotenzial zu ermitteln.

Davon abweichend gestaltet sich die Sachlage im Fall des Neufahrzeuggeschäftes. Hier ist ein Penetrationswert in Form der **Fuhrparkpenetrationsrate** ausweisbar. Sie gibt den Anteil der

Fahrzeuge der eigenen Marke des Automobilherstellers innerhalb eines Fuhrparkes eines Kunden an.

$$Fuhrparkpenetrationsrate = \frac{Anzahl\ Fahrzeuge\ eigene\ Marke\ Fuhrpark}{Gesamtanzahl\ der\ Fahrzeuge\ Kunde} \tag{4.3}$$

Um nun hieraus verlässlich zukünftige Absatzchancen abzuleiten, bedarf es jedoch der Kenntnis der gewählten Beschaffungsstrategie des Kunden. Dieser kann grundlegend Single Sourcing oder Multiple Sourcing betreiben. Man spricht von **Multiple Sourcing**, wenn mehrere verschiedene Zulieferer für ein Produkt bzw. eine Dienstleistung verfügbar sind und das beziehende Unternehmen diese auch bei verschiedenen Unternehmen bewusst bezieht (vgl. Blome/Henke 2009, S. 126). Vorteile ergeben sich hierbei für den Kunden durch geringere Abnahmepreise auf Grund eines stärkeren Wettbewerbs und geringere Abhängigkeit von einem Hersteller. Eine Sonderform des Multiple Sourcing ist das Dual Sourcing, bei dem sich der Abnehmer auf zwei Zulieferer beschränkt. Beim **Single Sourcing** entscheidet sich der Kunde dagegen bewusst für ausschließlich einen Zulieferer, obwohl weitere verfügbar wären (vgl. Blome/Henke 2009, S. 126). Vorteilhaft ist hierbei für den Abnehmer vor allem die Möglichkeit, die Transaktionskosten zu reduzieren und Kosteneinsparungseffekte durch größere Abnahmemengen bzw. einheitliche Werkzeug- und Ersatzteilerfordernisse zu realisieren. Verfolgt ein Kunde nun ein Multiple Sourcing im Rahmen seiner Beschaffungsstrategie, so ist der maximal realisierbare Anteil am Fuhrpark als Fuhrparkgröße einzustellen. Denkbar ist hier auch eine baureihenspezifische Penetrationsrate, um noch spezifische unausgeschöpfte Absatzpotenziale zu identifizieren. Hierfür ist jedoch eine detaillierte Kenntnis der Zusammensetzung des Fuhrparkes des Kunden notwendig, was jedoch bei den vorliegenden Großkunden, welche direkt und persönlich durch Key Account Manager betreut werden, der Fall sein sollte.

Im Fall der Service- und Finanzverträge ist auch eine Penetrationsrate ausweisbar. Sie gibt die Anzahl der Service- bzw. Finanzkontrakte in Relation zum Neufahrzeugabsatz an. Ein Sonderfall stellt dabei ein Altfahrzeug mit einem Kontrakt dar. Von einem Altfahrzeug wird im weiteren Verlauf gesprochen, wenn auf ein Fahrzeug mehr als ein Kontrakt aus einer Geschäftsart geschrieben ist. Ist solch ein Altfahrzeug vorliegend, fließt dieses nicht erneut in die Berechnung der Penetrationsrate ein, da es ansonsten durch Mehrfachzählungen zu Verzerrungen kommen würde.

4.2.3.2 Referenzwert

Nach Cornelsen stellen Referenzen „eine Form der direkten, verbalen Kommunikation zwischen einzelnen Personen dar, bei der positive, negative oder neutrale Informationen über einen Anbieter bzw. dessen Angebotsleistung (z. B. Produkte, Marke) ausgetauscht werden, ohne dass dabei primär kommerzielle Interessen im Vordergrund stehen" (Cornelsen 2000, S. 171). Diese weitverbreitete Definition greift jedoch etwas zu kurz, da neben dieser aktiven Weiterempfehlung durch den Kunden auch Ausstrahlungseffekte unter dem Begriff des Referenzwertes subsummiert werden müssen.

Eine Referenz kann direkt durch die Beeinflussung von Image und durch eine Erhöhung des Bekanntheitsgrades der Leistungen oder des Nutzfahrzeugherstellers selbst Wert generieren (Ausstrahlungspotenzial) sowie indirekt auf zukünftige Erlöse einwirken, indem sie bei anderen Kunden einen Kaufakt auslöst.

Beide Ausprägungsformen des Referenzwertes sind jedoch keinesfalls zielgerichtet und einfach exakt messbar, da diese außerhalb der Anbieter-Kunde-Reaktionen ablaufen (vgl. Eberling 2002, S. 149). Auch ist die in der obigen Definition bereits inkludierte negative Ausprägung des Referenzwertes zu beachten. Grundlegend steigt mit zunehmendem Aufwand und zunehmender Komplexität der Beschaffungssituation das Risiko einer Fehlentscheidung, was zur Folge hat, dass die Entscheidung mehr und mehr durch Referenzen beeinflusst wird (vgl. Wapniewski 2006, S. 81). Schließlich nimmt die Bedeutung von Referenzen laut Eberling auf Grund von Informationsüberflutung und –übersättigung durch die klassischen Kommunikationskanäle generell zu (vgl. Eberling 2002, S. 150).

Die Einflussfaktoren des Referenzwertes entsprechen dabei teils den von Cornelsen ermittelten Komponenten (vgl. Cornelsen 2000, S. 200 f.). Nicht erfasst wurde die den Referenzwert monetarisierende Komponente des Referenzvolumens. So sind hier das soziale Netz, die Meinungsführerschaft und die Kundenzufriedenheit zu nennen. Andererseits kann aber auch eine Übertragung dieser Komponenten auf den weiter gefassten Begriff des Referenzwertes in Kauf genommen werden, da die Kontakthäufigkeit mit den Empfängern der indirekten Referenz, die Stärke im Sinne der Bedeutung und die Richtung des Image des Referenzauslösers ebenso die erzielbare Wirkung beeinflussen (vgl. Schmöller 2001, S. 127). Daneben erscheint die Verwendung der für den B-2-C-Bereich ermittelten Komponenten auch im B-2-B-Kontext legitim, da alle Einflussfaktoren auch hier sinnstiftend sind.

Das **soziale Netz** des Kunden umfasst die „Häufigkeit" der Referenzabgabe, d.h. wie oft diskutiert der Kunde mit anderen über den Nutzfahrzeughersteller (vgl. Cornelsen 2000, S. 200

f.). Bei der vorliegenden Arbeit handelt es sich hier selbstverständlich primär um Kontakte des Buying Centers z. B. in Branchen- oder Wirtschaftsverbänden, auf Fachmessen oder bei jeglichen anderweitigen Zusammenkünften von mehreren potentiellen Kunden.

Die **Meinungsführerschaft** spiegelt die Wirkung von Empfehlungen des Referenzgebers wider. Je stärker dessen Meinungsführerschaft, desto einflussreicher ist der Kunde innerhalb seines sozialen Netzes und umso mehr kann er kaufbeeinflussend wirken (vgl. Cornelsen 2000, S. 200). Diese „Stärke" der Referenzen wird durch das Fachwissen und die Persönlichkeit der Mitglieder des Buying Centers repräsentiert, wobei tendenziell im vorliegenden Anwendungsbereich mehr technisch-funktionale Aspekte die Kaufentscheidung dominieren und damit die erste Komponente in den meisten Fällen überwiegt (vgl. Cornelsen 2000, S. 204; Eberling 2002, S. 152).

Die **Kundenzufriedenheit** schließlich gibt die „Richtung" der Referenzen an. So kann sich ein Kunde entweder negativ, positiv oder neutral über einen Automobilhersteller äußern (vgl. Cornelsen 2000, S. 201). Zusammenfassend sollen diese Einflussfaktoren des Referenzwertes in der Abbildung 4-8 dargestellt werden.

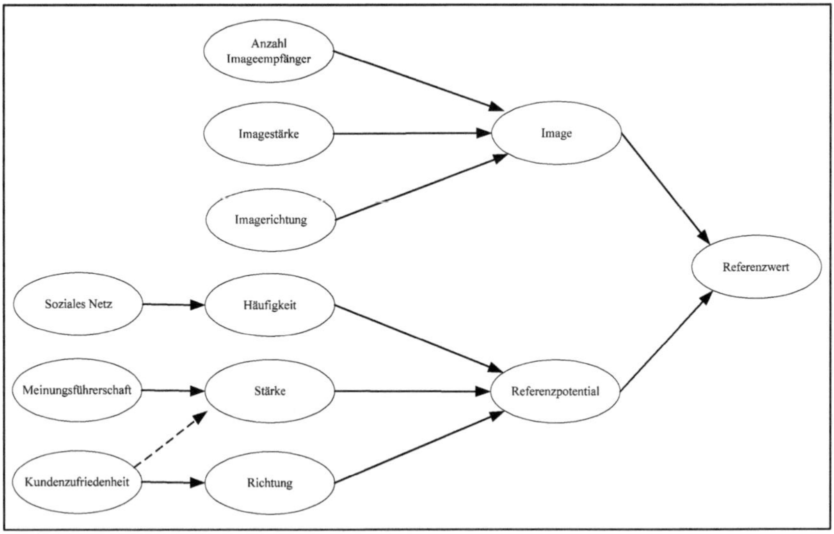

Quelle: In Anlehnung an Cornelsen 2000, S. 202; Kunschert 2009, S. 153
Abb. 4-8: Einflussfaktoren des Referenzwertes

4.2.3.3 Informationswert

Eine Information soll im vorliegenden Zusammenhang als anbieterseitig werttreibender Inputfaktor zur Erreichung der Unternehmensziele betrachtet werden (in Anlehnung an Cornelsen 2002, S. 224 f.). So kann ein Kunde sich z. B. bei Verfügbarkeit entsprechender Beschwerdekanäle über Qualitätsmängel äußern oder über Stärken und Schwächen des Nutzfahrzeugherstellers, als auch über konkurrierende Hersteller berichten (vgl. Stauss/Seidel 2007, S. 34 f.). Dies kann in Form eines aktiven Reklamationsverhaltens, aber auch in Form von anbieterseitig initiierten Kundenbefragungen erfolgen. Entscheidend ist vor allem bei Zweiterem das Fachwissen bzw. die Produktkompetenz des Kunden. Grundlegend gilt es **faktische** und **normative Informationen** zu unterscheiden. Erstere sind vom Nutzfahrzeughersteller objektiv nachvollziehbar, können überprüft werden und in den Leistungserstellungsprozess direkt einfließen (vgl. Hoffmann 1991, S. 100). Zweitere sind oft von subjektiven Werturteilen überlagert und damit herstellerseitig oft schwer konkret zu erfassen. Daher signalisert laut Cornelsen meist erst eine gehäufte Anzahl gleichartiger normativer Kundeninformationen Handlungsbedarf für einen Anbieter (vgl. Cornelsen 2002, S. 226). So ist grundlegend bei einem Fahrzeugdefekt nicht nur ein technischer Mangel als Ursache denkbar, sondern eventuell auch ein Fehlverhalten des Fahrzeugführers bei der Benutzung.

Der Informationswert eines Kunden schließlich ergibt sich aus der Gesamtheit der für den Nutzfahrzeughersteller verwertbaren Informationen, die ihm durch den Kunden zufließen (vgl. Schleuning 1994, S. 161).

Dieser kann zum Einen durch inkrementelle Verbesserungsvorschläge, Beschwerden oder Anregungen entstehen, welche der Automobilhersteller zur Initiierung von **Produkt- oder Prozessverbesserungen** im Rahmen des Leistungserstellungsprozesses nutzen kann. Zum Anderen aber auch durch **Produkt- oder Prozessinnovationen**, wobei hierbei die Anbieter-Kunden-Interaktion von unregelmäßigen, losen Gesprächen über regelmäßige Kundenforen bis hin zu „institutionalisierten" **Lead-User-Kooperationen** reicht (vgl. Cornelsen 2002, S. 227). Lead-User (auch Pioniere, Früh- oder Erstanwender genannt) definiert von Hippel bereits früh wie folgt: „Lead-Users face needs that will be general in a marketplace – but face them months or years before the bulk of that marketplace encounters them and lead users are positioned to benefit significantly by obtaining a solution to those needs" (von Hippel 1988, S. 357). Eine etwas weiter gefasste Definition nimmt Lamprecht im Rahmen eines Vergleiches von Lead-Usern und „gewöhnlichen Kunden" in Form von Abbildung 4-9 vor.

Lead User...	„Gewöhnliche" Kunden..
• nehmen Marktbedürfnisse wahr, bevor es die Mehrzahl der anderen Marktteilnehmer tut. Sie sind hinsichtlich der Bedarfserkennung ihrer Zeit voraus.	• Besitzen eine Sichtweise, die durch Erfahrungen mit bekannten Lösungen geprägt ist („functional fixedness").
• sind mit Bedingungen konfrontiert und vertraut, die für User noch in der Zukunft liegen.	• sind oft nicht in der Lage Ideen für neuartige Lösungen zu entwickeln; radikale Innovationen werden blockiert.
• haben sich bereits intensiv mit produkt- oder prozessbezogenen Anwendungsproblemen beschäftigt.	• werden durch die Beurteilung von Produktkonzepten – die Veränderungen des übergeordneten Anwendungszusammenhangs bewirken – überfordert.
• haben einen hohen Nutzen durch die Problemlösung.	

Quelle: Lamprecht (2008), S. 46
Abb. 4-9: Unterscheidungsmerkmale des Lead Users

Lead-User-Kooperationen sind dadurch gekennzeichnet, dass die aktuellen Bedürfnisse und Anforderungen des „Lead User" für die Entwicklung einer Innovation oder von Prototypen herangezogen werden, um diese dann weiteren Kunden anbieten zu können (Fließ 2001, S. 487). Die Lead-User-Methode ist ein vierstufiger Prozess, in dessen Verlauf zuerst Trends und Lead-User identifiziert werden, danach in Kooperation von Automobilhersteller und Kunde innovative Konzepte erarbeitet werden und schließlich an repräsentativen Kunden getestet werden (vgl. Lüthje 2000, S. 94). Lead-User-Kooperationen werden in der gängigen Literatur oft als Schnittstelle zwischen dem Informations- und dem Kooperationswert gesehen (vgl. Rudolf-Sipötz 2001, S. 119). Bei der vorliegenden Arbeit soll hiervon jedoch auf Grund der branchenbedingten, divergierenden Definition des Kooperationswertes von diesem Vorgehen abgewichen werden und der Lead-User-Ansatz dem Informationswert zugeordnet werden. Entscheidend ist bei beiden Formen von Informationen jedoch, dass diese sich generell erst durch die Verwendung in betrieblichen Prozessen wertgenerierend erweisen (vgl. Wild 1971, S. 318). Als Einflussfaktoren des Informationswertes bestimmte Rudolf-Sipötz branchenübergreifend, die obigen Ausführungen zusammenfassend, diejenigen Komponenten die in Abbildung 4-10 dargelegt werden.

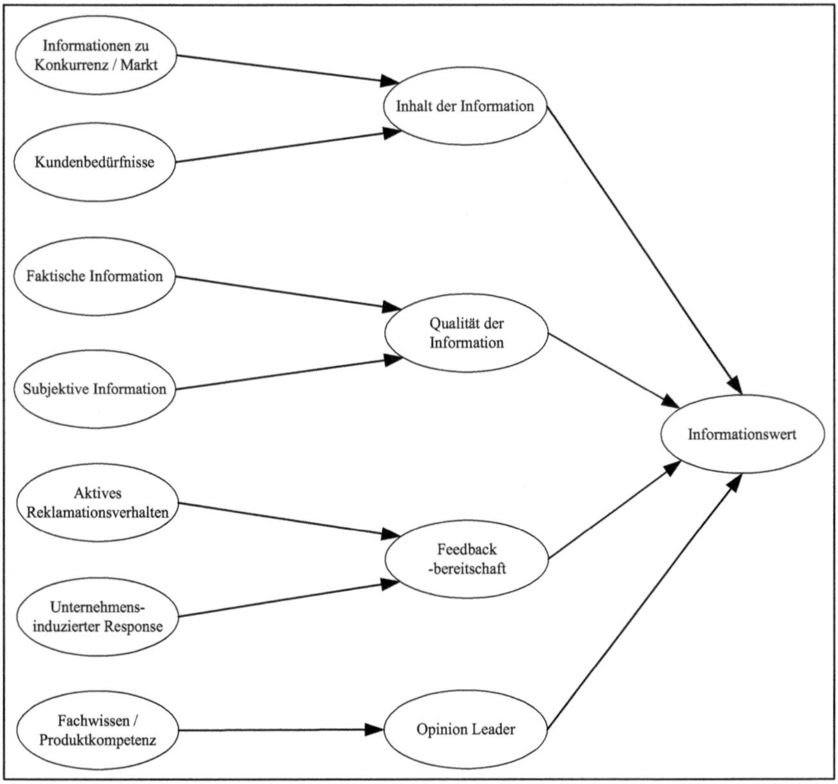

Quelle: Rudolf-Sipötz 2002, S. 120
Abb. 4-10: Einflussfaktoren des Informationswertes

4.2.3.4 Loyalitätswert

> *Der Loyalitätswert eines Kunden bezeichnet die Affinität des Kunden zur Kontinuität in der Beziehung mit einem bestimmten Anbieter [...]*
>
> *(Rudolf-Sipötz 2001, S. 104).*

In Bezug auf diese Bedeutung der Beziehungsdauer für den Kundenwert identifizierten Reichheld und Sasser den inzwischen weitverbreiteten Zusammenhang, dass bereits kleine Verbesserungen des Loyalitätswertes dramatische Auswirkungen auf den Gewinn des Unternehmens haben können, da die Kosten, einen Kunden zu halten, weitaus geringer sind, als einen neuen Kunden zu akquirieren (vgl. Reichheld/Sasser 1990, S. 106). Des Weiteren sinkt mit zunehmender Beziehungsdauer das Risiko eines Beziehungsabbruches als auch die Volatilität der Erlöse, was in Summe zu einer Risikoreduktion und damit einer Erhöhung der Planungssicherheit für den Automobilhersteller führt. Schließlich führt eine ausgeprägte Loyalität auch zu einem Widerstand gegen den Anbieter betreffende negative Informationen sowie einer Beeinflussung des Referenzwertes, da der Kunde auf Grund seiner Erfahrungen auskunftswilliger ist (vgl. Ahluwalia/Burnkrant/Unnava 2000, S. 211f.)

Rudolf-Sipötz identifizierte hierfür die in Abbildung 4-11 dargestellten Komponenten als Einflussfaktoren.

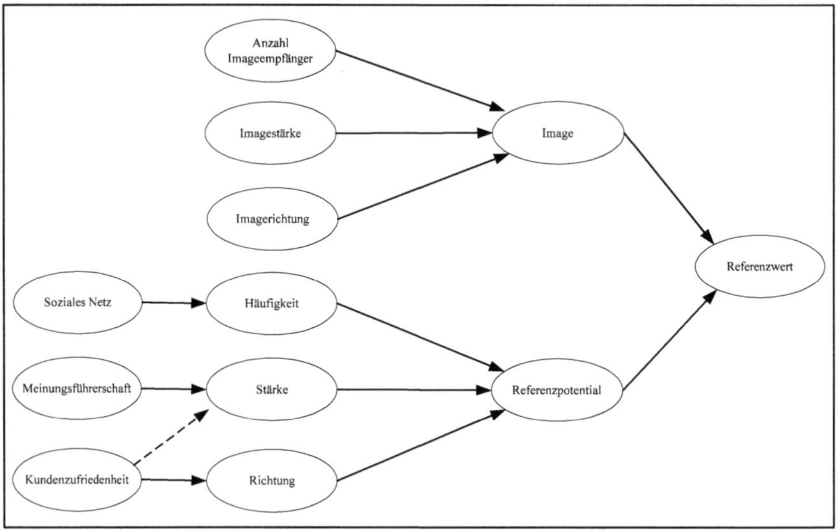

Quelle: Rudolf-Sipötz 2002, S. 104
Abb. 4-11: Einflussfaktoren des Loyalitätswertes

Die bereits in Abschnitt 3.5 und Unterabschnitt 4.2.3.2 angeführte **Kundenzufriedenheit** ist auch hier ein bestimmender Faktor. Jedoch führt das alleinige Vorliegen von Zufriedenheit nicht zu einer gesteigerten Loyalität, vielmehr ist die daraus folgende Verhaltensreaktion entscheidend. Darüber hinaus ist der Zusammenhang weder zwingend noch linear, sondern vielmehr nicht linear und asymmetrisch (vgl. Abschnitt 3.5). Daher sollten loyalitätsbildende Maßnahmen weniger auf die Kundenzufriedenheit, als vielmehr auf den Aufbau von **Vertrauen** und Commitment abzielen (vgl. Garbarino/Johnson 1999, S. 82). Vertrauen ist im Rahmen der Geschäftsbeziehung für den Kunden die Reduktion der Unsicherheit gegenüber opportunistischem Verhalten des Anbieters (vgl. Rixen 2007, S. 36). Unter **Commitment** soll im weiteren Verlauf die vom Abnehmer empfundene Bindung, die sowohl Stabilität als auch Opferbereitschaft umfasst, verstanden werden (vgl. Plinke/Söllner 2003, S. 75). Diese Art der psychologischen Bindung entsteht zum Beispiel durch eine persönliche Beziehung mit einer

Kontaktperson des Automobilherstellers (vgl. Rixen 2007, S. 35). Schließlich bildet die **Abhängigkeit** in Form eines vorliegenden Rahmenvertrages (**vertragliche Bindung**), getätigten Investitionen z. B. für passendes Werkzeug (**technisch-funktionale Bindung**) oder mangelnde attraktive Konkurrenzangebote (**marktseitige Bindung**) einen nicht zu vernachlässigenden Einflussfaktor auf den Loyalitätswert. Im Fall des Nutzfahrzeuggeschäftes formen primär laufende Service- und Finanzierungsverträge, vorliegende Rahmenverträge, aber auch Aufwands- und Technikeinsparungen bei Vorliegen eines einheitlichen Fuhrparkes diese Abhängigkeit. Jedoch muss auch hier berücksichtigt werden, dass ein Kunde nur bei vorliegender Kundenzufriedenheit dieser Abhängigkeitssituation nicht entrinnen wird. Darüber hinaus ist das Variety-Seeking-Motiv im Nutzfahrzeuggeschäft wie in der gesamten Investitionsgüterindustrie oft relevant, da die Abnehmer sich oft durch zu starke Konzentration auf einen Anbieter nicht in eine Abhängigkeitssituation versetzen lassen wollen (vgl. Diller 2006, S. 107).

Eggert unterscheidet daher Kundenbindung auf Basis einer Gebundenheit und auf Basis einer Verbundenheit. Während bei Ersterer der Kunde innerhalb eines gewissen Zeitraumes in seiner Entscheidungsfreiheit hinsichtlich der Nutzung von Leistungen anderer Anbieter eingeschränkt ist, gründet Zweitere auf Freiwilligkeit (vgl. Eggert 1999, S. 52).

4.2.3.5 Liquiditätswert

Der Liquiditätswert spiegelt die finanzielle Situation des Kunden und damit seine Fähigkeit, die vom Nutzfahrzeughersteller erbrachten Leistungen zu begleichen, wider.

Die Ermittlung dieser Determinante empfiehlt sich primär in Form eines aus dem Bereich des Bankwesens und der Kapitalmärkte verbreiteten Ratings einer Finanzagentur oder einer Bank. Ein Rating ist eine aggregierte Aussage über die allgemeine Wahrscheinlichkeit, mit der ein Unternehmen in der Lage sein wird, seinen Zahlungsverpflichtungen pünktlich und vollständig nachzukommen. Dieses Rating wird dann in Form einer einfachen Symbolik (z. B. A, AA, AAA) zusammengefasst (vgl. Braun/Gstach 2003, S. 12). Es werden Ratings von Banken und Finanzagenturen unterschieden. Eine Bank möchte damit primär die Kreditwürdigkeit ihrer Schuldner an Hand eigener, interner Maßstäbe beurteilen (**internes Rating**). Diese Maßstäbe müssen jedoch auf Grund der im Rahmen von Basel II geforderten Eigenkapitalunterlegung von Bankkrediten von den jeweiligen Aufsichtsbehörden genehmigt werden (vgl. Achleitner/Everling 2003, S. 7). Diesem internen Rating seitens Banken stehen **externe Ratings** von Rating-Agenturen gegenüber. Während diese z. B. in Deutschland einen unreglementierten Marktzugang genießen und daher oft auch von sehr schwankender Qualität sind, werden in den Vereinigten Staaten von Amerika seitens der Aufsichtsbehörde SEC strenge Anforderungen, wie z. B. ein systematisches und geordnetes Rating-Verfahren, gestellt (vgl. Braun/Gstach 2003, S. 60). Die Aufgabe der externen Rating-Agenturen besteht damit im Wesentlichen in der Schaffung von Transparenz und Informationseffizienz in Bezug auf die Vergleichbarkeit von den mit Investments verbundenen Risiken (vgl. Achleitner, Everling 2003, S. 70). Das Rating basiert in der Regel auf einer Analyse der Rahmenbedingungen sowie einer Unternehmensanalyse. So werden in einem ersten Schritt Markt- und Branchenrisiken sowie die rechtlichen Rahmenbedingungen bewertet. Daraufhin erfolgen eine quantitative und qualitative Analyse des Unternehmens (vgl. Braun/Gstach 2003, S. 60).

Als weiterer wichtiger Indikator bietet sich hier neben dem Rating als das bereits in der Vergangenheit an den Tag gelegte Zahlungsverhalten. Dieses lässt sich durch den prozentualen Anteil der pünktlich beglichenen Rechnungen, den ausstehenden Zahlungsbetrag sowie die maximale Zahlungsverzögerung in der Vergangenheit bestimmen. Abbildung 4-12 fasst die Determinanten des Liquiditätswertes zusammen.

Abschließend soll nun, in Anlehnung an Rudolf-Sipötz, der Zusammenhang jeglicher Determinanten des Kundenwertes mit dem vereinfachtem Wirkungsmodell in Abbildung 4-13 verdeutlicht werden. Hierbei werden eine verstärkende Wirkungsrichtung mit einem Pluszeichen und eine dämpfende Wirkung mit einem Minuszeichen gekennzeichnet (vgl. Rudolf-Sipötz 2001, S. 133).

Nach dieser detaillierten Erörterung der Determinanten des Kundenwertes und ihrer Einflussfaktoren gilt es nun eine Methode zur Bestimmung der Wertigkeit einzelner Kunden auszuwählen. Hierfür sollen zunächst die Anforderungen definiert und mögliche Systematisierungsansätze vorgestellt werden, bevor die einzelnen Methoden evaluiert werden.

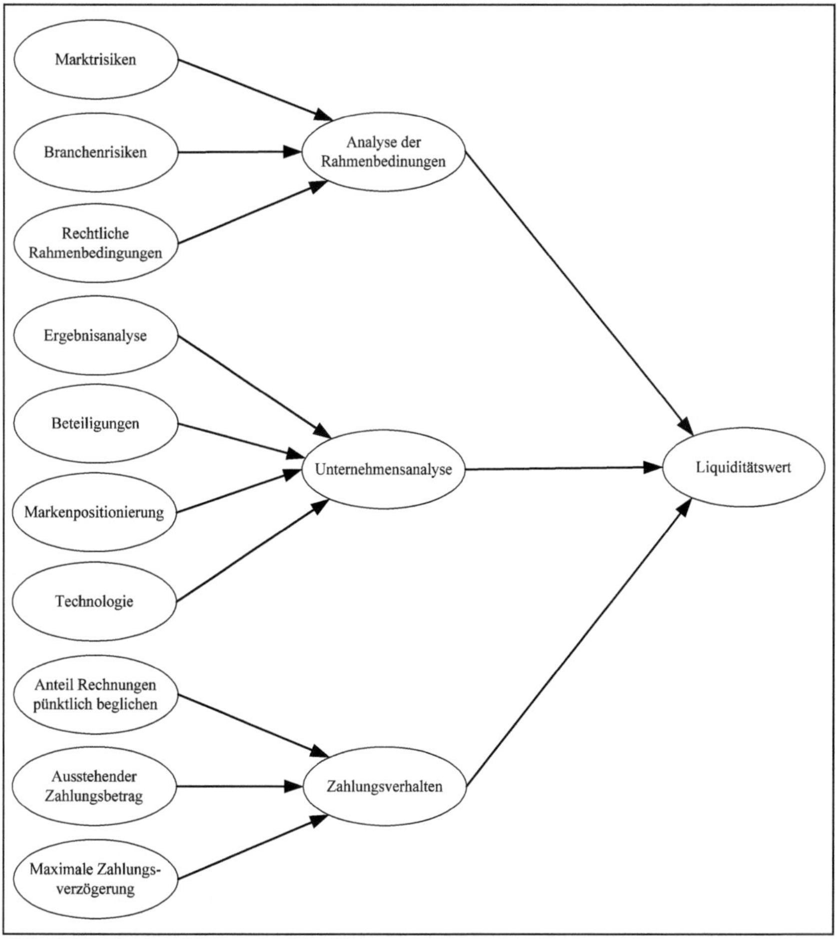

Abb. 4-12: Einflussfaktoren des Liquiditätswertes

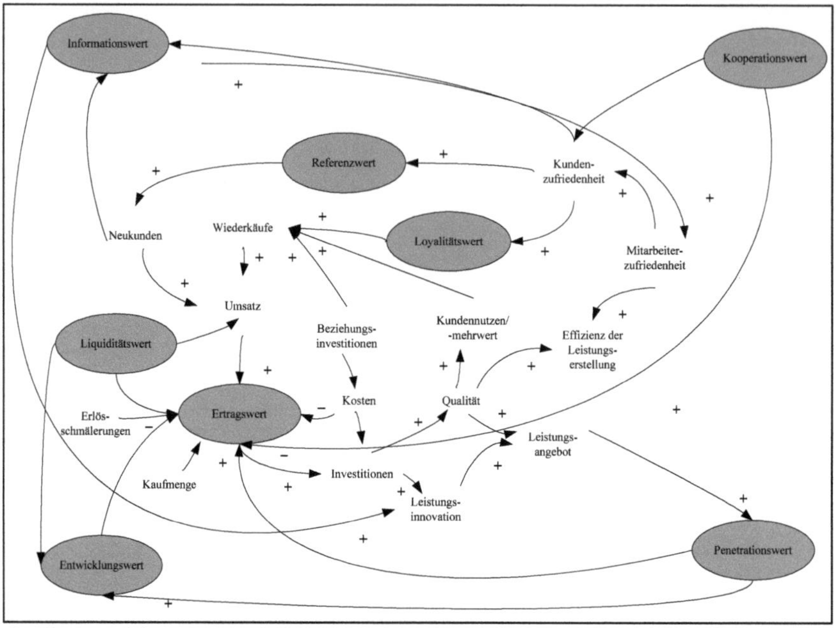

Quelle: In Anlehnung an Rudolf-Sipötz 2001, S. 133
Abb. 4-13: Vereinfachtes Wirkungsmodell der Determinanten des Kundenwertes

4.3 Methoden der Kundenbewertung

4.3.1 Anforderungen an die Methoden zur Kundenbewertung

Um eine geeignete Methode zur Ermittlung des Kundenwertes in der Nutzfahrzeugbranche zu identifizieren, soll im Folgenden ein Kriterienkatalog zur Evaluierung aufgestellt werden. Die Grundlage für diese Aufstellung bilden einschlägige Literaturquellen (vgl. Meffert/ Steffenhagen 1977, S. 55 ff.; Schulz 1995, S. 28 ff.; Eberling 2002, S. 162 ff.; Kunschert 2009, S. 35 ff.) sowie in der Praxis gewonnene Erfahrungen.

Der wichtigste Aspekt der Kundenbewertung ist hier gewiss die ganzheitliche Abbildung des Kunden, womit jegliche in Abschnitt 4.2 erläuterten Kundenwertdeterminanten in die Bewertung einfließen sollten (**Ganzheitlichkeit**). Dies bedeutet zugleich sowohl eine vergangenheitsbezogene Betrachtung zur am Erfolgsbeitrag orientierten zukünftigen Steuerung und der Untersuchung des Erfolges vergangener Marketing- und Vertriebsaktionen beim Kunden als auch eine zukunftsbezogene Betrachtung zur Gewinnung von Planungssicherheit. Während die vergangenheitsbezogene Betrachtung primär auf quantitativen Daten beruht, wird sich die zukunftsbezogene Betrachtung vor allem bei langfristigen Analysen auf qualitative Komponenten stützen.

Beinahe als Gegenspieler der Ganzheitlichkeit gilt es jedoch auch, die **Wirtschaftlichkeit** der Methodik zu evaluieren. So sollte der sich ergebende Nutzen der Kundenwertermittlung den entstehenden Aufwand überkompensieren.

Darüber hinaus muss auch die **Nachvollziehbarkeit** der Methodik für einen erfolgreichen Einsatz im Unternehmensalltag gewährleistet sein. Dies impliziert eine möglichst einfache und an den Bedürfnissen des Endbenutzers orientierte Vorgehensweise.

Auch sollte ein geeignetes Berechnungsverfahren vorliegen (**Berechenbarkeit**) und das Ergebnis der Methode realitätsnah für anfallende Entscheidungen einsetzbar sein (**Realitätsnähe**). Zugleich sollte die Möglichkeit gegeben sein, den Kundenwert mit allen seinen Teilwerten sowohl aggregiert als auch disaggregiert zur Nachverfolgung einzelner Teilwerte auszuweisen (**Aggregation/ Einzelausweis**).

Schließlich muss auch die **Datenverfügbarkeit** zur Bewertung herangezogen werden. Denn nur wenn die Lieferung der erforderlichen Daten sichergestellt ist, kann auch eine Methodik ihren Nutzen entfalten.

Neben diesen Bewertungsmaßstäben für die einzelnen Methoden der Kundenbewertung gilt es auch, einen geeigneten Systematisierungsansatz zu wählen. Das Ziel ist es hierbei, die einzelnen Methoden in einen strukturierten Rahmen zu bringen.

4.3.2 Systematisierungsansätze

In der Literatur gibt es zur Strukturierung der unterschiedlichen Methoden zur Kundenwertermittlung eine Vielzahl an Ansätzen. Die überwiegende Anzahl dieser orientiert sich dabei an den Dimensionen Zeithorizont, Inhalt und Aggregationsniveau des Bewertungsobjektes.

Die **zeitliche Abgrenzung** erfolgt oft analog zur Investitionsrechnung in statische (einperiodige) und dynamische (mehrperiodige) Verfahren (vgl. Rudolf-Sipötz 2001, S. 31 ff.; Mödritscher 2008, S. 155 ff.). Auch kann eine Einordung in retrospektive und prospektive Verfahren gewählt werden. Erstere basieren auf realisierten Größen, während Zweitere ausschließlich auf Erwartungsgrößen abstellen. Schließlich wählten Homburg und Schnurr eine Einteilung in periodenbezogene, periodenunabhängige sowie periodenübergreifende (beziehungsorientierte) Methoden (vgl. Homburg/Schnurr 1999, S. 7).

Der **Inhalt** kann wiederum nach Kriterien der **Komplexität** oder auch nach der Art der Determinanten unterschieden werden. So wählen Cornelsen und Krafft z. B. eine Unterscheidung in ein- und mehrdimensionale Methoden und Rieker die Einteilung in mono- und multikriterielle Ansätze (vgl. Cornelsen 2000, S. 91 ff.; Krafft 2002, S. 65 f.; Rieker 1995, S. 50 ff.). Während eindimensionale Ansätze zur Komplexitätsreduktion auf einem Kriterium basieren, benutzen mehrdimensionale Methoden eine Verknüpfung verschiedener Indikatoren, um zu neuen Aussagen zu gelangen (vgl. Rieker 1995, S. 49). Zur weiteren Untergliederung unterscheidet z. B. Rieker in der Folge nach der **Art der Determinanten** in quantitative und qualitative Methoden (vgl. Rieker 1995, S. 50 ff.). Tewes differenziert dagegen monetäre und nicht-monetäre Verfahren (vgl. Tewes 2003, S. 120 f.).

Bezüglich des **Aggregationsniveaus des Bewertungsgegenstandes** kann man die Gesamtheit der Kundenbeziehungen, einzelne Kundengruppen sowie Einzelkunden unterscheiden. Kritisch ist vor allem bei der Betrachtung des gesamten Kundenstammes die zwangsweise Durchschnittsbildung (vgl. Reinecke/Keller 2006, S. 256). Daher ist in einem ersten Schritt eindeutig der individuellen Bewertung der Vorzug zu geben und erst in der Folge zu aggregieren. Abbildung 4-14 fasst die Kriterien zur Systematisierung von Kundenbewertungsmodellen nochmals zusammen.

Dimension	Kriterium	Ausprägungen
Zeit	Zeitrahmen	- statisch (periodenbezogen) - dynamisch (periodenübergreifend)
	Zeitabschnitt	- retrospektiv (vergangenheitsorientiert) - prospektiv (zukunftsgerichtet) - -beziehungsorientiert
Inhalt	Komplexität	- eindimensional (monokriteriell) - mehrdimensional (multikriteriell)
	Art der Determinante	- monetär (quantitativ) - nicht-monetär (qualitativ)
Basis	Aggregationsstufe	- Einzelkunde - Kundengruppen

Quelle: In Anlehnung an Howald 2007, S. 39

Abb. 4-14: Kriterien zur Systematisierung der Kundenbewertungsmodelle

Für den weiteren Verlauf der Untersuchung soll hier die Einteilung in statische und dynamische Methoden gewählt werden, wobei Erstere nochmals in ein- und mehrdimensionale Verfahren unterteilt werden. Bezüglich der Aggregationsebene ist auf Grund der Thematik der vorliegenden Arbeit klar die Einzelkundenebene im Fokus, wobei auch vereinzelt für den weiteren Verlauf der Arbeit Methoden zur Analyse des gesamten Kundenstammes dargestellt werden.

4.3.3 Statische Verfahren

4.3.3.1 Eindimensional

4.3.3.1.1 Loyalitätsleiterkonzepte

Eine besonders simple Form der Kundenbewertung ist die Loyalitätsleiter. Die Kunden werden hierbei an Hand der Nähe bzw. Bindung zum Unternehmen kategorisiert. Eine ansteigende Kundenloyalität im Verlauf der Kundenbeziehung wird als Gradmesser für das Kaufverhalten von Kunden unterstellt. Die Stufen der Leiter entsprechen damit dem Loyalitätsgrad, der zwischen Nicht-Verwender ohne Verwendungskenntnis und Stammkunden variiert (vgl. Kreutzer 1990, S. 106). Durch die gesetzte Annahme des positiven Zusammenhangs zwischen Kundenbindung und Kundenwert kann dann die Kaufwahrscheinlichkeit aus der Position auf der Loyalitätsleiter abgeleitet werden (vgl. Englbrecht 2007, S. 94).

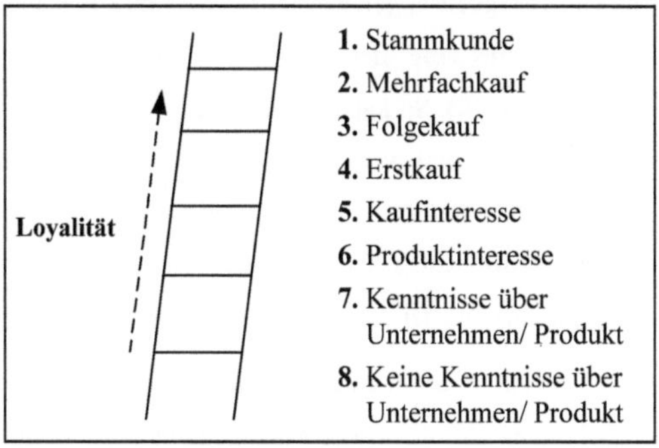

Quelle: In Anlehnung an Kreutzer 1990, S. 106
Abb. 4-15: Exemplarische Einteilung der Loyalitätsleiter

Die erste Sprosse auf der Leiter repräsentiert den relevanten Markt. Kunden mit „Produktinteresse“ weisen bereits eine gewisse Affinität zum Produktprogramm des Anbieters auf. Mehrfachkäufer können als klassische Cross-Buying-Kunden eingestuft werden (vgl. Kunschert 2009, S. 39).

Es handelt sich um ein erstes, sehr einfaches Verfahren für eine rudimentäre Einordnung von Kunden, wenn außer der Beziehungsdauer keine kundenspezifischen Informationen vorliegen. Eine differenzierendere Ansprache zur Entwicklung des Kunden in Richtung der nächsten Stufe kann darauf aufbauen.

Bezüglich der Profitabilität einzelner Kunden wird jedoch keine Aussage getroffen. Und auch der Einbezug qualitativer Faktoren erfolgt nur unsystematisch durch den Bewertenden. Dies beeinflusst in der Folge wiederum vor allem die Nachvollziehbarkeit negativ. Auch ist der Zusammenhang zwischen Kundenbindung und Kundenwert nicht empirisch bestätigt (vgl. Abschnitt 3.5). Ein weiteres Instrument zur Segmentierung von Kunden ist die ABC-Analyse.

4.3.3.1.2 ABC-Analysen

Hier werden Kunden auf Grund des mit ihnen erzielten Umsatzes innerhalb eines retrospektiven Zeitraumes betrachtet und entsprechend ihrer Attraktivität in A-, B- oder C-Kunden kategorisiert. Zur Darstellung wird ein Koordinatensystem herangezogen, in welchem auf der Ordinate meist der kumulierte Umsatz abgetragen wird, während die Abszisse den kumulierten Kundenanteil repräsentiert (vgl. Eberling 2002, S. 168).

In der Folge können aus der grafischen Darstellung einfache Handlungsstrategien abgeleitet werden. Als Konsequenz wird in der Regel die Verteilung der vorhandenen Betreuungskapazitäten entsprechend deren Wertigkeit abgeleitet, so dass A- und B-Kunden noch intensiver bearbeitet werden und die Betreuung der C-Kunden wesentlich reduziert wird (vgl. Detroy/Behle/Vom Hofe 2007, S. 10). So kann für die bedeutenden A-Kunden z. B. ein Key Account Management instrumentalisiert werden. B-Kunden sollten mit einer geringeren Intensität betreut werden. Bei C-Kunden stellt sich dagegen im Einzelfall die Frage, ob dieses Mitnahmegeschäft lohnenswert ist, wobei natürlich auch hier stets der Abbruch einer Kundenbeziehung nur die äußerste Instanz darstellen kann (vgl. Homburg/Daum 1997, S. 35).

Vorteilhaft ist an diesem Verfahren vor allem die einfache, schnelle und kostengünstige Umsetzbarkeit sowie die allgemeine Erhöhung der Managementeffizienz durch Schaffung von Transparenz (vgl. Becker 2001, S. 105). Auch kann einfach erkannt werden, ob eine Gefährdung durch Fokussierung auf wenige große Kunden besteht.

Von der weitverbreiteten Verwendung des Umsatzes als Bewertungskriterium der ABC-Analyse muss jedoch auf Grund seiner eingeschränkten Aussagefähigkeit eindeutig Abstand genommen werden. Betrachtet man stattdessen z. B. Kundendeckungsbeiträge, so kann sich entgegen der reinen Analyse des Umsatzes ein oft divergierendes Bild ergeben. Plötzlich erscheinen A-Kunden aus der Umsatzanalyse unprofitabel, während einzelne C-Kunden sich als Renditebringer herausstellen. Diese Verzerrung rührt meist daher, dass umsatzstarke Kunden durch hohe Preisnachlässe, hohe Betreuungsintensität oder zusätzliche, kostenlose Serviceleistungen die Wirtschaftlichkeit oft negativ beeinflussen (vgl. Henseler/Hoffmann 2003,

S. 27). Das heißt, es besteht keine eindeutige Korrelation zwischen der Umsatzhöhe eines Kunden und dessen Rendite (vgl. Haag 1992, S. 33).

Diese auf Kundendeckungsbeiträgen aufbauende ABC-Analyse kann bei einer Evaluierung nach den in Unterabschnitt 4.3.1 gewählten Anforderungskriterien nicht als eigenständige Methode zur Kundenwertberechnung bezeichnet werden, sondern vielmehr als eine reine Visualisierungsmöglichkeit, um aus dem Rechnungswesen gewonnene Informationen zu verdeutlichen. Kritisch ist zusätzlich die bei alleiniger Verwendung dieser Vorgehensweise ausschließlich kumulative Analyse. Auch ist die Abgrenzung zwischen A-, B- und C-Kunden meist willkürlich.

Ein Einbezug prospektiver Elemente, aber auch qualitativer Teilwerte erfolgt nicht. Eine ausschließliche Klassifizierung eines C-Kunden an Hand der ABC-Analyse birgt damit die Gefahr, zukünftige Deckungsbeiträge an die Konkurrenz zu verschenken. Da jedoch diese auf Umsätzen basierenden ABC-Analysen wie bereits erläutert auf Grund nicht einbezogener Rabatte bzw. hoher Kosten nicht die wirkliche Kosten-Erlös-Position eines Kunden abbilden, soll zur Behebung dieses Defizites im Folgenden die Kundenerfolgsrechnung näher betrachtet werden.

4.3.3.1.3 Kundenerfolgsrechnungen

Grundlegend sollen bei der Kundenerfolgsrechnung, als Unterform der Absatzsegmentrechnung, die durch den betrachteten Kunden entstandenen Erlös- und Kostengrößen identifiziert und darauf dem Kunden verursachungsgerecht zugeordnet werden (vgl. Cornelsen 2000, S. 98). Bei einer genaueren Betrachtung zeigt sich, dass sich die Kundenerfolgsrechnung streng genommen aus einer jeweils eigenständigen Erlös- und Kostenrechnung zusammensetzt. Je nachdem, auf welchem Kostenrechnungssystem sie basiert, unterscheidet man die **Kunden-Nettoerfolgsrechnung** (Vollkostenrechnung) und die **Kunden-Deckungsbeitragsrechnung** (Teilkostenrechnung).

Bei der **Vollkostenrechnung** werden in einer konsequenten Durchführung jegliche im Unternehmen anfallende Kosten auf den Kostenträger verteilt. Dabei werden Einzelkosten direkt, Gemeinkosten indirekt mittels einer Schlüsselung zugeordnet. Diese Schlüsselung erfolgt überwiegend mit wert- oder volumenabhängigen Zuschlagsbasen, womit die Gemeinkosten als prozentualer Aufschlag auf die Einzelkosten verrechnet werden (vgl. Schweitzer/Küpper 2008, S. 63 f.). Problematisch muss bei diesem Vorgehen nach dem Durchschnitts- bzw. Tragfähigkeitsprinzip der Verstoß gegen das Verursachungsprinzip erwähnt werden (vgl. Homburg/Schnurr 1998, S. 177).

Bei der **Teilkostenrechnung** wird dagegen für die Entscheidungsfindung nur ein Teil der Kosten in die Berechnung einbezogen. Welche Komponenten genau in die einzelne Kalkulation einfließen, wird nicht unwesentlich von der gewählten Zurechnungsmethode determiniert (vgl. Tewes 2003, S. 128).

So werden bei der **einstufigen Deckungsbeitragsrechnung** (Direct Costing) in einem ersten Schritt lediglich die variablen Kosten in Abzug gebracht. Das Ergebnis erhält man, indem in einem zweiten Schritt von dem so erhaltenen Deckungsbeitrag der gesamte Fixkostenblock subtrahiert wird (vgl. Schweitzer/Küpper 2008, S. 572). Köhler weist diesbezüglich kritisch auf die fehlende Verbindung zwischen der Variabilität der Kostenanteile und der Zurechenbarkeit auf einen Kunden hin (vgl. Köhler 2001b, S. 586). Behoben werden kann diese Problematik durch die **mehrstufige Deckungsbeitragsrechnung**. Dabei werden die Fixkostenteile weiter aufgespalten und unter Beachtung des Verursachungsprinzips in hierarchisch gestufte Kundendeckungsbeiträge gegliedert (vgl. Schweitzer/Küpper 2008, S. 572 sowie Unterabschnitt 5.2.2).

Neben der Variabilität als Unterscheidungsmerkmal für die verschiedenen Kosten kann auch auf die Art der Kostenverrechnung abgestellt werden. In der strengsten und am häufigsten verwendeten Form erfolgt diese Art der Verrechnung ausschließlich in relative Einzelkosten (**relative Einzelkostenrechnung** von Riebel). Hierbei werden nur die Kosten dem Kostenträger zugeordnet, die dieser selbst ausgelöst hat (Identitätsprinzip) (vgl. Schweitzer/Küpper 2008, S. 528 ff.). Vorteilhaft sind hierbei vor allem die „ebenenspezifischen" Analysemöglichkeiten von Kostenveränderungen und damit die Generierung von entscheidungsnäheren Informationen (vgl. Tewes 2003, S. 129 f.). Letztendlich wird jedoch auch hiermit das Problem der Gemeinkostenzurechnung nur auf die Kundendeckungsbeitragsebene verlagert. Um auf Grund der hier höher ausfallenden Kundendeckungsbeiträge keine Fehlentscheidungen zu treffen, muss man sich daher vor Augen führen, dass diese Ergebnisgrößen darstellen, „die von Leistungs- und Kostenverbunden außerhalb der „Sphäre" des betrachteten Bezugsobjektes" abstrahieren (Cornelsen 2000, S. 110 f.).

Um bei allen angesprochenen Ausprägungsformen der Kundenerfolgsrechnung die Problematik ausufernder Gemeinkostenblöcke einzudämmen und damit eine verursachungsgerechtere Zuordnung von Kosten zu fördern, kann eine Prozesskostenrechnung instrumentalisiert werden. Sie stellt damit kein eigenständiges Kostenrechnungssystem dar, sondern vielmehr eine Methode zur leistungsgerechten Verrechnung von Gemeinkosten.

Generell sind betriebliche **Prozesse** Aktivitätenbündel, die eine oder mehrere Ressourcen beanspruchen und deren Ergebnis materieller oder immaterieller Natur ist (vgl. Cornelsen 2000, S. 113). Das Ziel der Prozesskostenrechnung ist die Schaffung von Transparenz über die Gemeinkosten durch den Ausweis einer verursachungsgerechteren Inanspruchnahme von Ressourcen durch einen Kunden und damit einer Erhöhung der Kalkulationsgenauigkeit (vgl. Schweitzer/Küpper 2008, S. 344 f.). Damit können Verlusttreiber der Kundenbeziehungen wie z. B. zu intensive kaufmännische bzw. technische Betreuung aufgedeckt werden (vgl. Lube 1996, S. 75).

Hier gilt es jedoch auch stets, die Kosten der Kostenerhebung dem dadurch gewonnen Nutzen kritisch gegenüberzustellen (vgl. Glaser 1998, S. 3). Cooper äußert sich hierzu wie folgt: „..the optimal system exists at the point where the marginal cost of improving system's accuracy exactly equals the marginal benefit“ (Cooper 1989, S. 78). Schmöller führt diesbezüglich als entscheidender Faktor im Rahmen der Prozesskostenrechnung auf Kundenebene das Vorliegen von Kundendiversität an, d.h. in diesem Fall von Kunden heterogen beanspruchten Kostenarten. Auch sollte der Einsatz ausschließlich bei wichtigen Prozessen erfolgen, d.h. bei solchen, die einen hohen Anteil an den Gesamtkosten aufweisen. Daneben sollte diese nur im Falle von homogenen, repetitiven Prozessen Anwendung finden. Sind diese Voraussetzungen nicht gegeben, so übersteigt nach Schmöller der Aufwand den Nutzen von Prozesskosten (vgl. Schmöller 2001, S. 71).

Bezüglich des Vorgehens erfolgt zunächst eine Tätigkeitsanalyse zur Identifikation der relevanten Teilprozesse. Bei diesen Tätigkeiten sollte es sich um weitgehend formalisierte, repetitive und homogene Leistungen handeln, welche darüber hinaus messbar sind. Darauf erfolgt die Ermittlung der kostentreibenden Faktoren und Bezugsgrößen, bevor die Verdichtung der Teilprozesse zu übergeordneten Hauptprozessen von statten geht. Die dabei anfallenden Kosten werden danach entsprechend dem in der Kostenstelle zu erbringenden Leistungsvolumen in leistungsmengeninduzierte (lmi) und leistungsmengenneutrale (lmn) Prozesskosten aufgeteilt (vgl. Horváth/Mayer 1993, S. 21).

Nachteilig an dieser Methodik ist sicher der Interpretationsgehalt so ermittelter Kundendeckungsbeiträge bei einer periodenbezogenen Betrachtung. Der Grund hierfür liegt in der längerfristigen Perspektive der Prozesskostenrechnung. Wird eine Kundenbeziehung auf Grund negativer Erfolgsbeiträge beendet, stellt sich nicht zwingend eine sofortige Kosten- und Erlösveränderung in gleicher Höhe ein, da bestimmte Ressourcen zumindest mittelfristig bereitgehalten werden müssen (vgl. Weiber/Weber 2000, S. 490).

Auch wenn hier nun die einzelnen Ausprägungen der Teilkostenrechnung als unabhängige Methoden erläutert werden, so findet man doch mehr und mehr in der gängigen Literatur und Praxis gerade im Bereich der Kundendeckungsbeitragsrechnung Fusionierungsansätze der einzelnen Kostenrechnungssysteme und Zurechnungsvorschriften (vgl. Cornelsen 2000, S. 110). So subtrahieren z. B. Deyhle und Becker vom kundenbezogenen Nettoerlös erst Grenz-Herstellkosten bzw. variable Produktionskosten, bevor die direkt zurechenbaren Marketing-, Vertriebs- und Logistikosten in Abzug gebracht werden. Letztere haben dort jedoch eher Gemein- bzw. Prozesskostencharakter (vgl. Deyhle 1981, S. 53; Becker 2001, S. 117). Köhler setzt nach den variablen Stückkosten, die ausdrücklich variable Gemeinkostenanteile enthalten, eindeutig kundenbedingte, d.h. relative Einzelkosten zur Ermittlung des Kundendeckungsbeitrages I an (vgl. Köhler 1993, S. 304).

Positiv an dem Vorgehen der Kundenerfolgsrechnung ist vor allem die Generierung von retrospektiver Transparenz (abgesehen von eventuellen Gemeinkostenschlüsselungen). Subjektive Entscheidungen können hiermit drastisch reduziert werden. Dies impliziert jedoch auch bereits ihren wesentlichen Nachteil, dass nur eine vergangenheitsbezogene Betrachtung stattfindet und damit nur bedingt das zukünftige Potenzial bestimmt werden kann. Daneben bleiben jegliche qualitative Faktoren bei der Bewertung des Kunden außen vor. Jedoch können detaillierte Analysen zur Verbesserung der Ertragssituation durchgeführt werden (vgl. Rudolf-Sipötz 2001, S. 33). Bezüglich der Wirtschaftlichkeit muss vor allem bei der Integration einer Prozesskostenrechnung der Mehraufwand der Datenerhebung in Relation zum geschaffenen Nutzen stets kritisch betrachtet werden.

Realitätsnähe ist für langfristige Entscheidungen bei einer periodenbezogenen Betrachtung grundlegend nicht gegeben. Durch eine einfache IT-gestützte, periodenübergreifende Betrachtung kann dieses Defizit aber leicht überwunden werden.

Schließlich muss die Verfügbarkeit der Daten vor allem bei umfassenden Berechnungen detailliert geprüft werden. Das Ziel muss stets sein, den gewünschten Detaillierungsgrad der kundenspezifischen Erfolgsermittlung pragmatisch an der Datenverfügbarkeit auszurichten, anstatt theoretische Ideallösungen zu kreieren (vgl. Weber/Haupt/Erfort 2005, S. 25).

Nach den eindimensionalen sollen im Folgenden nun die mehrdimensionalen Modelle geprüft werden, um der Betrachtung ausschließlich einer Determinante entgegenzuwirken. Hier gilt es, Scoringmodelle und Kundenportfolioanalysen zu unterscheiden.

4.3.3.2 Mehrdimensional

4.3.3.2.1 Scoringmodelle

Scoringmodelle, auch als Punktbewertungsverfahren bezeichnet, werden heutzutage primär eingesetzt, wenn monetäre und nicht-monetäre Kriterien zugleich berücksichtigt werden sollen (vgl. Specht/Balderjahn 2005, S. 119 f.). Neben der Kundenbewertung werden diese auch häufig für Nutzwertanalysen oder im Rahmen der Ideenbewertung bei der Neuproduktentwicklung eingesetzt.

Eine in der Literatur weit verbreitete Ausprägung ist das aus dem Versandhandel stammende **RFM-Modell** zur Identifikation der wahrscheinlichsten Käufer innerhalb einer Kundendatenbank (vgl. Kreutzer 1991, S. 433 f.). Die einzelnen Buchstaben stehen hierbei für „Recency of last purchase", „Frequency of purchases" sowie „Monetary Value". Es konnte empirisch ein Zusammenhang zwischen diesen drei Komponenten und dem Bestellverhalten nachgewiesen werden. So wird häufiger und von höherer Wertigkeit bestellt, je kürzer die letzte Bestellung zurückliegt (Recency), je häufiger der Kunde in einem definierten Zeitraum bestellt hat (Frequency) und je mehr Umsatz in der bisherigen Geschäftsbeziehung generiert wurde (Monetary Value) (vgl. Krafft/Rutsatz 2003, S. 286). Aufbauend auf diesem Zusammenhang kann dann an Hand eines vordefinierten Berechnungsschemas ein Kundenscore ermittelt werden.

<table>
<tr><td>Startwert</td><td colspan="6">25 Punkte</td></tr>
<tr><td>Letztes Kaufdatum</td><td>Bis 6 Monate +40 Punkte</td><td>Über 6 bis 9 Monate +25 Punkte</td><td>Über 9 bis 12 Monate +15 Punkte</td><td>Über 12 bis 18 Monate +5 Punkte</td><td>Über 18 bis 24 Monate -5 Punkte</td><td>Über 24 Monate -15 Punkte</td></tr>
<tr><td>Häufigkeit des Einkaufs in 1½ Jahren</td><td colspan="6">Zahl der Aufträge multipliziert mit dem Faktor 6</td></tr>
<tr><td>Ø Umsatz bei den letzten drei Einkäufen</td><td>Bis 50 € +5 Punkte</td><td>50 bis 100 € +15 Punkte</td><td>100 bis 200 € +25 Punkte</td><td>200 bis 300 € +35 Punkte</td><td>300 bis 400 € +40 Punkte</td><td>Über 400 € +45 Punkte</td></tr>
<tr><td># Retouren (kumuliert)</td><td>0 – 1
0 Punkte</td><td>2 – 3
-5 Punkte</td><td>4 – 6
-10 Punkte</td><td>7 – 10
-20 Punkte</td><td>11 – 15
-30 Punkte</td><td>Über 15
-40 Punkte</td></tr>
<tr><td># Anstöße seit letztem Einkauf</td><td colspan="2">Je Hauptkatalog 12 Punkte</td><td colspan="2">Je Sonderkatalog 6 Punkte</td><td colspan="2">Je Mailing 2 Punkte</td></tr>
</table>

Quelle: In Anlehnung an Köhler 2003, S. 346 f.
Abb. 4-16: Exemplarisches Berechnungsschema RFM-Modell

Die Vergabe der einzelnen Punktwerte wird in der Praxis meist intuitiv erfolgen, kann aber auch statistisch mittels Regressionsanalysen gestützt werden (vgl. Krafft/Rutsatz 2003, S. 286). Kritisch ist bei diesem Vorgehensmodell vor allem die Beschränkung auf drei Indikatoren und die Übertragbarkeit auf andere Branchen.

Abhilfe kann hier durch die Erstellung frei definierter Kriterienkataloge geschaffen werden, welche in der Folge je nach Bedeutung für die Gesamtbewertung gewichtet werden. Diese ergibt sich dann durch Aggregation der gewichteten Teilwerte zu einem eindimensionalen Ergebnis, wobei hier meist Ordinalskalen gewählt werden (vgl. Köhler 2003, S. 414). Je höher dieses Ergebnis ist, desto höher ist der Wert des Kunden.

Formal lässt sich dieses Vorgehen wie folgt beschreiben (vgl. Tewes 2003, S. 145):

$$GS_c = \sum_{e=1}^{E} S_{ce} * G_e \quad (4.4)$$

mit:

GS_c: Gesamt-Score des Kunden c

S_{ce}: Score des Kunden c bei der Eigenschaft e

G_e: Gewichtungsfaktor der Eigenschaft e

Vorteilhaft ist hierbei primär die Quantifizierung qualitativer Komponenten und damit die Möglichkeit des gemeinsamen Ausweises mit grundlegend quantitativen Kriterien. Dies gestattet einen ganzheitlichen, intersubjektiven Vergleich von Kunden (vgl. Engelhardt/Günter 1981, S. 64). Außerdem ist die Ermittlung des Kundenwertes relativ einfach durchführbar. Des Weiteren können mittels einer Drill-Down-Funktionalität neben dem aggregierten Kundenscore auch jegliche Teilwerte je Kunde betrachtet werden.

Negativ ist jedoch auch bei diesem allgemeineren Ansatz die subjektive Kriterienauswahl, die subjektive Bestimmung der Gewichtungsfaktoren und auch die Subjektivität der Bewertung. Während Erlöse und Kosten durch Klassenbildung zur ordinalen Skalierung noch vergleichsweise objektiv erfolgen, ist die Beurteilung qualitativer Teilwerte leider auch meist sehr subjektiv (vgl. Eberling 2002, S. 200 f.). Darüber hinaus gehen entscheidende Detailinformationen bei der Bildung des Gesamtscores unter bzw. kompensieren sich (vgl. Köhler 2003, S. 414). Ferner ist auch die Unabhängigkeit der Kriterien sicherzustellen, um mehrfache Einflussnahmen gleicher Faktoren auf den Kundenwert zu vermeiden. Ansonsten wird eine in der Realität nicht vorhandene Objektivität vorgetäuscht. Schließlich kann je nach Komplexität des Kundenscores die Datenverfügbarkeit ein Problem darstellen. Ein weiterer, ebenfalls multikriterieller Ansatz, der oft auf die Scoringmodelle zur Dimensionsbildung zurückgreift, ist die Kundenportfolioanalyse.

4.3.3.2.2 Kundenportfolioanalysen

In ihrer Grundform wurde die Portfolio-Analyse im Finanzbereich angewendet und geht auf die von Markowitz entwickelte Portfoliotheorie zurück (vgl. Link/Hildebrand 1997, S. 167).

Im Marketing wird sie primär zur Beurteilung der Chancen und Risiken durch ein System von Bestimmungsfaktoren einzelner strategischer Geschäftsfelder eines Unternehmens eingesetzt. Durch die Gruppierung der Bestimmungsfaktoren in zwei Hauptdimensionen lässt sich eine zweidimensionale Matrix aufstellen, in welcher die strategischen Geschäftseinheiten eingeordnet und somit Normstrategien abgeleitet werden können (vgl. Sander 2004, S. 307 ff.). Klassischerweise wird hier eine externe, vom Unternehmen nicht beeinflussbare, sowie eine interne, direkt beeinflussbare Dimension gewählt. Aufbauend auf den Ergebnissen des PIMS-Projekts (Profit Impact of Market Strategies), wonach dem Marktanteil eine zentrale Bedeutung für die Gewinnerzielung zukommt, und der Kenntnis über die Bedeutung des Marktwachstums entwickelte die Boston Consulting Group die Vier-Felder-Matrix und McKinsey&Company die differenzierendere Neun-Felder-Matrix (vgl. Sander 2004, S. 308 ff.).

Analog zur Beurteilung strategischer Geschäftseinheiten werden nun bei einer **Kundenportfolio-Analyse** die Kunden bezüglich ihrer Investitionswürdigkeit anhand zweier, im Idealfall unabhängiger Dimensionen klassifiziert (vgl. Wirtz/Schilke 2004, S. 31). Diese Dimensionen können prinzipiell sowohl monokriteriell als auch multikriteriell aufgebaut werden (vgl. für eine ausführliche Darstellung Rieker 1995, S. 71). In zweiterem Fall erfolgt deren Definition oft an Hand von Kriterienkatalogen, wobei hierfür z. B. Scoringmodelle Anwendung finden (vgl. Schulz 1995, S. 136 ff.). Häufig verkörpert eine Achse unternehmensinterne Kriterien, die andere unternemensexterne (vgl. Schmöller 2001, S. 138). So verwendet Cornelsen z. B. als externe Dimension das Kundenwertpotenzial sowie als interne Komponente die tatsächliche Kundenwert-Ausschöpfung. Letztere repräsentiert die relative Wettbewerbsposition des Anbieters beim Kunden und kann so als Ansatzpunkt für kundenwertsteigernde Maßnahmen dienen (vgl. Cornelsen 2000, S. 272 f.). Abbildung 4-17 zeigt ein Kundenportfolio mit der Kundenattraktivität als externe Dimension und der relativen Lieferantenposition als interne Dimension. Für jedes Feld ist dann eine Normstrategie für den Umgang mit den Kunden bzw. der Soll-Investitionsintensität vorgegeben.

Negativ ist, entsprechend dem Anforderungskatalog aus Unterabschnitt 4.3.1, die fehlende Berechnung anzumerken. Vielmehr handelt es sich nur um eine spezielle Analyse- und Darstellungsform bereits ermittelter Kundenwerte bzw. einzelner Einflussgrößen. So muss hier zwingend eine Kundenbewertung durch eine rechnerische Methode vorausgehen. Auch muss die Komplexität durch den mehrdimensionalen Aufbau kritisch betrachtet werden. Umgekehrt führt natürlich ebenso eine Reduktion auf lediglich zwei Dimensionen zu einem Informationsverlust. Auch ergeben sich analog zu den Scoring-Modellen Probleme der Subjektivität (vgl. Unterabschnitt 4.3.3.2.1). Daneben müssen die Normstrategien im Zeitverlauf stetig überprüft werden, um dynamische Kundenbeziehungen korrekt einzuordnen und nicht strategische Maßnahmen am Kundenstamm vorbei zu planen (vgl. Kunschert 2009, S. 56).

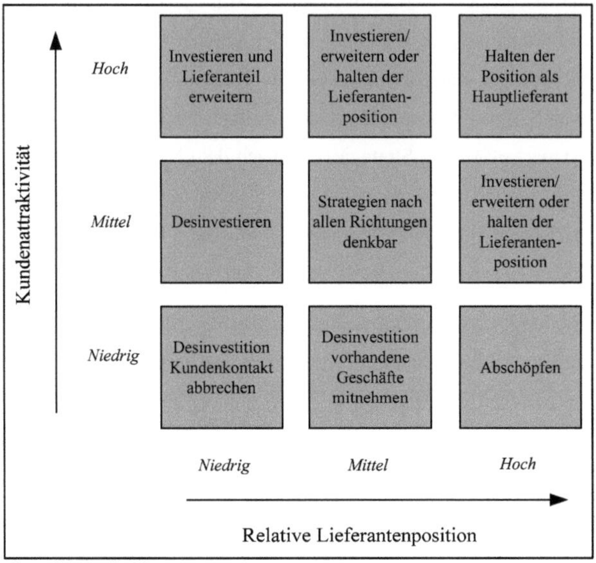

Quelle: Kunschert 2009, S. 55
Abb. 4-17: Beispiel Kundenportfolio

Positiv ist vor allem die Möglichkeit, quantitative und qualitative Elemente gleichzeitig abzubilden. Darüber hinaus ist vor allem die plakative Visualisierung der einzelnen Kundenpositionen anzuführen, womit erste Schritte für weiterführende strategische und operative Maßnahmen eingeleitet werden können. Schließlich geben die Normstrategien auch bereits Anhaltspunkte für individuelle Kundenbearbeitungsstrategien (vgl. für eine ausführliche Darstellung Schulz 1995, S. 126 ff.).

Nach diesen zeitpunktbezogenen Verfahren soll nun ein Blick auf dynamische Vorgehensweisen geworfen werden. Als erstes soll hier das NBD/Pareto-Modell betrachtet werden.

4.3.4 Dynamische Verfahren

4.3.4.1 NBD/Pareto-Modell

Als zentraler Punkt des NBD/Pareto-Modells[6] gilt das Aktivitätsniveau des Kunden. Schmittlein, Morrison und Columbo greifen hierfür auf die bereits aus dem RFM-Modell

[6] NBD: negative binomial distribution

bekannten Größen „recency“ (Zeitraum seit der letzten Transaktion) und „frequency“ (Häufigkeit der Transaktionen innerhalb eines definierten Zeitraumes) zurück (vgl. Unterabschnitt 4.3.3.2.1). Es wird dabei die Annahme zu Grunde gelegt, dass der Zeitpunkt der Inaktivität nicht direkt beobachtbar ist und ein Kunde jederzeit kaufen kann (vgl. Schmittlein/Morrison/ Colombo 1987, S. 16). Um die Wahrscheinlichkeit zu bestimmen, dass ein Kunde aktiv ist, werden darüber hinaus folgende Prämissen als gesetzt genommen (vgl. Schmittlein/Morrison/ Colombo 1987, S. 4 ff.):

1. Die Anzahl der Transaktionen x folgt einer Poisson-Verteilung, was exponentiellen Kaufintervallen entspricht. Die individuelle, langfristige Transaktionshäufigkeit λ ist nicht direkt beobachtbar. Ihre Heterogenität zwischen den Kunden wird durch eine Gamma-Verteilung modelliert und als Erwartungswert durch die Paramter α und r abgebildet, dass gilt $E(\lambda) = r/\alpha$. r steht hierbei für den Grad der Homogenität der Transaktionshäufigkeit zwischen Kunden, r/α stellt die durchschnittliche Transaktionshäufigkeit dar.
2. Der Zeitraum, in dem ein Kunde aktiv ist, wird mit Hilfe der exponentialverteilten Zufallsvariablen μ definiert (Abbruchrate). Damit weist jeder Kunde, der bis t aktiv war, eine latente Wahrscheinlichkeit auf, in der darauffolgenden Periode dauerhaft inaktiv zu werden. Die Heterogenität der Abbruchwahrscheinlichkeit wird auch durch eine Gamma-Verteilung dargestellt, wobei die Paramater β und s so festgelegt werden, dass $E(\mu) = s/\beta$ gilt.
3. Schließlich variieren die Transaktionshäufigkeit λ und die Abbruchrate μ unabhängig voneinander zwischen den Kunden.

Schmittlein, Morrison und Columbo belegen mittels einem komplexen mathematischen Beweises, dass die Transaktionen eines aktiven Kunden dem NBD-Modell folgen, während die Abbruchwahrscheinlichkeit durch eine Pareto-Verteilung definiert wird. Das integrierte NBD/Pareto-Modell zur Bestimmung der kundenindividuellen Wahrscheinlichkeit der Aktivität ist dann mittels der folgenden Formel darstellbar (vgl. Schmittlein/Morrison/Colombo 1987, S. 6):

$$P_i(Alive\,|r,\alpha,s,\beta,x_i,t_i,= \left\{1+\frac{s}{r+x_i+s}\left[\left(\frac{\alpha+T}{\alpha+t_i}\right)^{r+x_i}\left(\frac{\beta+T}{\alpha+t_i}\right)^{s}F\left(a_1,b_1;c_1;z_1(t_1)\right)-\left(\frac{\beta+T}{\alpha+T}\right)F\left(a_1,b_1;c_1;z_1(T)\right)\right]\right\}^{-1} \quad (4.5)$$

wobei

$a_1 = r + x_i + s$

$b_1 = s + 1$

$c_1 = r + x_i + s + 1$

$z_1(y) = \frac{\alpha - \beta}{\alpha + y}$

$F(a_1, b_1; z)$: Gauß'sche hypergeometrische Funktion

α: Modellparameter zur Quantifizierung der Transaktionshäufigkeit

r: Indikator der Homogenität der Transaktionshäufigkeit

β: Modellparamter zur Quantifizierung der Abwanderungsrate

s: Indikator der Homogenität der Abwanderungsraten

x_i: Anzahl der Käufe des Kunden i (i€I) im Beobachtungsfenster (bis T)

t_i: Zeitpunkt der jüngsten Transaktion des Kunden i (i€I)

i: Index der Kunden i (i€I)

I: Menge der betrachteten Kunden

T: gegenwärtiger Zeitpunkt (T=1,...,T_M)

T_M: Ende des Beobachtungsfensters

Später entwickelten, aufbauend auf diesen Ausführungen, Schmittlein und Peterson ein modifiziertes Modell für den industriellen Beschaffungsprozess und Krafft und Reinartz eine Übertragung für den Konsumgüterbereich (vgl. Schmittlein/Peterson 1994; Krafft/Reinartz 2000).

In der Folge kann dann definiert werden, welche Kunden aus dem aktiven Kundenbestand zu entfernen sind (vgl. Schmittlein/Morrison/Colombo 1987, S. 4 ff.). Dies sollte auf Grund stetig verbesserter Kundendatensammlungen grundsätzlich realisierbar sein (vgl. Rudolf-Sipötz 2001, S. 59).

Nachteilig an diesem Vorgehen ist vor allem die immense Komplexität und damit das Problem der Nachvollziehbarkeit in der Unternehmenspraxis. Auch wird lediglich die Kundenaktivität betrachtet, es findet jedoch keine ganzheitliche Bewertung statt. Wesentlich transparenter ist dagegen die Vorgehensweise bei den klassischen Prognoseverfahren.

4.3.4.2 Klassische Prognoseverfahren

Generell ist unter einer Prognose „eine Vorhersage wahrscheinlicher oder möglicher Ereignisse bzw. Ereignisabläufe zu verstehen" (Meffert/Steffenhagen 1977, S. 34). Im Kontext der Kundenbewertung ist dabei von besonderem Interesse, welche Kunden am wahrscheinlichsten ein Produkt oder eine Dienstleistung erwerben, welchen Ertrag man mit jenen generieren wird und welche Loyalität der einzelne dem Unternehmen entgegenbringen wird (vgl. Schulz 1995, S. 120).

Zur Klassifikation der traditionellen Prognoseverfahren wird meist eine Einteilung in quantitative und qualitative Methoden vorgenommen. Die **quantitativen Methoden** dienen dabei vor allem für Prognosen im kurz- und mittelfristigen Bereich. Es können Trendverfahren und Indikatormodelle als zwei große Gruppen unterschieden werden. Das allgemeine Vorgehen bei **Trendverfahren** ist, Vergangenheitsdaten in die Zukunft fortzuschreiben und dabei nur die Zeit als erklärende Variable mit einzubeziehen. Eine Einflussgrößenanalyse wird damit bewusst vernachlässigt und vielmehr die Prämisse gesetzt, dass die in der Vergangenheit gegebene Wirkung der Einflussgrößen auch in der Zukunft exakt gleich wirkt (vgl. Hüttner 1969, S. 179 ff.). Dies ist auch zugleich der große Kritikpunkt an diesem Verfahren. Ausprägungsformen der Trendanalyse sind einfache Zeitprognosen, die Methode des exponentiellen Glättens sowie nichtlineare Trend- und Wachstumsfunktionen (vgl. Nieschlag/Dichtl/Hörschgen 2002, S. 551 ff.).

Indikatormodelle sind dagegen Entwicklungsprognosemodelle, „in denen statistisch gesicherte Zusammenhänge zwischen einer oder mehreren Prognosevariablen und einer oder mehrerer erklärenden, ursächlichen Variablen (Indikatoren) Verwendung finden" (Meffert/Steffenhangen 1977, S. 78). Meist wird hierfür auf makroökonomische Indikatoren wie z. B. das Bruttosozialprodukt oder einen Investitionsindex, institutionelle oder technische Relationen wie z. B. das Mautaufkommen, aber auch sozio-demographische und sozio-ökonomische Variablen, wie z. B. die Bevölkerungsentwicklung zurückgegriffen. Zur Berechnung werden hier die einfache oder die multiple Regressionsanalyse herangezogen (vgl. Sander 2004, S. 254 f.).

Sicher kann mit diesen quantitativen Methoden ein ganzheitlicher Ansatz einfach und nachvollziehbar realisiert werden, jedoch wird das Ergebnis nur selten der Realität entsprechen. Zu viele Einflüsse der Makro- und Mikroumwelt wirken auf den Kundenwert ein, um diesen einzig und allein mit Hilfe einer Fortschreibung der Werte bzw. einer oder mehreren Indikatoren exakt zu erfassen.

Die **qualitativen Methoden** setzen dagegen Befragungen von Experten bzw. Kunden zur Beurteilung des weiteren Verlaufes der Kundenbeziehung ein. Man unterscheidet allgemeine Experten- und Kundenbefragungen, die Delphi-Methode und die Szenario-Technik (vgl. Schulz 1995, S. 123).

Allgemeine Befragungen von Kunden und Experten können sowohl schriftlich als auch mündlich durchgeführt werden. Bei Kunden kann hiermit vor allem die Kundenzufriedenheit abgefragt werden bzw., wenn ein sehr enges Kundenverhältnis vorliegt, können auch kommende Bedarfe eruiert werden. Experten aus dem eigenen Unternehmen sollten hier jedoch meist zu ähnlichen Einschätzungen gelangen können (vgl. Sander 2004, S. 267).

Eine spezielle Ausprägung der Expertenbefragung stellt dabei die **Delphi-Methode** dar. Hierbei werden Fachexperten schriftlich in mehreren Durchläufen zu bestimmten Zukunftsereignissen befragt. Nach jeder Befragungsrunde erhalten die Teilnehmer dabei ein Durchschnittsergebnis, um ihre Aussage gegebenfalls anzupassen. Im Zeitablauf führt dies zu einer Konvergenz der Einzelprognosen. Vorteilhaft ist neben der Mehrstufigkeit des Verfahrens die anonyme Durchführung (vgl. Sander 2004, S. 273).

Schließlich bietet sich die **Szenario-Technik** an, wenn eine detaillierte Analyse möglicher verschiedener Ergebniszustände durchgespielt werden soll. Dieser sollte sowohl eine detaillierte Analyse des Ist-Zustandes vorausgehen als auch die Ermittlung bestimmender Einflussfaktoren bzw. Störereignisse. Darauf aufbauend können dann verschiedene, alternative Szenarien entwickelt werden (vgl. Schulz 1995, S. 123).

Positiv bei den qualitativen Methoden ist wiederum die mögliche ganzheitliche Herangehensweise an die Kundenwertermittlung. Auch handelt es sich um eine effiziente Methode mit ausgeprägtem Realitätsbezug. Nachteilig muss dabei die Subjektivität der so ermittelten Kundenwerte eingeschätzt werden. Dieses Problem kann jedoch durch ein Mehraugen-Prinzip überwunden werden. Eine weitere dynamische Methode zur Ermittlung der Kundenwertigkeit ist der investitionsrechnerische Kundenwert bzw. Kundenkapitalwert.

4.3.4.3 Kundenkapitalwert

Wie auch bei den klassischen Prognoseverfahren steht beim Kundenkapitalwert der zukünftige Wertbeitrag eines Kunden im Fokus. Die Kundenbeziehung wird als Investitionsobjekt betrachtet, welches langfristig einen Beitrag zu den Unternehmenszielen leistet. Die hierfür auch gängige Bezeichnung Customer-Lifetime-Value (CLV) entstammt dem Business-to-Consumer-Bereich, wobei in seiner klassischen Form darunter die Summe der diskontierten kundenspezifischen Ein- und Auszahlungen, die ein Kunde über die prognostizierte Lebensdauer der Kundenbeziehung erzeugt, verstanden wird (Kundenlebenszyklus) (vgl. Tewes 2003, S. 136; Dwyer/Schurr/Oh 1978, S.15 ff.). Die Ermittlung erfolgt, in dem der Barwert der zukünftigen kundenbezogenen Rückflüsse kalkuliert wird. Primär wird hierfür die Kapitalwertmethode verwendet, es kann aber auch wie bei Schirmeister und Kreuz die Vermögensendwertmethode eingesetzt werden (vgl. Cornelsen 2000, S. 141; Schirmeister/Kreuz 2003, S. 348 ff.). Nimmt man die Prämisse, dass jegliche Zahlungsströme am Ende einer Periode anfallen, als gesetzt, ergibt sich folgende Formel (vgl. Mödritscher 2008, S. 188):

$$CLV = \sum_{t=0}^{n} \frac{e_t - a_t}{(1+i)^t} \tag{4.6}$$

mit:

CLV: Customer Lifetime Value

e_t*: Erwartete Einzahlungen aus der Geschäftsbeziehung in der Periode t*

a_t*: Erwartete Auszahlungen aus der Geschäftsbeziehung in der Periode t*

i: Kalkulationszinsfuss

t: Periode

n: Dauer der Geschäftsbeziehung

Die wesentlichen Bestimmungsfaktoren dieser Methodik sind damit der Formel entsprechend die Ein- und Auszahlungen, die Dauer der Kundenbeziehung sowie der Diskontierungsfaktor. Obwohl in der verbreiteten Literatur bezüglich der **Ermittlung der Zahlungsströme** entsprechend der Investitionsrechnung überwiegend auf Ein- und Auszahlungen verwiesen wird, gestaltet sich die Ermittlung jener schwierig (vgl. z. B. Homburg/Schnurr 1999, S. 20). So können die Einzahlungen zwar noch weitestgehend den Umsätzen gleichgesetzt werden, die Zurechnung von Abschreibungen z. B. erscheint jedoch bereits fraglich (vgl. Eberling 2002, S. 181). Als pragmatische Lösung werden daher häufig Kosten und Erlöse zur Berechnung angesetzt (vgl. Eberling 2002, S. 180 f.).

Aber auch die **Ermittlung** dieser **zukünftigen Erlöse und Kosten** stellt eine Herausforderung dar. Dwyer entwickelte für vertragliche geregelte Beziehungen das Customer Retention-Modell und für nicht vertraglich geregelte Beziehungen das Customer Migration-Modell (vgl. Dwyer 1989, S. 11 ff.). Diese basieren wiederum auf den Kaufverhaltensmodellen für industrielle Güter, **„Lost-for-Good“** und **„Always-a-Share“** von Jackson. Bei Ersterem geht sie davon aus, dass der Bedarf an einem Produkt auf Grund hoher Wechselkosten vollständig oder überhaupt nicht bei einem Anbieter gedeckt wird. Kommt es zu einer Abwanderung zu einem Konkurrenten, so ist dieser Wechsel meist endgültig. Bei Zweiterem deckt ein Kunde seinen Bedarf dagegen bei mehreren Anbietern gleichzeitig, da niedrige Wechselkosten vorliegen (vgl. Jackson 1985, S. 13 ff.).

Das **Customer Retention-Modell** für Lost-for-Good-Situationen berechnet den CLV mittels einer aus Vergangenheitswerten abgeleiteten Loyalitätsrate. Diese Bindungsrate r gibt an, wie hoch die Wahrscheinlichkeit ist, dass ein Kunde den nächsten Kauf wieder bei dem gleichen Anbieter tätigt (vgl. Dwyer 1989, S. 11 ff.).

$$CLV = \sum_{t=0}^{n} \frac{(e_t - a_t) * r^t}{(1+i)^t} \qquad (4.7)$$

mit:

e_t*: erwartete Einzahlungen aus der Geschäftsbeziehung in der Periode t*

a_t*: erwartete Auszahlungen aus der Geschäftsbeziehung in der Periode t*

i: Kalkulationszinsfuss

t: Periode

n: Dauer der Geschäftsbeziehung

r: Bindungsrate des Kunden

Auf Grund der getroffenen Annahmen im Rahmen des Lost-for-Good-Modells wird das Customer-Retention-Modell jedoch nur selten einsetzbar sein (vgl. Cornelsen 2000, S. 144; Eberling 2002, S. 192).

Besser geeignet erscheint daher schon das auf dem Always-a-Share-Modell aufbauende **Customer Migration-Modell**. Hier werden den Kunden segmentspezifische Kaufwahrscheinlichkeiten nach dem Zeitpunkt des letzten Kaufes zugeordnet. Die jeweiligen, einzelnen Segmente werden von Dwyer als „Recency Cells“ bezeichnet. Durch Abbildung des Wanderverhaltens zwischen den verschiedenen „Recency Cells“ über Jahre hinweg und mittels des Ertrags der sich ergebenden Käufe kann so dann der CLV berechnet werden (vgl. Dwyer 1989, S. 14). Nachteilig ist hier vor allem die auf Segment- und damit nicht auf Einzelkundenebene ermittelte Kaufwahrscheinlichkeit.

Die **Dauer der Kundenbeziehung** kann, z. B. im Konsumgüterbereich, realistisch an Hand vorliegender Kundenbeziehungsdaten geschätzt werden bzw. pragmatisch auf Grund zunehmender Prognoseunsicherheiten im Zeitverlauf auf einen Betrachtungszeitraum eingeschränkt werden. Die **Höhe des Diskontierungsfaktors** wird schließlich von der Höhe der Kapitalmarktverzinsung sowie kundenspezifischen Risiken beeinflusst.

Der Vorteil der Kundeninvestitionsrechnung ist die periodenübergreifende, zukunftsgerichtete Betrachtung der Kundenbeziehung. Dabei wird mittels des risikoadäquaten Zinssatzes sowohl dem Zeitwert des Geldes Rechnung getragen als auch das innewohnende Risiko erfasst (vgl. Tewes 2003, S. 142). Ebenfalls handelt es sich um ein nachvollziehbares Berechnungsverfahren mit Realitätsbezug.

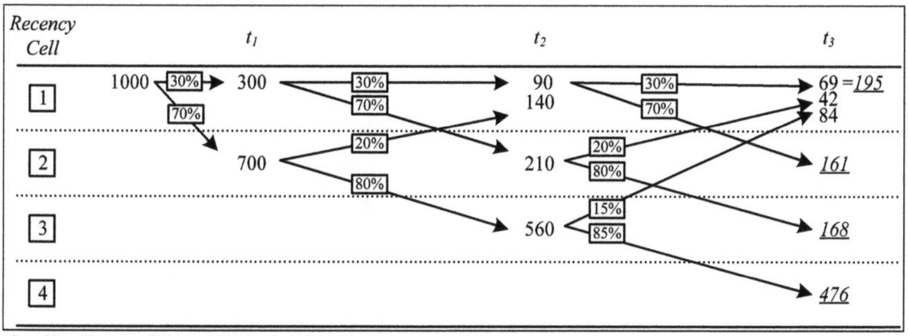

Quelle: Berger/Nasr 1998, S. 26

Abb. 4-18: Wanderverhalten von Kunden nach dem Customer Migration-Modell

Als problematisch kann sich vor allem die Verfügbarkeit der benötigten zukünftigen Kosten und Erlöse erweisen. Auch wird hiermit nur der monetäre Beitrag des Kundenwertes abgebildet. Cornelsen entwickelte zwar eine Möglichkeit zur Monetarisierung qualitativer Teilwerte, dieses Vorgehen ist, wie sich in den weiteren Ausführungen zeigen wird, jedoch auch nicht uneingeschränkt zu empfehlen (vgl. Unterabschnitt 5.4.1).

Ein weiterer auf dem Customer-Migration-Modell aufbauender Ansatz sind **Markov-Ketten**. Sie werden im Marketing seit geraumer Zeit zur Prognose des Kundenverhaltens (z. B. Wiederkaufverhalten, Werbeerfolgsprognose) eingesetzt (vgl. Meyer zu Selhausen 1976, S. 431). Im Rahmen der Ermittlung des Kundenkapitalwertes werden hierbei Bewegungen von Kunden zwischen verschiedenen Kundensegmenten betrachtet. Zur Berechnung ist hierfür zum Einen die Modellierung des zukünftigen Verhaltens von Kunden notwendig, zum Anderen die Zustandsbestimmung sowie die Verknüpfung mit den entsprechenden Zahlungsströmen (vgl. Englbrecht 2007, S. 141). Ersteres wird durch Übergangswahrscheinlichkeiten definiert, während der Zustand sich aus der Kundenstruktur ergibt. Betrachtet man hier nun den Einzelkunden im Prämissenraum des vorhergehenden Ansatzes, kann seine Zugehörigkeit zu einer „Recency Cell" als Zustand interpretiert werden (vgl. Eberling 2002, S. 194). Während Markov-Ketten erster Ordnung nur den gegenwärtigen Zustand berücksichtigen, werden bei Markov-Ketten n-ter Ordnung auch die zurückliegenden Perioden berücksichtigt (vgl. Ching/Ng/So 2004, S. 69 f.). Abbildung 4-19 stellt die Grundbausteine des Markov-Prozesses dar.

Zustandsvektor $p(t) = [p_1(t), p_2(t), p_3(t)]$

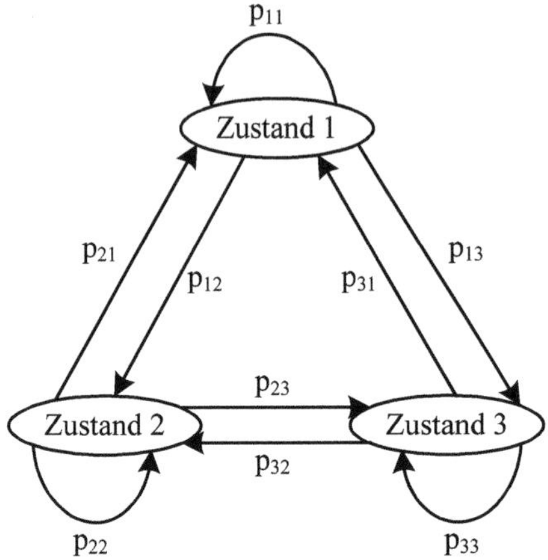

Übergangsmatrix $P = \begin{bmatrix} p_{11} & p_{12} & p_{13} \\ p_{21} & p_{21} & p_{31} \\ p_{31} & p_{32} & p_{33} \end{bmatrix}$

Quelle: Rudolf-Sipötz 2001, S. 53
Abb. 4-19: Grundbausteine des Markov-Prozesses

Die Berechnung für den Zeitpunkt t_1 erfolgt nun, in dem der Zustandsvektor für den Zeitpunkt t_0 mit der Übergangsmatrix und dem je nach Zustand entsprechenden Cash Flow multipliziert wird. Abschließend müssen diese Produkte der einzelnen Perioden zum Erwartungswert addiert werden (vgl. Eberling 2002, S. 195).

Positiv ist an diesem Verfahren vor allem die Flexibilität in der Definition von Zuständen (vgl. Steiner 2009, S. 35), kritisch dagegen die Definition der Übergangswahrscheinlichkeiten. Daneben kann auch die Komplexität des Modells die Benutzerakzeptanz einschränken.

Eine Erweiterung der Kundeninvestitionsrechnung kann daneben mittels **kundenbezogener Realoptionen** erfolgen. So wird bei der klassischen, auf irreversiblen Entscheidungen beruhenden Ausprägungsform nicht berücksichtigt, dass ein Unternehmen gewisse flexible Handlungsoptionen (Realoptionen) hat (vgl. Schmöller 2001, S. 177). Allgemein basiert dieses Vorgehen auf der finanzwirtschaftlichen Optionspreistheorie. Diese besagt, dass z. B. der Käufer der Option mit der Zahlung der Optionsprämie das Recht, aber nicht die Pflicht erwirbt, innerhalb eines vordefinierten Zeitraumes vom Verkäufer die Lieferung des Basiswertes zu einem im Vorfeld vereinbarten Ausübungspreises einzufordern (vgl. Perridon/Steiner 2003, S. 324).

Bezüglich der Vorgehensweise können als Handlungsoptionen Wachstumsoptionen und Lernoptionen unterschieden werden. Während Erstere die Möglichkeit verkörpern, durch spätere Investitionen Wachstumspotenziale zu erschließen, stellen Zweitere eine Gelegenheit dar, durch spätere Informationen zukünftige Investitions- oder Desinvestitionsentscheidungen zu beeinflussen (vgl. Mödritscher 2009, S. 243). Diese Optionen bestehen grundsätzlich sowohl für den Anbieter als auch für den Kunden. Das Ergebnis ist ein monetärer Wert, der zum CLV hinzuzurechnen ist (für eine ausführliche Darstellung vgl. Fischer/Schmöller/Vielmeyer 2002). Dieser Zusammenhang soll nochmals mit der Abbildung 4-20 verdeutlicht werden.

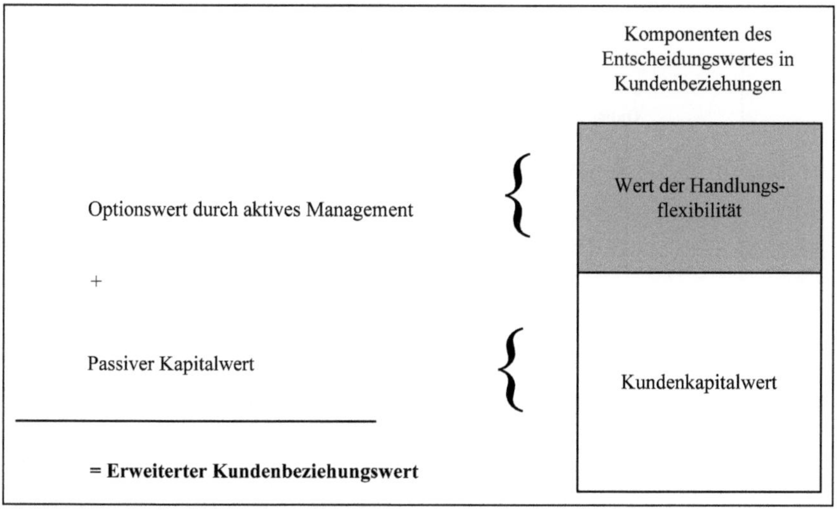

Quelle: Fischer/Schmöller/Vielmeyer 2002, S. 7
Abb. 4-20: Kundenkapitalwert mit Realoptionen

Fischer, Schmöller und Vielmeyer zeigen, wie diese Handlungsoptionen den Kundenkapitalwert beeinflussen können. Ohne die Berücksichtigung von Handlungsoptionen ergibt sich für den Kundenkapitalwert eine symmetrische Verteilung des Kundenerfolges. Setzt man aber Handlungsflexibilität mit einer Handlungsoption gleich, so können negative Entwicklungen durch die Ausübung einer Verkaufsoption abgewendet werden, während Wertsteigerungen durch Kaufoptionen erschlossen werden können. Dies führt dann zu einer asymmetrischen Verteilung des Kundenkapitalwertes (vgl. Fischer/Schmöller/Vielmeyer 2002, S. 9 f.). Abbildung 4-21 zeigt zum Einen die symmetrische Verteilung des Kundenerfolges und zum Anderen die veränderte Situation durch die Handlungsoptionen.

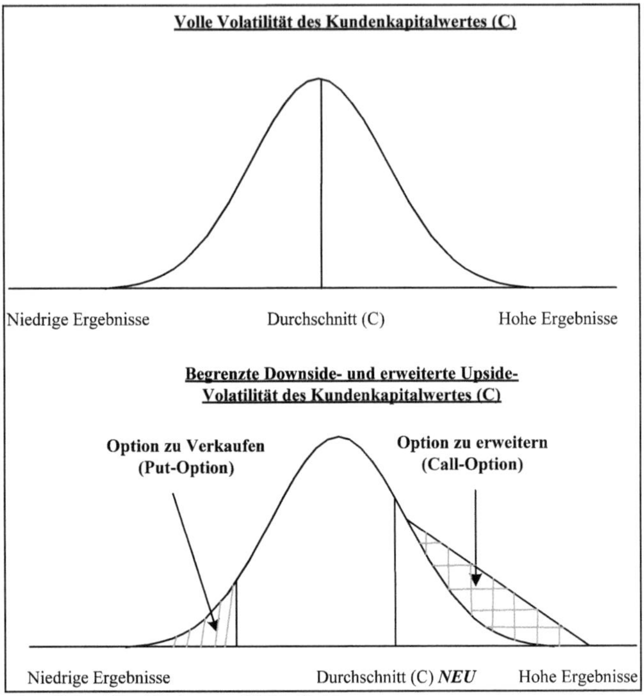

Quelle: Fischer/Schmöller/Vielmeyer 2002, S. 10

Abb. 4-21: Veränderung der Volatilität des Kundenwertes beim Einsatz von Realoptionen

Es muss deutlich betont werden, dass bei dieser optionsbasierten Vorgehensweise die Wahrscheinlichkeit des Kaufes im Vordergrund steht, während bei der Grundform der Kundeninvestitionsrechnung vielmehr der Wertbeitrag dominiert (vgl. Mödritscher 2009, S. 243). Wegen seiner Komplexität wird dieses Modell jedoch gegenwärtig nicht in der Praxis eingesetzt. Die Gründe hierfür sind enorme Anforderungen bezüglich Objektivität und Sicherheit an die vorliegende Datenbasis und die mangelnde Einfachheit der Methodik (vgl. Alkaraan/ Northcott 2005, S.20; Jenner 2005, S. 461). Daneben kann es hiermit leicht zu Doppelzählungen kommen, soweit z. B. Cross-Buying-Potenziale bereits in die Kundeninvestitionsrechnung eingeflossen sind (vgl. Schmöller 2001, S. 179).

Nachdem die verschiedenen Methoden zur Kundenwertermittlung vorgestellt wurden, gilt es nun, eine Auswahl für die vorliegende Untersuchung zu treffen. Hierfür sollen die wesentlichen Ergebnisse der vorausgehenden Einzelbetrachtung der Methoden zusammengefasst und daraus eine Entscheidung abgeleitet werden.

4.3.5 Auswahl der Methoden für die vorliegende Untersuchung

Die Loyalitätsleiter kristallisierte sich, wie oben beschrieben, als sehr grobes Instrument zur Kundeneinteilung auf Basis der Beziehungsdauer heraus. Von einem ganzheitlichen Ansatz zur Kundenbewertung kann dabei keinesfalls gesprochen werden.

Die ABC- sowie die Kundenportfolioanalyse stellten sich bei näherer Betrachtung als geeignete Analyse- und Darstellungsformen bei vorausgehender Ermittlung der Kundenwertigkeit durch unabhängige Verfahren dar. Von einem umfassenden Berechnungsverfahren, welches aggregierte Werte als auch Einzelkundendaten zur Verfügung stellt, sind diese Vorgehensweisen aber auch weit entfernt.

Daneben konnte die Kundenerfolgsrechnung als gutes vergangenheitsbezogenes, quantitatives Verfahren lokalisiert werden. Kritisch sollte hier dennoch immer der Aspekt der Wirtschaftlichkeit betrachtet werden.

Bei den Scoringmodellen ist vor allem die Möglichkeit der ganzheitlichen Betrachtung und der Verdichtung zu einem numerischen Wert herauszustellen. Negativ ist jedoch eindeutig die Subjektivität der Bewertung, aber auch die Auswahl der Kriterien und damit die mangelnde Nachvollziehbarkeit.

Das NBD/Pareto-Modell verfehlte die Anforderungen vor allem auf Grund seiner Komplexität. Die klassischen Prognoseverfahren sind dagegen weitaus einfacher anwendbar, weisen jedoch vor allem bei den quantitativen Ausprägungsformen oft den Mangel an Realitätsnähe auf. Das qualitative Modell der Expertenbefragung konnte gerade hier mit einer einfachen und ganzheitlichen Methode überzeugen. Andererseits lastet diesem Verfahren wie schon den Scoringmodellen die innewohnende Subjektivität an.

In der abschließenden Darstellung des Kundenkapitalwertes fiel besonders positiv die risikoadjustierte, prospektive Vorgehensweise mit einer nachvollziehbaren Berechnungsmethodik auf. Wenn sich auch in einer ersten Betrachtung die Ermittlung der relevanten Kosten- und Erlöspositionen, der Dauer der Kundenbeziehung und der Höhe des Diskontierungsfaktors unter Umständen nicht als trivial darstellt, ist dies doch eine geeignete Vorgehensweise, um den zukunftsbezogenen, monetären Kundenwert abzubilden. Ausgestaltungsformen wie z. B. Markov-Ketten oder Realoptionen konnten sich auf Grund ihrer Komplexität dabei nicht qualifizieren.

Gleicht man den Anforderungskatalog aus Unterabschnitt 4.3.1 mit den einzelnen Vor- und Nachteilen der Methoden ab, so fällt auf, dass dennoch keine der oben vorgestellten Vorgehensweisen zur Bewertung der Kunden sämtliche Kriterien erfüllt. Abbildung 4-22 fasst die Vor- und Nachteile der erwähnten Methoden im Überblick zusammen.

Daher soll für den weiteren Verlauf vielmehr eine Kombination aus verschiedenen Methoden gewählt werden. So kann die vergangenheitsbezogene, monetäre Betrachtung durch die Kundenerfolgsrechnung abgebildet werden. Der Kundenkapitalwert soll die prospektive, monetäre Dimension verkörpern. Qualitative Determinanten des Kundenwertes werden am Besten mittels Expertenbefragungen ermittelt und in Form eines Kundenmonitors dargestellt. Schließlich soll auch ein Kunden-Scoringmodell mit einem Gesamt-Scorewert je Kunde, mit dem jegliche vorhergehende Teilsysteme aggregiert und damit für einen intersubjektiven Vergleich durch Entscheider ausgewiesen werden, instrumentalisiert werden.

Verfahren\Anforderungen	Ganzheit-lichkeit	Wirtschaft-lichkeit	Nachvoll-ziehbar-keit	Berechen-barkeit	Realitäts-nähe	Aggregation /Einzel-aus-weis	Daten-verfüg-barkeit
Loyalitätsleitern	--	+	--	--	-	--	-
ABC-Analysen	--	+	-	--	+	--	+
Kundenerfolgsrechnungen	-	-	++	++	+/-	++	+
Scoringmodelle	++	+	+/-	++	+	++	+/-
Kundenportfolioanalysen	+	+	++	--	+	+	+
NBD/Pareto-Modell	-	--	--	++	-	+	-
Klassische Prognose-verfahren	+/-	+	-	+/-	+/-	+/-	+/-
Kundenkapitalwert	-	+/-	+	++	+	++	+

Abb. 4-22: Beurteilung der Verfahren zur Kundenbewertung

Damit sind die Determinanten sowie die einzusetzenden Methoden selektiert. Im folgenden Kapitel soll nun das eigentliche Kundenwertsystem für eine integrierte Vertriebssteuerung in der Nutzfahrzeugindustrie entwickelt werden.

5. Die Entwicklung eines Kundenwertsystems im Rahmen einer integrierten Vertriebssteuerung in der Automobilindustrie

5.1 Definition und Aufbau des Kundenwertsystems

Der Begriff System entstammt dem lateinischen „systema“ und dieser wiederum dem griechischen „sýstēma“, was soviel bedeutet wie „aus mehreren Teilen zusammengesetztes Ganzes“ (das dazugehörige Verb „synistánai“ steht für „zusammenstellen, verknüpfen“). Klir beschreibt dieses mit einer einfachen Gleichung (Klir 2001, S. 9):

$$S = (T, R) \tag{5.1}$$

mit:

S: System

T: Zusammensetzung/Bündel verschiedener Komponenten

R: Beziehungen der Komponenten in T zueinander

Nach Bossel ist ein System durch seinen Systemzweck (Funktion), seine Systemelemente und Wirkungsverknüpfungen (Wirkungsstruktur) und seine Systemintegrität gekennzeichnet (vgl. Bossel 1992, S. 10). Im Falle des hier betrachteten Kundenwertes bedeutet dies, dass mehrere der in Abschnitt 4.3 angeführten und in Unterabschnitt 4.3.5 als einsetzbar qualifizierten Kundenwertermittlungsmethoden kombiniert werden, um den einzelnen Kunden ganzheitlich mittels des Kundenwertsystems für eine integrierte Vertriebssteuerung abzubilden (=Wirkungsstruktur). Hierfür gilt es, sowohl retrospektive und prospektive als auch zugleich quantitative und qualitative Komponenten einzubeziehen. All diese Anforderungen werden erst - wie in Unterabschnitt 4.3.5 ausgeführt - in der Kombination von Kundenerfolgsrechnung, von Kundenkapitalwert und von qualitativem Kundenmonitor (im Folgenden als Systemelemente bzw. Teilsysteme bezeichnet) erfüllt. Diese Teilsysteme des Kundenwertsystems dienen dazu, einzelne Facetten des Kundenwertes zu erfassen. Die einzelnen Teilsysteme können durch Maßnahmen (im Folgenden bezeichnet als Maßnahmen zur Steigerung des Kundenwertes) beeinflusst werden.

Für die vorliegende Arbeit wird durch Zusammenfassung obiger Ausführungen folgende Definition für das Kundenwertsystem zu Grunde gelegt:

Das Kundenwertsystem stellt die Kombination sowohl retrospektiver und prospektiver als auch quantitativer und qualitativer Komponenten dar mit dem Ziel, Kunden ganzheitlich für eine integrierte Vertriebssteuerung entscheidungsgerecht zu bewerten.

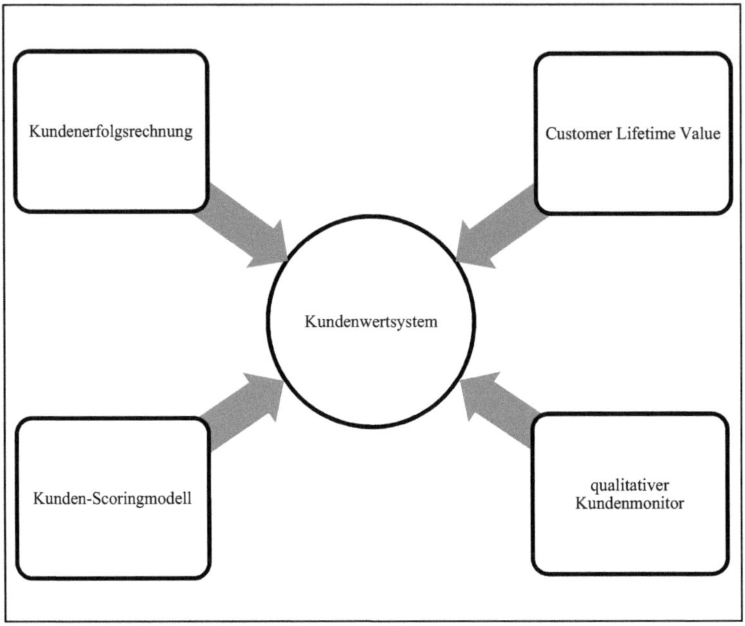

Abb. 5-1: Kundenwertsystem

Im Folgenden soll nun die Vorgehensweise bei der Entwicklung der Teilsysteme als auch ihr Aufbau detailliert erläutert werden. Die Kundenerfolgsrechnung basiert dabei teilweise auf Entwicklungen im Bereich Vertriebssteuerung und Marktmanagement der Mercedes-Benz Truck Division im Rahmen des Projektes „Truck Result and Customer Transparency" (TRACY). Sie wurde jedoch um verschiedene Komponenten erweitert bzw. um für die Arbeit nicht relevante unternehmensspezifische Besonderheiten gekürzt.

5.2 Entwicklung einer Kundenerfolgsrechnung

5.2.1 Vorgehensweise

Die Struktur einer Kundenerfolgsrechnung wird zum Einen durch ihr Informationsziel und dem sich daraus erschließenden Einsatzfeld sowie der gewählten Erfolgskonzeption bestimmt. Zum Anderen wird die Architektur durch die Bezugsobjekthierarchie (horizontale Struktur), die Erlös- und Kostenpositionen als Schema (vertikale Struktur) mit jeweils angewandten Zurechnungsprinzipien sowie die Zeit determiniert (vgl. Kraft 2008, S. 156 f.). Kraft empfiehlt bei der Entwicklung ein top-down-Vorgehen, welchem auch hier gefolgt werden soll: Aus den übergeordneten Informationszielen sind die Erfolgskonzeption und das Einsatzfeld simultan festzulegen. Daraus können anschließend die horizontale, vertikale und zeitliche Struktur sowie ein retrospektiver Kundenwert abgeleitet werden (vgl. Kraft 2008, S. 157).

Die integrierte Vertriebssteuerung hat, wie in Abschnitt 3.3 erläutert, neben der Planungs- und Kontrollfunktion die Aufgabe, den Vertrieb mit Informationen über die gesamte automobilwirtschaftliche Wertschöpfungskette zu versorgen und daraus Maßnahmen abzuleiten. Durch die Bestimmung des Kundenwertes als Instrument für eine integrierte Vertriebssteuerung ist hiermit das **Einsatzfeld** bereits definiert. Bezogen auf den Wert eines einzelnen Kunden stellen sich dabei folgende Fragen: Welchen Ertragswert stiftet der Kunde X über die gesamte automobilwirtschaftliche Wertschöpfungskette? Ist Kunde Y für den Gesamtkonzern profitabel? Wie stellt sich der Kunde X im Vergleich zu den Kunden Y und Z für das Unternehmen über alle Geschäftsarten dar?

Als **Erfolgskonzeption** wird hier, um dem Charakter des internen Rechnungswesens gerecht zu werden, eine erlös- und kostenrechnerisch-orientierte Perspektive gewählt. Steuern werden generell bei Kundenerfolgsrechnungen nicht einbezogen, da diese jeweils nur für rechtliche Einheiten ermittelt werden (d.h. i.d.R. auf Gesamtunternehmensebene bzw. auf Ebene der Konzerngesellschaften) (vgl. Kraft 2008, S. 161). Am Beispiel der Daimler AG bedeutet dies, dass diese lediglich für die AG selbst ausgewiesen werden, nicht aber für die Sparte Daimler Trucks oder den Bereich Mercedes-Benz Trucks. Durch diese ausschließliche Berücksichtigung von Steuern auf Gesamtunternehmensebene ergibt sich jedoch lediglich ein Interpretationsunterschied dahingehend, dass die ermittelten Deckungsbeiträge zur Deckung des Saldos nicht berücksichtigter Kosten und Erlöse sowie eines Gewinns nach Steuern dienen, während sie ansonsten zur Deckung eines Vorsteuer-Gewinns beitragen (vgl. Damm 1993, S. 77 ff.). Schließlich sind auch, wie im Folgenden ausgeführt werden wird, Rückstellungen, kalkulatorische Werte und Abschreibungen teilweise in den einzelnen Kundenergebnisrechnungen enthalten. Die Aufhebung der strikten Trennung von internem und externem Rechnungswesen reiht sich damit in die seit geraumer Zeit geführte Diskussion um deren Konvergenz ein (vgl. Schaier 2007, S. 116 ff.)

Des Weiteren ist in der gegenwärtigen Literatur ein allgemeines Charakteristikum der Kundendeckungsbeitragsrechnung die „Überlappung" der Zurechnungsvorschriften (vgl. Cornelsen 2000, S. 110). Diesem Ansatz soll auf Grund des vorliegenden praktischen Anwendungsbezuges auch bei den weiteren Ausführungen in Form der Deckungsbeitragsrechnung einerseits sowie der Nettoerfolgsrechnung andererseits gefolgt werden. Damit steht bei dem folgenden Ansatz der Kundenerfolgsrechnung generell weniger eine exakte Trennung von internem und externem Rechnungswesen sowie der Zurechnungsvorschriften im Vordergrund, sondern vielmehr die Abbildungstransparenz im Hinblick auf den betrachteten einzelnen Kunden.

Bezüglich der **horizontalen Struktur** ist im Falle des Kundenwertes selbstverständlich eine kundenorientierte Bezugsobjekthierarchie entscheidend (vgl. Kraft 2008, S. 190). Die Art der Untergliederung und die Detaillierung sind dabei am Bedarf der Adressaten auszurichten (vgl. Albrecht 1990, S. 1). Eine von zahlreichen Aufbaumöglichkeiten ist in der Abbildung 5-2 dargestellt.

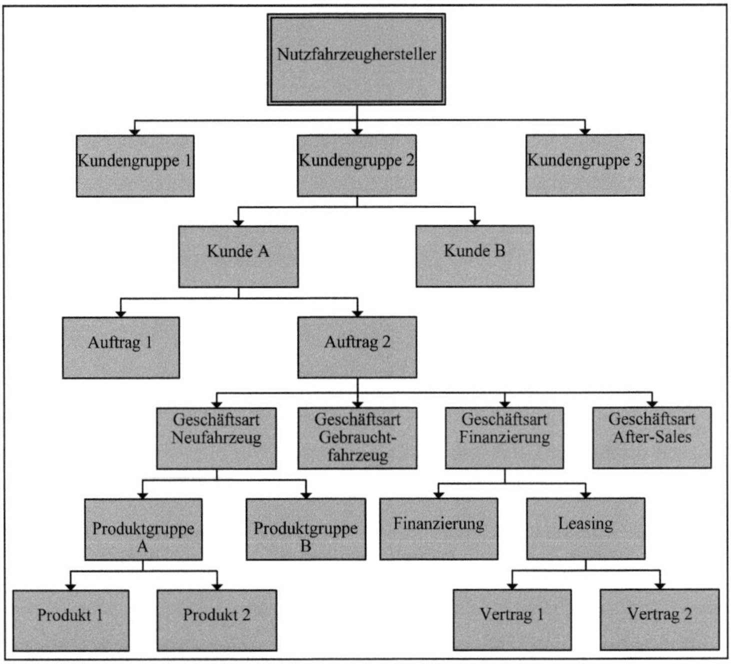

Quelle: In Anlehnung an Kraft 2008, S. 213; Plötner, Sieben, Kummer 2008, S. 181
Abb. 5-2: Beispiel einer Bezugsobjekthierarchie

Auch können aus den oben angeführten Elementen nun mehrere unterschiedliche Bezugsobjekthierarchien mit einer Reihe von Bezugsobjekten gebildet werden. Es entstehen mehrere parallele Hierarchien, aus denen sich eine **multidimensionale Zuordnung** einzelner Ergebnisgrößen in Form eines Netzwerkes ergeben kann (vgl. Abbildung 5-3). Dies bedeutet, dass auch zwischen den einzelnen Hierarchiestrukturen Bezugsobjekte verbunden sein können (vgl. Plötner/ Sieben/Kummer 2008, S. 182). Dadurch wird es möglich, Bezugsobjekte vor-

bzw. nachgelagerter Hierarchiestufen über deren Abhängigkeiten mit der Kundenebene bei der jeweiligen vorliegenden Entscheidungssituation zu berücksichtigen (vgl. Weigand 1989, S. 322). Es können so z. B. die Deckungsbeiträge eines Kunden über alle Geschäftsarten, die einer Kundengruppe, aber auch eines einzelnen Fahrzeuges oder eines Auftrages über die gesamte automobile Wertschöpfungskette ausgewiesen werden.

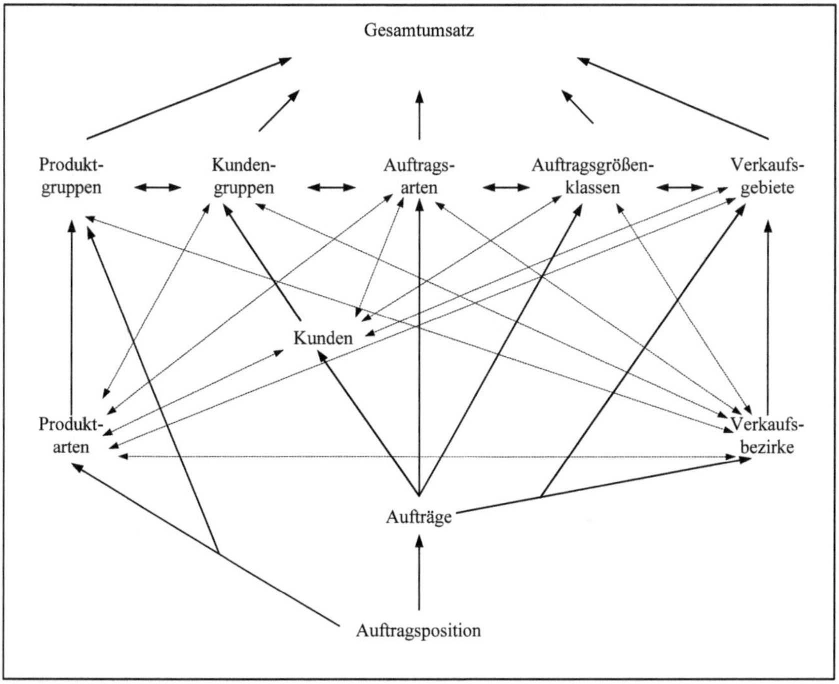

Quelle: Riebel 1994, S. 180

Abb. 5-3: Netzwerk einer multidimensionalen Bezugsobjekthierarchie

Dieses Vorgehen bringt zwar eine gewisse Komplexität mit sich, lässt sich aber heute, wie in Kapitel 7 aufgezeigt werden wird, mit einer Business Intelligence-Lösung durchaus bewältigen. Empfehlenswert ist jedoch auch hier die Priorisierung einer Bezugsobjekthierarchie, die eine Hauptsteuerungsdimension reflektiert (vgl. Kraft 2008, S. 216). Im vorliegenden Fall stellt dies die kundenbezogene Bezugsobjekthierarchie dar.

Die Ausgestaltung der **zeitlichen Struktur** gliedert sich einerseits in die Festlegung, ob mit Ist-, Normal- und/oder Planwerten gerechnet wird, andererseits beinhaltet sie die Definition der Länge des Betrachtungszeitraumes (vgl. Kraft 2008, S. 218). Die erste Entscheidung wird bereits teilweise durch die Definition des in Abschnitt 5.1 angeführten Kundenwertsystems und der darin beinhalteten Vergangenheitsorientierung der Kundenerfolgsrechnung getroffen. Damit werden hier grundlegend Istwerte ausgewiesen, welche aber durch Planwerte für eine zeitnahe Vergleichsmöglichkeit von Kunden ergänzt werden. Diese Planwerte können bei Bedarf durch die tatsächlichen Werte - sobald vorliegend - ersetzt werden, was jedoch unter Umständen zu einer beträchtlichen Veränderung der Ergebnisrechnung (im weiteren Verlauf bezeichnet als „**Ergebnisflimmern**") führen kann. Da jedoch im Normalfall keine Rückstellungen auf Einzelfahrzeugebene gebildet werden, muss dieses in Kauf genommen werden. Dennoch sollte in der Folge auch hier eine Abweichungsanalyse zur Steuerung der Kundenprofitabilität durchgeführt werden. Normalisierte bzw. zufallsbereinigte Werte sind schließlich ambivalent einzuordnen, da sie um Ausreißer geglättete Positionen darstellen und damit im Hinblick auf eine anzustrebende Kostentransparenz je Kunde eher kontraproduktiv wirken (vgl. Kraft 2008, S. 219). Andererseits kann natürlich gerade durch die Betrachtung dieser normalisierten Größen die konjunkturabhängige Auslastung der Produktionsstätte und die damit einhergehende abweichende Fixkostenbelastung des einzelnen Produktes bzw. Kunden umgangen werden. In der vorliegenden Arbeit wird daher auch diese Option ausgeführt, soweit sie an gegebener Stelle eine Alternative darstellt.

Der zweite ausschlaggebende Sachverhalt ist die Bestimmung des Betrachtungszeitraumes für die Kundenerfolgsrechnung über den gesamten automobilen Marktverbund. Um eine Plausibilität des Gesamtjahresergebnisses herzustellen, soll zum Einen hier eine Betrachtung pro Jahr möglich sein. Dies führt jedoch, wie sich in den Unterabschnitten 5.2.2.3.1 und 5.2.2.4 zeigen wird, zu einem etwas komplexeren Sachverhalt sowohl bei den Service- als auch bei den Finanzierungs- und Leasingkontrakten. Andererseits empfiehlt es sich aber, für einen objektiven Vergleich von Kunden die Gesamtlaufzeit der betrachteten Verträge einzubeziehen, d.h. jeweils eine Betrachtung per Vertragsende im Falle der Service- bzw. Finanzierungsverträge abzubilden sowie eine Vergleichsmöglichkeit der Kunden über alle Jahre.

Die **vertikale Struktur** schließlich teilt sich in eine Erlös- und eine Kostenrechnung je Geschäftsart, auf die in den folgenden Unterabschnitten detailliert eingegangen werden soll. Als Basis sollen auch hier die produktbezogenen Kalkulationen dienen, aus der dann nach und nach der Kundendeckungsbeitrag I abgeleitet wird (vgl. Schirmeister/Kreuz 2003, S. 337). Zur Plausibiliserung der Fixkostendeckung mittels des Kundendeckungsbeitrages I soll des Weiteren aber auch ein Ergebnis in Form des Kundendeckungsbeitrages II ausgewiesen werden. Zum Ausweis eines retrospektiven Kundenwertes eignet sich diese Größe jedoch nicht, da die jährlich verändernde Höhe der Umlage der Plan-Herstellkosten den Kunden zu gering oder zu hoch belasten würde (vgl. Unterabschnitt 5.2.2.1).

Das Grundschema über die gesamte automobile Wertschöpfungskette gestaltet sich damit wie folgt:

	Grundschema Kundenerfolgsrechnung
=	**Umsatz des Kunden**
-	Erlösschmälerungen
=	**Nettoerlös des Kunden**
-	Variable Kosten
=	**Kundendeckungsbeitrag I**
-	Fixkosten
=	**Kundendeckungsbeitrag II**

Abb. 5-4: Grundschema Kundenerfolgsrechnung

Um nun auch diese umfassende Kundenerfolgsrechnung in einer Kennzahl zu fassen, soll wie bereits in Unterabschnitt 4.2.2.1 definiert ein **retrospektiver Kundenwert in Form des Ertragswertes** ausweisbar sein.

Im Folgenden soll ausführlich die Entwicklung der einzelnen Erlös- und Kostenpositionen je Geschäftsart vorgestellt werden. Eingangs wird hierfür jeweils das Berechnungsschema der jeweiligen Geschäftsart angeführt, bevor ausführlich auf die einzelnen Positionen und ihre Besonderheiten bei der Verrechnung eingegangen wird. Sicherlich ist diese im Weiteren vorgestellte Vorgehensweise nur eine von vielen möglichen Kostenverrechnungsvarianten. Wie im Einzelfall vorgegangen wird, muss stets aus der vorliegenden Entscheidungssituation und den damit gewünschten Informationen entschieden werden. Im Rahmen der Abbildungen der einzelnen Berechnungsschemata stellen eingerückte Positionen im Folgenden stets „Davon"-Positionen des übergeordneten Postens dar. Bezüglich der Reihenfolge der Berechnungsschemata soll analog zu Abschnitt 2.2 der automobilwirtschaftlichen Wertschöpfungskette gefolgt werden und damit mit dem Neufahrzeuggeschäft begonnen werden.

5.2.2 Berechnungsschemata

5.2.2.1 Neufahrzeuggeschäft

	Kundenergebnisrechnung Neufahrzeug
	Bruttolistpreis Werk
	+ Bruttolistpreis Fahrzeug (rabattfähig)
	+ Bruttolistpreis Aufbau (nicht rabattfähig)
+	**Bruttolistpreis Vertriebsgesellschaft**
=	**Umsatz des Kunden**
-	**Nachlass absolut**
	+ Grund- und Zusatzrabatte
	+ Sonderrabatte (z.B. auf Grund spezieller verkaufsfördernder Aktionen)
	+ Paketnachlass
	+ Überbewertung Gebrauchtfahrzeuge (Trade In, Buy Back)
	+ Interne Subventionierung Finanzverträge
-	**Preisaussetzung**
+	**Umsätze für Nebenleistungen**
-	**Provisionen ex Konzerngrenze**
=	**Nettoerlös des Kunden**
-	**Variable Kosten Werk**
	+ Fertigungslöhne
	+ Fertigungsmaterial
	+ Variable Betriebskosten
-	**Kosten für Währungssicherung**
-	**Variable Kosten Vertriebsgesellschaft**
	+ Fertigungslöhne
	+ Fertigungsmaterial
	+ Marktkulanz
	+ Sonstige variable Kosten
=	**Kundendeckungsbeitrag I m. NDL-Nettomarge**
-	Niederlassungsnettomarge
=	**Kundendeckungsbeitrag I o. NDL-Nettomarge**
-	Kundenspezifische Frachtmehrkosten
=	**Kundendeckungsbeitrag I o. NDL-Nettomarge nach Abzug Frachtmehrkosten**
-	**Fixkosten Werk**
	+ Materialkosten
	+ Fertigungskosten
	+ Anlaufkosten
	+ Werkzeugkosten
	+ Forschungs- und Entwicklungskosten
	+ Verwaltungskosten
-	**Fixkosten Vertrieb und Marketing**
	+ Fixkosten Vertriebsgesellschaft
	+ Marketingkosten Vertriebsgesellschaft
=	**Kundendeckungsbeitrag II o. NDL-Nettomarge nach Abzug Frachtmehrkosten**

Abb. 5-5: Kundenergebnisrechnung Neufahrzeug

Die erste Summenposition im Rahmen der Ergebnisrechnung des Neufahrzeuggeschäftes in Abbildung 5-5 ist der **Umsatz**. Dieser ergibt sich aus der Summe der Bruttoerlöse zu Listenpreisen. Hier ist zum Einen der Bruttolistpreis (BLP) des Werkes anzuführen, zum Anderen der Bruttolistpreis der Vertriebsgesellschaft. Ersterer spaltet sich wiederum in eine rabattfähige als auch eine nicht-rabattfähige Position. Der Hintergrund hierfür ist, wie bereits in Unterabschnitt 2.2.1 erläutert, dass im Nutzfahrzeuggeschäft auch externe Aufbauhersteller oft am Erstellungsprozess beteiligt sind, für diese es jedoch nicht in der Macht des vertragsabschließenden Verkäufers bzw. Key Account Managers liegt, einen Nachlass zu gewähren. Den rabattfähigen BLP kann man in einem weiteren Schritt wiederum in Bruttoerlöse zu Listenpreisen des Grundlieferumfanges und von Sonderausstattungen aufteilen. Der BLP der Vertriebsgesellschaft schließlich beinhaltet nach dem Verlassen der Produktion aufkommende Modifikationswünsche bzw. gewünschte zusätzliche Leistungsumfänge am Fahrzeug des Kunden. Auch werden hier Überführungskosten vom Händler oder der Niederlassung zum Kunden in Rechnung gestellt.

Mit diesem nun vorliegenden Umsatz wird daraufhin der **Nettoerlös** ermittelt. Dieser soll wie folgt definiert werden: Der Nettoerlös ist der Bruttoumsatz, vermindert um Rabatte, Sondermittel, Überbewertungen aus Trade-In- und Buy Back-Geschäften, Preisaussetzungen, Quersubventionen und Provisionen. Ganz allgemein lassen sich diese unter dem Begriff Erlösschmälerungen zusammenfassen, d.h. nach bestimmten Merkmalen abgegrenzte Gruppen von Posten, die von Bruttoerlösen in Abzug gebracht werden und erfolgsmindernd sind (vgl. Zimmermann 1992, S. 224).

Die erste Postengruppe, die hier vom Umsatz in Abzug gebracht werden soll ist der **Nachlass**, der dem Kunden gewährt wird. Er setzt sich zusammen aus Grund-, Zusatz-, Sonderrabatten, Überbewertungen aus Trade In und Buy Back und einer internen Subventionierung des Finanzierungsbereiches. Soweit bei den Bruttolistpreisen ein Split in Grundlieferumfang und Sonderausstattungen vorgenommen wurde, empfiehlt es sich auch bei jeglichen Nachlasspositionen diese Aufteilung fortzuführen. In den **Grund- und Zusatzrabatten** sind hier der Grundrabatt für den Kunden als auch Rabatte für durch den Kunden bereits geleistete Anzahlungen vor Vertragsabschluss enthalten. Auch hier kann es zu einem Ergebnisflimmern durch einen nachträglich gewährten Rabatt für einen Kunden auf Grund eines bestimmten erreichten Abnahmevolumens (auch als „Performance Oriented Discount" bezeichnet) kommen. **Sonderrabatte** können auf Grund gesetzlicher Regelungen, der aktuellen Marktsituation oder spezieller verkaufsfördernder Maßnahmen anfallen. Ersterer Fall wäre z. B. die Einführung einer neuen Abgasnorm (Euro 5, Euro 6), durch die ältere Fahrzeuge nur mit einem extra Preisnachlass veräußert werden können. Eine nicht voll durchsetzbare Preiserhöhung, die gegenwärtige Wettbewerbssituation, die Erschließung eines Marktes, währungs- und geschäftspolitische Gründe bedingen Sonderrabatte der aktuellen Marktsituation. Unter Sonderrabatte für verkaufsfördernde Aktionen fallen schließlich der Abverkauf von Lagerbeständen, die Auslastung der Produktionskapazitäten und jegliche anderen speziellen Verkaufsförderungsaktionen. Von einem Paket spricht man, wenn einzelne Komponenten z. B. zu einem Winterpaket zusammengestellt werden. Der **Paketnachlass** ist die Differenz zwischen dem Nettoerlös der kumulierten Einzelkomponenten und dem Nettoerlös für das Paket. Eine alleinige Betrachtung der Bruttolistpreis-Differenz ist hier nicht ausreichend, da auch noch der individuell gewährte Nachlass einbezogen werden muss. Zwei weitere Besonderheiten des Nutzfahrzeuggeschäftes wurden mit dem Trade In und dem Buy Back in Unterabschnitt 2.2.2 charakterisiert. Da hier durch den Hersteller ein bestimmter Hereinnahmewert garantiert wird, kommt es unter Umständen durch eine abweichende Marktsituation bzw. gegenläufige Marktentwicklung zu einem Verlust bzw. Gewinn, welcher eine vertriebspolitische Incentivierung erforderlich macht. An einem Beispiel ausgedrückt bedeutet dies, dass der Neufahrzeugbereich zum Zeitpunkt des Vertragsabschlusses einen Rücknahmewert des Fahrzeuges von 30.000 Euro garantiert, der tatsächliche Marktwert jedoch dann nur noch 27.000 Euro beträgt und damit das Gebrauchtfahrzeuggeschäft mit 3.000 Euro subventioniert werden muss. Diesem Sachverhalt wird hier durch die Position **Überbewertung für Trade In- und Buy Back-Geschäfte** Rechnung getragen. Es handelt sich hierbei wie auch die **interne Subventionierung des Finanzbereiches** um ein Linke-Tasche-Rechte-Tasche-Vorgehen aus Sicht des Nutzfahrzeugherstellers, d.h. es handelt sich um Kosten im Neufahrzeugbereich aber um Erlöse in der Geschäftsart Gebrauchtfahrzeug bzw. Finanzierung.

Diese nun angeführten Formen von Nachlässen sind jedoch nur zwischen Kunden vergleichbar, soweit einheitliche Preisbasen und identische Modellvarianten vorliegen. Eine alternative Möglichkeit der Gruppierung der Nachlasseinzelpositionen ist hier die Unterscheidung in Barkulanz und Sondermittel. Die **Barkulanz** ist der grundlegend dem Kunden gewährte Nachlass ohne jegliche Sonderzuwendungen wie z. B. Rabatte im Rahmen von Verkaufsförderungsaktionen. Schließlich kann alternativ zu einem Ausweis des Nachlasses hier auch eine aus Herstellersicht interessante **Gesamtbelastung**, bestehend aus dem Kundennachlass und Stützungen an den Händler, ausgewiesen werden.

Nach dem Nachlass wird dann die Preisaussetzung - soweit vorliegend - zur Berechnung des Nettoerlöses subtrahiert. Eine **Preisaussetzung** liegt vor, wenn ein Kunde einen Vertrag im Laufe eines Jahres unterzeichnet, die Auslieferung und damit auch die Fakturierung aber erst im Folgejahr erfolgen und dazwischen z. B. eine inflationsbedingte Preiserhöhung liegt. Damit wird buchungstechnisch diese dem Kunden nicht anzulastende Preiserhöhung eliminiert. Hiernach werden **Umsätze für Nebenleistungen** addiert, welche primär Positionen beinhalten, die dem Kunden in Rechnung gestellt werden (z. B. Zulassungskosten). Schließlich fassen die **Provisionen ex Konzerngrenze** jegliche über das in Unterabschnitt 2.2.1 vorgestellte Margensystem fällige Provisionen an den Händler, wie z. B. Grundrabatte und leistungsabhängige Rabatte, als auch Provisionen an Dritte wie z. B. Fremdvermittler, andere Unternehmen/Kunden oder Aufbauhersteller, die dem Nutzfahrzeughersteller ein Geschäft anbahnen und dafür entschädigt werden. Je nachdem, in welchem Maß die Verursachungsgerechtigkeit (im Folgenden auch als „Fair View" bezeichnet) im Rahmen der Kundenerfolgsrechnung Einzug halten soll, sind die Rabatte z. B. für das Erreichen eines Corporate Identity-Standards oder eines Punktwertes im Rahmen des Customer-Satisfaction-Index zu eliminieren, da der Kunde keinen Einfluss auf die händlerseitige Umsetzung der Herstellervorgaben hat bzw. soweit eine reine Gewinnmaximierer-Perspektive verfolgt wird, zu berücksichtigen.

Im Weiteren muss nun zum Ausweis des **Kundendeckungsbeitrag I** im Neufahrzeugbereich die Differenz zwischen dem Nettoerlös und den variablen Kosten ermittelt werden. Hier müssen die proportionalen Kosten in Form von **Fertigungslöhnen**, **Fertigungsmaterial** laut Stückliste sowie **variable Betriebskosten** in Abzug gebracht werden. Die variablen Betriebskosten beinhalten einerseits **Frachtversicherungskosten**, andererseits auch einen Planwert in Form einer Rückstellung für eine übliche **Werksgarantie**. Eine weitere variable Position, die hier angesetzt werden sollte, sind die **Kosten der Währungssicherung** zur Eliminierung des Transaktionsrisikos. Es entsteht durch die Möglichkeit, zukünftige Wechselkursgewinne oder –verluste bei Transaktionen zu realisieren, die bereits eingegangen und in ausländischer Währung bewertet wurden (vgl. Büschgen 1997, S. 310, S. 316). Die Instrumente mit denen das Währungstransaktionsrisiko grundlegend eliminiert bzw. eingeschränkt werden kann, sollen mit der folgenden Abbildung 5-6 kurz aufgezeigt werden.

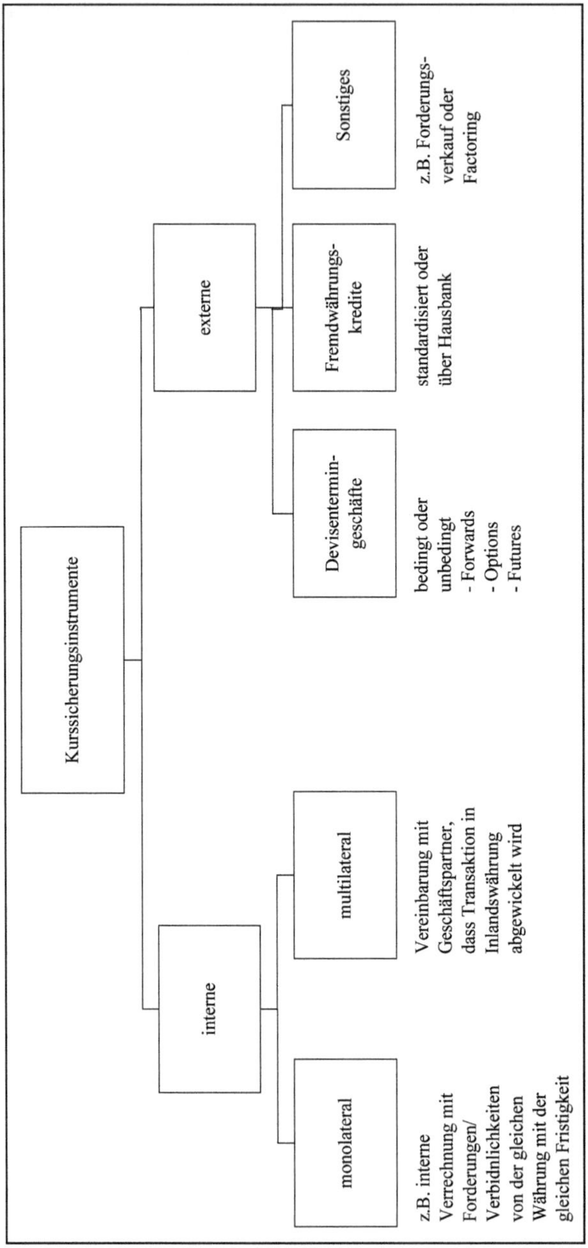

Quelle: Meckl 2006, S. 244

Abb. 5-6: Instrumente zur Absicherung des Währungstransaktionsrisikos

Daneben müssen an dieser Stelle selbstverständlich auch die **variablen Kosten der lokalen Vertriebsgesellschaft** subtrahiert werden, welche sich aus deren Fertigungslöhnen, dem Fertigungsmaterial und sonstigen variablen Kosten für z. B. nachträglich vom Kunden gewünschte Modifikationen zusammensetzen. Im Fall der Gewährung von **Marktkulanz**, d. h. einer Übernahme der Kosten für eine Reparatur außerhalb der Garantie seitens der jeweiligen Vertriebsgesellschaft, sollte diese auch an dieser Stelle als Ist-Wert nachgebucht werden, um ein realitätsnahes Abbild der durch den Kunden verursachten Kosten zu erlangen. Sicherlich führt dies zu „tröpfchenweisen" Nachbuchungen und so zu einem Ergebnisflimmern. Planwerte würden hier jedoch nur zu einer Durchschnittsbetrachtung führen, welche in den wenigsten Situationen im Fall der Marktkulanz der Realität entsprechen würden.

Nach obigen Ausführungen kann man selbstverständlich dieses abweichende Verhalten bei Garantie und Marktkulanz - zwei Postionen, die sich grundlegend mit dem gleichen Sachverhalt beschäftigen - in Frage stellen. Da die Garantie im Nutzfahrzeuggeschäft jedoch von der breiten Masse weitaus mehr beansprucht wird und durch ausgeprägte Erfahrungswerte mit einem realitätsnahen Ansatz des Planwerts gerechnet werden darf, während die Gewährung der Marktkulanz weitaus seltener in Anspruch genommen wird, erscheint diese Vorgehensweise doch gerechtfertigt.

Um den nun vorliegenden Kundendeckungsbeitrag I zum Vergleich von Kunden einzusetzen, soll nochmals auf die in Unterabschnitt 2.2.1 erläuterte Vertriebsstruktur eines Automobilherstellers zurückgegriffen werden. Da der Vertrieb sowohl direkt über Niederlassungen als auch über eigenständige Händler erfolgt, kommt es selbst beim Vergleich identischer Fahrzeuge hier zu einer Abweichung durch die im Falle der Niederlassung ausgewiesenen Gewinnmarge. Beim Händler ist diese jedoch voll deckungsbeitragswirksam, da die Konzerngrenze nach Fakturierung entscheidend ist. In der Folge weist ein Niederlassungskunde, der identische Fahrzeuge zu einem Kunden eines Vertragshändlers gekauft hat unter ansonsten identischen Bedingungen (gleiche Fahrzeugkonfiguration, gleicher Nachlass), einen höheren Kundendeckungsbeitrag I auf. Daher ist für eine dem Fair View folgende Betrachtung auch eine **Marge für Niederlassungs- und Direktgeschäfte** im Rahmen der Kundenerfolgsrechnung in Abzug zu bringen.

Aus einer strikten Gewinnmaximierer-Perspektive kann man nun natürlich auch argumentieren, dass diese Unterscheidung nicht dem obersten Unternehmensziel dient und damit vernachlässigt wird. Diese würde jedoch teils Kunden auf Grund der herstellerseitigen Gestaltung des Vertriebsnetzes „bestrafen", wenn sich z. B. keine Niederlassung in der nächsten

Umgebung des Kunden befindet. Daher wird im weiteren Verlauf dem Ansatz einer Marge für Niederlassungen und Direktgeschäfte im Rahmen der Kundendeckungsbeitragsrechnung gefolgt. Dieser Sachverhalt soll nochmals in der nachstehenden Abbildung 5-7 verdeutlicht werden.

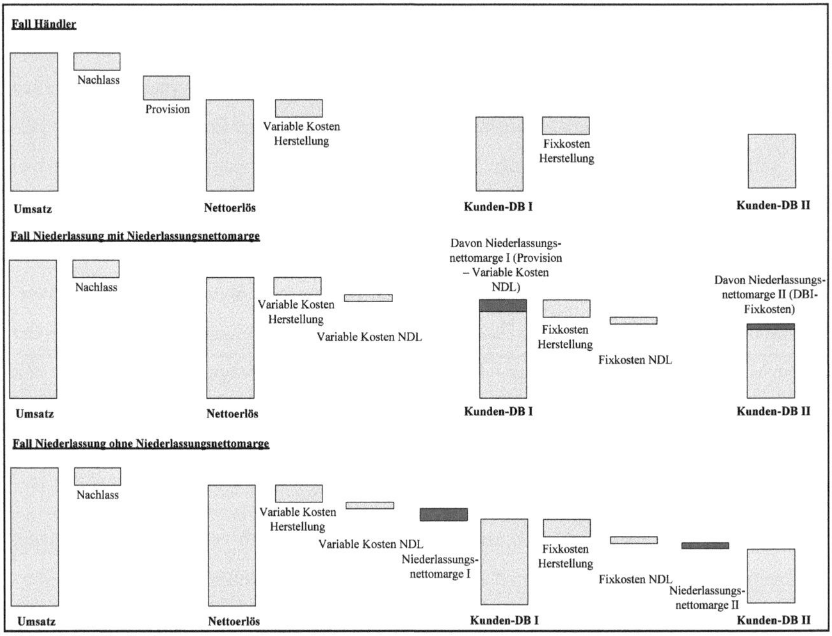

Abb. 5-7: Niederlassungsnettomarge

Als Ausgangssituation sollen hier zwei Kunden mit identischen Fahrzeugen betrachtet werden, wobei einer der Kunden bei einem Vertragshändler, der andere Kunde bei einer Niederlassung kauft. Beim Vertragshändler fällt eine Provision an, welche das Ergebnis schmälert. Damit muss der Händler zum Einen seine variablen und fixen Kosten decken, zum Anderen inkludiert diese seine Gewinnmarge. Diese Positionen sind jedoch nicht in der obigen Darstellung eingezeichnet, da diese nicht innerhalb der Konzerngrenze anfallen und damit auch nicht in die Ergebnisrechnung des Konzerns einfließen (Fall Händler). Die Provision an die Niederlassung wird auf Grund der Konzernzugehörigkeit nicht separat ausgewiesen, sondern ist konsolidiert im Nettoerlös enthalten. In der Folge sind jedoch die variablen und fixen Kosten der Niederlassung explizit getrennt ausweisbar, da die Niederlassung sich innerhalb der Konzerngrenze befindet (vgl. Unterabschnitt 2.2.1). Des Weiteren enthält jedes Geschäft in der Regel, wie bereits angeführt, auch eine Gewinnmarge für die Niederlassung in Form der Niederlassungsnettomargen I und II, welche im Kontext der Niederlassung nicht in Abzug gebracht werden und damit der Niederlassungskäufer bei einem Vergleich stets besser dargestellt werden würde als der Kunde, der bei einem Vertragshändler kauft (Fall Niederlassung mit Niederlassungsnettomarge). Um die Vergleichbarkeit im Sinne des Fair View mit einem Kunden, der bei einem Vertragshändler kauft, nun herzustellen, wird daher die Niederlassungsnettomarge in Abzug gebracht (Fall Niederlassung ohne Niederlassungsnettomarge). Als Ausgestaltungsform empfiehlt sich hier die Verwendung eines pauschalisierten Wertes, da der tatsächlich anfallende Wert wiederum einem Fair View entgegenstehen würde.

Auch kann als charakterisierendes Element der Kundenergebnisrechnung die aus einem unter Umständen vorliegendem Gegengeschäft resultierenden **kundenspezifischen Frachtmehrkosten** in Abzug gebracht werden, um damit bereits den Kooperationswert mit einzubeziehen. In der Folge sollte hier wiederum der Ausweis des Kundendeckungsbeitrages mit und ohne Niederlassungsnettomarge möglich sein. Diese Ausweitung der Ergebnisrechnung um zwei zusätzliche Kundendeckungsbeitragsgrößen ist notwendig, um Kunden mit vorliegendem Gegengeschäft mit jeglichen anderen Kunden vergleichbar zu machen.

Im Rahmen der stufenweisen Kundenerfolgsrechnung werden nun in einem nächsten Schritt auch die Fixkosten in Form von Planwerten in Abzug gebracht. Da es sich bei diesen um relativ planungssichere Werte handelt, kommt es lediglich zu hinnehmbaren marginalen Abweichungen zwischen Plan und Ist, eine spätere Anpassung ist damit nicht zwingend notwendig. Falls es jedoch zunehmend zu Planungsungenauigkeiten kommen sollte, ist eine Anpassung des Plan- durch den tatsächlichen Ist-Wert anzuraten, da ansonsten, wie in Abbildung 5-8 dargestellt, im Fall einer geringeren Ausbringungsmenge als geplant zu wenige Fixkosten auf das Einzelfahrzeug umgelegt werden, während im umgekehrten Fall ein Einzelfahrzeug mit einem zu hohen Fixkostenbetrag ausgewiesen wird. Die Konsequenz ist selbstverständlich das bereits beschriebene Ergebnisflimmern innerhalb der Kundenerfolgsrechnung. Schließlich bietet sich hier natürlich auch die Möglichkeit des Ansatzes von normalisierten Fixkosten.

Produktbezogen sind diese Fixkosten **Fixkosten der Herstellung** in Form von **Material- und Fertigungskosten**. Diese werden jeweils mit Fixkostensätzen auf das einzelne Fahrzeug geschlüsselt. Erstere sollten die Fixkosten für die Beschaffung, Disposition, Warenprüfung, Lagerung und innerbetrieblichen Transport von Roh-, Hilfs- und Betriebsstoffen beinhalten. Die Fertigungskosten inkludieren die in den Kostenstellen des Fertigungsbereichs direkt anfallenden oder über Umlagen belasteten Kosten, die im Zusammenhang mit der Herstellung eines Produktes entstehen. Hierzu können z. B. indirekte Löhne, Abschreibungen, Gebäude-

/Raumkosten, Kosten für Instandhaltungen sowie auch die gesamten Verwaltungskosten des Fertigungsbereiches gezählt werden. Darüber hinaus müssen auch **Anlauf-**, **Werkzeugkosten** sowie **Forschungs-** und **Entwicklungskosten** hier einfließen. Die Anlaufkosten umfassen exemplarisch Kosten in Verbindung mit einem Typenwechsel (z. B. Schulung, Versuchsteile, Muster, Probeläufe und Einrichten bzw. Demontage von Maschinen, Mehrlöhne und Materialmehrkosten für Versuchsteile und Vorserie), einem Typenneuanlauf oder dem Auslauf von Produkten im Produktionswerk. Die Werkzeugkosten beinhalten alle Kosten (insbesondere Abschreibungen) von selbständig nutzbaren bzw. formgebenden Werkzeugen, die verursachungsgerecht einem Produkt zuzuordnen sind. Forschungs- und Entwicklungskosten umfassen jegliche Vorleistungen bei der Fahrzeugentwicklung und werden pauschalisiert für das entsprechende Modell in Abzug gebracht.

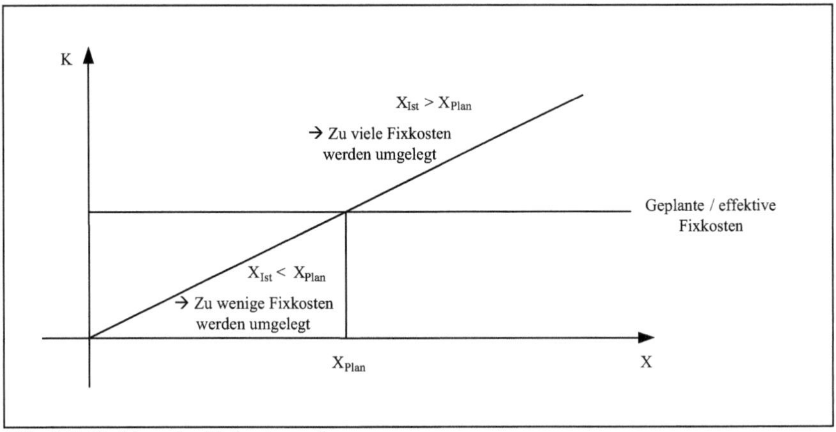

Abb. 5-8: Problem der Fixkostenumlage

Schließlich müssen in die Fixkosten der Herstellung auch **Verwaltungskosten** in Form von z. B. Gehältern für Angestellte, Gebäude-, Strom- und Wasserkosten eingebracht werden. Hier bietet sich wiederum eine Schlüsselung mittels eines Verwaltungskostensatzes auf die gesamten Herstellkosten an. Die **Fixkosten der betreuenden Vertriebsgesellschaft** können pragmatisch, wie auch die **Marketingkosten der jeweiligen Vertriebsgesellschaft,** mit einer Absatz-Umsatz-Halbe-Schlüsselung ermittelt werden (vgl. Formel 5.2). Eine Nichterfassung dieser Marketingkosten wäre unzweckmäßig, da sie zwar nicht dem jeweiligen Kunden unmittelbar zugeordnet werden können, jedoch für die Kundenpflege insgesamt von Bedeutung sind (vgl. Schirmeister/Kreuz 2003, S. 339). Final erhält man so den **Kundendeckungsbeitrag II**.

$$K_{fix}^{V/M} = K_{V/M} * 0,5 * \frac{1}{x} + K_{V/M} * 0,5 * \frac{U_{Total}}{U_{Fahrzeug}} \quad (5.2)$$

mit:

$K_{fix}^{V/M}$: fixe Vertriebs-/Marketingkosten pro Einzelfahrzeug

$K_{V/M}$: Vertriebs-/Marketingkosten gesamt

x: Menge geplanter Fahrzeuge im Betrachtungszeitraum

U_{Total}: Gesamter Umsatz im Betrachtungszeitraum

$U_{Fahrzeug}$: Mit Einzelfahrzeug generierter Umsatz des Einzelfahrzeuges im Betrachtungszeitraum

Um nun die Aussagekraft der Kundenerfolgsrechnung nochmals zu erhöhen, sollen in einem nächsten Schritt im Neufahrzeugbereich exemplarisch für die gesamte automobile Wertschöpfungskette **Prozesskosten** in die Betrachtung einfließen. Dies stellt einen weiteren Unterscheidungspunkt zur Produktergebnisrechnung auf Vollkostenbasis dar. Das heißt, dass generell der Ansatz von Prozesskosten in allen Wertschöpfungskettenteilen ratsam ist, da jedoch das Vorgehen stets sehr ähnlich ist, soll es im Rahmen dieser Arbeit nur einmalig ausführlich erläutert werden.

Laut Reckenfelderbäumer und Welling zählt der Vertrieb, dem auch für die Ermittlung kundenbezogener Deckungsbeiträge große Bedeutung zukommt, zu den wichtigsten Fixkostenbereichen, die im Rahmen einer Prozesskostenrechnung in Frage kommen (vgl. Reckenfelderbäumer/Welling 2003, S. 371). Im Fertigungsbereich ist selbstverständlich analog der Einsatz einer Prozesskostenrechnung denkbar, wie auch in Abbildung 5-9 integriert.

In den nun folgenden weiteren Ausführungen soll der in Unterabschnitt 4.3.3.1.3 bereits erläuterten von Horvath und Mayer vorgeschlagenen Vorgehensweise der Prozesskostenrechnung und damit gleichzeitig weitgehend dem Beispiel von Glaser gefolgt werden (vgl. Horvath/Mayer 1993, S. 20; Glaser 1998, S. 119 ff.). Dabei soll der Fokus auf Grund der Themenstellung der vorliegenden Arbeit eindeutig auf den auftrags- und kundenbezogenen Prozesskosten im Vertrieb liegen und exemplarisch an der Kostenstelle Key Account Management (KAM) dargelegt werden.

Die **Tätigkeitsanalyse** führt hier zur Identifikation der Teilprozesse Abschluss Rahmenvertrag, Angebotserstellung, Auftragsabwicklung, Kundenbesuch, Kundenakquisition und Informationsbereitstellung. Der Abschluss des Rahmenvertrages erfolgt hierbei, soweit beim betreffenden Kunden gewünscht, in der Regel einmal im Jahr. Die Angebotserstellung beinhaltet die Angebotsbearbeitung, eine erste Kalkulation und eine Lieferterminbestimmung und mündet im Idealfall in eine Kundenbestellung. Darauf folgt im Rahmen der Auftragsabwicklung die Vorbereitung und Freigabe des Auftrages als auch die Auftragskontrolle. Schließlich beinhaltet der Prozess der Informationsbereitstellung die Pflege von Kundenstammdaten und weitergehenden Kundendetails (vgl. Glaser 1998, S. 119).

	Erweiterung Kundenergebnisrechnung Neufahrzeug um Prozesskostenelemente
	Bruttolistpreise
=	**Umsatz des Kunden**
-	**Erlösschmälerungen**
=	**Nettoerlös des Kunden**
-	**Variable Kosten**
=	**Kundendeckungsbeitrag I m. NDL-Nettomarge**
-	Niederlassungsnettomarge I
=	**Kundendeckungsbeitrag I o. NDL-Nettomarge**
-	Kundenspezifische Frachtmehrkosten
=	**Kundendeckungsbeitrag I o. NDL-Nettomarge nach Abzug Frachtmehrkosten**
-	*Direkte Produktprozesskosten*
=	***Kundendeckungsbeitrag Ia***
-	*Direkte auftragsbezogene Vertriebsprozesskosten*
=	***Kundendeckungsbeitrag Ib***
-	*Direkte kundenbezogene Vertriebsprozesskosten*
=	***Kundendeckungsbeitrag Ic***
-	**Fixkosten**
=	**Kundendeckungsbeitrag II m. NDL-Nettomarge nach Abzug Frachtmehrkosten**
-	Niederlassungsnettomarge II
=	**Kundendeckungsbeitrag II o. NDL-Nettomarge nach Abzug Frachtmehrkosten**

Abb. 5-9: Erweiterung Kundenergebnisrechnung Neufahrzeug Prozesskostenelemente

Die **Ermittlung der Kosteneinflußfaktoren und Bezugsgrößen** erfolgt wie auch bei Glaser durch die Anzahl der Angebote bzw. Aufträge, welche von den drei Hauptfaktoren Absatzprogramm, qualitative Eigenschaften der Erzeugnisse und der Kundenstruktur abhängig sind (vgl. Glaser 1998, S. 120 f). Die Bezugsgrößen der jeweiligen Teilprozesse stellen sich dann wie in Abbildung 5-10 dar.

Für eine genaue und lückenlose Erfassung der oben angeführten Kostentreiber empfiehlt Mödritscher den Einsatz von CRM-Systemen, welche eine Kopplungsmöglichkeit mit dem verwendeten Controllingsystem aufweisen (vgl. Mödritscher 2008, S. 171). Alternativ kann auch in einer ausgereiften und sehr detaillierten Form der in Abschnitt 5.4 erläuterte Kundenmonitor diese Aufgabe übernehmen.

In einem nächsten Schritt gilt es, die Teilprozesse zu Hauptprozessen zuzuordnen. Zum Hauptprozess „akquisitorische Auftragsabwicklung“ sollen hier wie bei Glaser die Angebotserstellung, die Auftragsbearbeitung, Kundenbesuche sowie die Informationsverarbeitung zählen. Dem Hauptprozess „auftragsunabhängige Kundenbetreuung“ werden jegliche Teilprozesse der Kundenbetreuung zugeordnet, die nicht in Zusammenhang mit einem Auftrag stehen. Beispiele dafür sind Prozesse wie der Abschluss eines Rahmenvertrages, die Akquisition neuer Aufträge oder die Gewinnung von Neukunden (vgl. Glaser 1998, S. 130).

Kostenstelle Key Account Management	
Teilprozesse	**Kostentreiber**
Abschluss Rahmenvertrag	Anzahl Rahmenverträge
Angebotserstellung	Anzahl der Angebote
Auftragsbearbeitung	Anzahl der Aufträge
Kundenbesuche	Anzahl der Kundenbesuche
Kunden akquirieren	Anzahl Neukunden
Informationsverarbeitung	Anzahl der Verarbeitungsfälle

Quelle: In Anlehnung an Glaser 1998, S. 124
Abb. 5-10: Kostentreiber der Teilprozesse der Kostenstelle Key Account Management

Bei einer Analyse der Kostenarten fallen für alle Teilprozesse Gehalt und Lohnnebenkosten, Datenverarbeitungskosten, Kosten für Büromaterial, Telefon- und Portokosten sowie Raumkosten an. Im Rahmen des Teilprozesses „Kundenbesuche“ sind des Weiteren die Reisekosten mit einzubeziehen. Diese beinhalten z. B. Fahrtkosten, Kosten für Übernachtung und Spesen. Da diese Kostenarten in der Kostenstelle beeinflusst werden können sind sie für die weitere Kostenplanung relevant. Des Weiteren gilt es im Rahmen der Kundenbetreuung Bewirtungs- und Repräsentationskosten einzubeziehen (vgl. Glaser 1998, S. 133). Eine Zurechnung ist hier entweder zu den Prozessen der Auftragsabwicklung oder der auftragsunabhängigen Kundenbetreuung empfehlenswert, abhängig von der jeweiligen Zuordenbarkeit zu einem Auftrag.

Für den Informationsverlust, der durch die Aggregation der Teilprozesse zu einem Hauptprozess entsteht, die nicht den gleichen Kosteneinflussgrößen unterliegen, können Äquivalenzziffern Anwendung finden. Das heißt, bei der Ermittlung der Hauptprozesskosten (Summe der Kosten der Teilprozesse, die in den Hauptprozess einfließen) sind Hauptprozesskostensätze anzusetzen, indem man die Mengen der Teilprozesse, die dem Hauptprozess zugeordnet werden, mit Äquivalenzziffern bewertet (vgl. Glaser 1998, S. 108).

Die kostenmäßige Bewertung der Teilprozesse in der Kostenstelle Key Account Management kann nun entweder mittels einer technisch-kostenwirtschaftlichen Analyse der einzelnen Teilprozesse erfolgen oder durch eine retrograde Ermittlung der auf jeden einzelnen Teilprozess entfallenden Kosten auf der Basis der absoluten Kostenstellenkosten. Da in diesem Fall die Personalkosten dominieren, können diese über den Arbeitsaufwand einfach auf die einzelnen Teilprozesse aufgeteilt werden. Der Arbeitsaufwand wird dabei in Mitarbeiterjahren gemessen und verläuft proportional zur jeweiligen Maßgröße. Die leistungsmengenneutralen Prozesse werden proportional zur Höhe der Kosten der leistungsmengeninduzierten Prozesse auf diese umgelegt. Bei der Gliederung der Kosten erfolgt hier eine Zuordnung aller Teilprozesse der Kostenstelle Key Account Management zu den leistungsmengeninduzierten Prozesskosten mit Ausnahme der leistungsmengenneutralen Kosten des Teilprozesses „Abteilung leiten". Addiert man beide, erhält man die gesamten Prozesskosten. Teilt man diese Prozesskosten abschließend durch die jeweilige Maßgröße, so erhält man schließlich den Prozesskostensatz (vgl. Glaser 1998, S. 148).

Die Kosten des Prozesses „akquisitorische Auftragsabwicklung" fließen schließlich in die Position „direkte auftragsbezogene Vertriebsprozesskosten", während die des Prozesses „auftragsunabhängige Kundenbetreuung" durch die Position „direkte kundenbezogene Vertriebsprozesskosten" in der Kundenerfolgsrechnung abgebildet werden.

Damit können mit der Prozesskostenrechnung betreuungsintensive Kunden mit höheren Kostenkomponenten belastet werden, was unter Umständen die relative Vorteilhaftigkeit im Gegensatz zur klassischen Kundenerfolgsrechnung deutlich verändert. Des Weiteren kann seitens der Vertriebssteuerung korrigierend eingegriffen werden, indem betreuungsintensive Kunden einer detaillierten Prüfung bezüglich des Aufwandes unterzogen werden.

Nach dieser ausführlichen Darstellung des Neufahrzeuggeschäftes stellt sich die Frage, welche Besonderheiten des Gebrauchtfahrzeuggeschäftes im Rahmen der Kundenerfolgsrechnung zu beachten sind. Dieses wird wesentlich durch Rücknahmen aus dem eigenen Neufahrzeuggeschäft geprägt.

5.2.2.2 Gebrauchtfahrzeuggeschäft

Wie bereits in Unterabschnitt 2.2.2 erläutert, ist es beim Handel mit Gebrauchtfahrzeugen Usus, netto zu verkaufen, d.h. der **Nettoerlös** entspricht dem **Umsatz** und somit dem Preis, den der Kunde bezahlt (vgl. Abbildung 5-11). Dies impliziert, dass Rabatte und sonstige Erlösschmälerungen nicht anfallen. Sollte man von diesem Geschäftsgebaren abweichen wollen, empfiehlt sich analog zum Neufahrzeugbereich aus Unterabschnitt 5.2.2.1 vom Umsatz Rabatte, sonstige Erlösschmälerungen und abgeführte Provisionen an Dritte in Abzug zu bringen.

	Kundenergebnisrechnung Gebrauchtfahrzeug
	Umsatz des Kunden
=	**Nettoerlös des Kunden**
-	**Hereinnahmewert Gebrauchtfahrzeug**
+	**Überbewertung Gebrauchtfahrzeuge (Trade In, Buy Back)**
-	**Variable Kosten**
	+ Garantiekosten
	+ Kosten für Aufbereitung und Instandsetzung
	+ Marktkulanz
-	**Sonstige Vertriebskosten**
-	**Verkäuferprovison Gebrauchtfahrzeug**
=	**Kundendeckungsbeitrag I**
-	**Fixkosten Gebrauchtfahrzeug**
=	**Kundendeckungsbeitrag II**

Abb. 5-11: Kundenergebnisrechnung Gebrauchtfahrzeug

Danach wird zur Berechnung des **Kundendeckungsbeitrag I** zuerst der **Hereinnahmewert** des Gebrauchtfahrzeuges in Abzug gebracht. Zum Kostenausgleich wird dann die Position **Überbewertung für Trade In- und Buy Back-Geschäfte** angesetzt. Sie dient dem wertschöpfungskettenübergreifenden Ausgleich der Kundenergebnisrechnung, da es sich hierbei um Kosten im Neufahrzeugbereich handelt und um Erlöse im Bereich des Gebrauchtfahrzeuggeschäftes. Die Überbewertung wird damit dem Neufahrzeugkunden belastet. Der Kauf des Gebrauchtfahrzeuges bleibt hiervon jedoch unberührt, dieser soll dem Gebrauchtfahrzeugkäufer zugerechnet werden.

Nicht damit zu verwechseln ist die Situation des Restwertverfalls, d.h. wenn der erzielbare Marktpreis geringer ist als der garantierte Restwert vermindert um die Überbewertung (auch bezeichnet als Drohverlust). In dieser Situation muss es zu einer Anpassung des Hereinnahmewertes und der Überbewertung kommen, um den Gebrauchtfahrzeugkunden nicht ohne sein Verschulden zu belasten.

Auch müssen im Gebrauchtfahrzeuggeschäft die **variablen Kosten** in Form von **Garantiekosten** des betreffenden Fahrzeuges in Abzug gebracht werden. Hierbei sollte wie auch im Neufahrzeugbereich stets ein Planwert verwendet werden (siehe Unterabschnitt 5.2.2.1), um Konsistenz bezüglich der Vorgehensweise über die gesamte automobilwirtschaftliche Wertschöpfungskette sicherzustellen. Des Weiteren sind hier die Kosten für die Aufbereitung und Instandsetzung zu berücksichtigen. Daneben sind **sonstige Vertriebskosten** wie beispielsweise die Überführung des Gebrauchtfahrzeuges vom Neufahrzeug-Händler bzw. der Niederlassung zum Gebrauchtwagenhändler zu berücksichtigen. Abschließend muss noch die **Verkäuferprovision** des Gebrauchtfahrzeuggeschäftes beachtet werden. Von dem so erhaltenen Kundendeckungsbeitrag I müssen schließlich die **Fixkosten** subtrahiert werden. Sie können mittels eines Fixkostenzuschlagssatzes auf den Nettoerlös ermittelt werden. Nach der Subtraktion jener Fixkosten ergibt sich dann der **Kundendeckungsbeitrag II**. Eine Niederlassungsmarge wie im Neufahrzeugbereich muss hier nicht angesetzt werden, da wie oben angeführt von einer separaten Vertriebsform für Gebrauchtfahrzeuge ausgegangen wird. Auf diese Vorgehensweise der Kundenergebnisrechnung des Gebrauchtfahrzeuggeschäftes folgend soll nun die Geschäftsart After-Sales mit den Bereichen Serviceverträge, Werkstatt- und Teilegeschäft näher betrachtet werden.

5.2.2.3 After-Sales

5.2.2.3.1 Serviceverträge

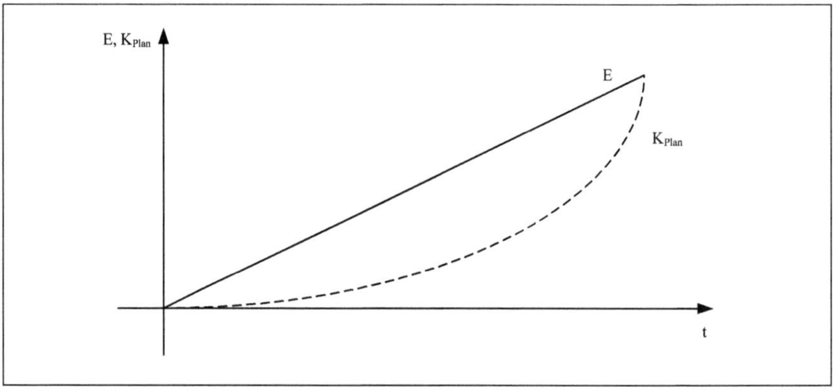

Abb. 5-12: Planverlauf Servicevertrag

Grundlegend sind Serviceverträge, wie in Abbildung 5-12 dargestellt, so kalkuliert, dass sich Erlöse und Kosten zum Ende der Vertragslaufzeit gegenseitig aufheben (vgl. Propach 2008). Jedoch soll dies nicht heißen, dass ein Servicevertrag kein Ertrag generierendes Produkt für einen Automobilhersteller ist. Der Servicevertrag dient als Instrument zur Bindung des Kunden an die Werkstätten des Herstellers, schafft damit eine höhere Auslastung in diesen Servicebetrieben und bindet den Kunden an Originalteile, welche Erträge generieren. Hierfür muss vor dem Start des Servicevertrages selbstverständlich mit Plankosten gerechnet werden, welche erst nach und nach durch Istkosten ersetzt werden können Es ist eingängig, dass die Kosten eines Servicevertrages mit dem nahenden Ende ansteigen, da hier sowohl das Fahrzeug bereits älter ist, als aber auch der Kunde tendenziell dazu neigt, nochmals sein Fahrzeug im Rahmen dieses Servicevertrages maximal „aufzufrischen“ (vgl. Propach 2008). Nun bieten sich bei einem Servicevertrag prinzipiell verschiedene Möglichkeiten, den Kostenanfall im

Rahmen der Kundenerfolgsrechnung zu berücksichtigen. Die erste Möglichkeit ist die Berücksichtigung der Kosten im Zeitpunkt des Anfallens. Da jedoch der Kostenschwerpunkt am Ende der Vertragslaufzeit liegt, wird damit der Kunde lange Zeit zu positiv dargestellt. Eine Alternative hierzu ist die Berücksichtigung der Ergebnisse der gesamten Vertragslaufzeit zum Zeitpunkt des Vertragsabschlusses. Nachteilig dabei ist, dass Ergebnisse, bereits bevor sie tatsächlich auftreten, ausgewiesen werden und es zu rückwirkenden Änderungen im Ergebnis durch einen Vertragsabbruch oder Prognoseabweichungen kommen kann. Es empfiehlt sich daher eine gleichmäßige Verteilung aller Vertragsergebnisse über die Gesamtlaufzeit. Darüber hinaus ist es hilfreich Serviceverträge erst nach Ablauf des ersten Jahres in die Betrachtung mit aufzunehmen, da sie ansonsten im Fall eines Schadens auf Grund einer zu kleinen Stichprobe in der Gesamtergebnisbetrachtung zu negativ dargestellt werden würden.

Grundlegend ergibt sich der **Umsatz** bei einem Servicevertrag aus den vom Kunden zu entrichtenden konstanten monatlichen Raten. Da jedoch wie erläutert der Servicevertrag erst ab dem dreizehnten Monat in der Ergebnisrechnung erscheinen sollte, empfiehlt es sich nun, eine entstehungsgerechte Kostenumlage auf die Restlaufzeit einzusetzen. Hierfür bietet sich eine Aufteilung in **Ist-Erlöse** und **zukünftige erwartete Erlöse** an. Die Ist-Erlöse sollten dabei ermittelt werden, indem die bis dato erhaltenen Kundeneinzahlungen durch die Restlaufzeit geteilt werden. Ab dem 13. Monat gilt es hierbei zusätzlich, den bereits in der Kundendeckungsbeitragsrechnung ausgewiesenen Betrag von den erhaltenen Kundeneinzahlungen in Abzug zu bringen. Die zukünftigen erwarteten Erlöse ergeben sich analog, als Basis müssen hier lediglich anstatt den erhaltenen Kundeneinzahlungen die Erlöse über die Gesamtlaufzeit vermindert um die bereits erhaltenen Kundeneinzahlungen herangezogen werden.

Ein **Nachlass** kann einerseits in Form einer Senkung dieser fälligen monatlichen Rate gewährt werden. Andererseits können Nachlässe in Form einer Unterstützung seitens des Neufahrzeugbereiches anfallen. Diese wird, wie bereits in Unterabschnitt 5.2.2.1 erläutert, im Neufahrzeugbereich im Rahmen des Nachlasses in Abzug gebracht. Der sich damit ergebende Nettoerlös muss nun im weiteren Verlauf um die gesamten anfallenden **variablen Kosten** geglättet werden. Dabei sollen zum Einen die bereits realisierten variablen Istkosten subtrahiert werden, zum Anderen aber auch ein Planwert für noch eventuell ausstehende Kostenpositionen. Die Ermittlung des Plankostenverlaufes zur Hälfte mittels einer „Cost-based"-Prognose, zur anderen Hälfte mittels einer „Revenue-based-Prognose" hat sich hierbei in der Vergangenheit als statistisch valide erwiesen. Die „Cost-based"-Prognose rechnet die prozentuale Abweichung der aktuellen Istkosten von den zeitanteiligen Plankosten auf den Laufzeit-

Endwert hoch. Dabei wird unterstellt, dass die Istkosten-Abweichung permanenter Art ist. Die „Revenue-based"-Prognose dagegen nimmt die absolute Abweichung der aktuellen Istkosten von den zeitanteiligen Plankosten und addiert diese auf den Laufzeit-Endwert. Dabei wird unterstellt, dass die Istkosten-Abweichung einmaligen Charakter hat. Sollten dann die Reparaturkosten an einem beliebigen Zeitpunkt während der Vertragslaufzeit die Plankosten übersteigen, erfolgt eine Anpassung.

	Kundenergebnisrechnung Serviceverträge
	Ist-Erlöse
+	**Erwartete zukünftige Erlöse**
=	**Umsatz**
+	**Interne Subventionierung**
-	**Nachlass**
=	**Nettoerlös**
-	**Variable Kosten**
	+ Ist-Kosten
	+ Erwartete zukünftige Kosten
	+ 0.5 * Erwartete zukünftige Einzelkosten (Revenue based)
	+ 0.5 * Erwartete zukünftige Einzelkosten (Cost based)
=	**Kundendeckungsbeitrag I**
-	**Verwaltungskosten**
	+ Bearbeitungsgebühr
	+ Verkäuferprovision
=	**Kundendeckungsbeitrag II**

Abb. 5-13: Kundenergebnisrechnung Serviceverträge

Zur Veranschaulichung soll dieser Sachverhalt nochmals an einem Beispiel dargestellt werden: In Abbildung 5-14 überschreiten in t1 die Reperaturkosten z. B. mit 1500 Euro die Plankosten in Höhe von 1000 Euro. Darauf erfolgt eine Anpassung der erwarteten bisherigen zukünftigen Kosten in Höhe von 3000 Euro. Diese erfolgt, indem man nach der „Cost-Based"-Prognose 50 Prozent von der prozentualen Plankostenabweichung in Höhe von hier wiederum 50 Prozent mit den 3000 Euro multipliziert und damit nach der „Cost-based"-Prognose 750 Euro anpasst. Schließlich müssen noch 50 Prozent von den 500 Euro Kostenabweichung entsprechend der „Revenue-based"-Prognose addiert werden (= 250 Euro). So ergibt sich ein korrigierter Plankostenwert in Höhe von 4000 Euro (= 3000 Euro + 750 Euro + 250 Euro).

Vom so erhaltenen **Kundendeckungsbeitrag I** werden in einem finalen Schritt **Verwaltungskosten** in Form einer Bearbeitungsgebühr und einer Verkäuferprovision in Abzug gebracht, um einen **Kundendeckungsbeitrag II** auszuweisen.

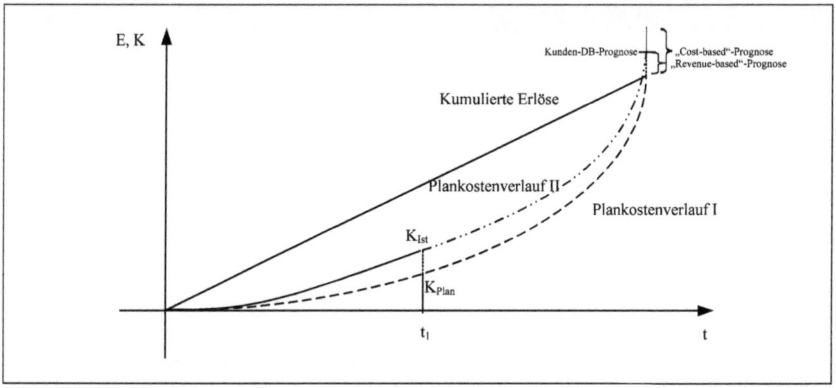

Abb. 5-14: Kostenanpassung Servicevertrag

Zur Plausibilisierung des Gesamtjahresergebnisses muss bei den Serviceverträgen eine Ausweismöglichkeit der Werte per Heute eingeführt werden. Hierfür soll folgender Rechenweise gefolgt werden (wiederum mit einer Betrachtung des Servicevertrages nach Ablauf des ersten Jahres):

$$Wert\ per\ Heute = \frac{Wert\ per\ Vertragsende}{Anzahl\ zu\ wertende\ Monate} * Gewertete\ verstrichene\ Monate \tag{5.3}$$

mit:

Anzahl zu wertende Monate: Laufzeit des Servicevertrages – 12

Gewertete verstrichene Monate: Gelaufene Zeit - 12

Die weiter oben bereits erläuterten nicht betrachteten ersten zwölf Monate werden dabei wiederum jeweils in Abzug gebracht, um den damit ausstehenden Betrag auf die Restlaufzeit umzulegen. Wird mit einem Servicevertrag über 36 Monate zum Vertragsende exemplarisch ein Kundendeckungsbeitrag I in Höhe von 1000 Euro generiert, so ergibt sich nach 24 Monaten ein Kundendeckungsbeitrag I per Heute von 500 Euro.

$$Kundendeckungsbeitrag\ I\ per\ Heute = \frac{1000€}{(36-12)} * (24-12) = 500\ € \tag{5.4}$$

Um Kunden nun bezüglich ihrer laufenden Serviceverträge vergleichbar zu machen, ist dringend die Betrachtung des jeweils relevanten Ergebnisgrößenwertes per Vertragsende zu empfehlen. Ansonsten kann es bei einer Betrachtung vor dem Vertragsende des Servicevertrages allein durch differierende Startzeiten zu Fehlentscheidungen führen, obwohl es sich im Extremfall um identische Verträge handelt. Diese Problematik soll nochmals mittels des folgenden Beispiels in Abbildung 5-15 mit fiktiven Zahlenwerten verdeutlicht werden.

	Kunde A	Kunde B
Ausgangssituation	- Servicevertrag über ein Fahrzeug - Laufzeit 48 Monate -Deckungsbeitrag I pro Monat 200 € - Start 1.Januar - Kunden-Deckungsbeitrag I per Dezember: 2.400 €	- Servicevertrag über ein Fahrzeug - Laufzeit 48 Monate - Deckungsbeitrag I pro Monat 200 € - Start 1.Oktober - Kunden-Deckungsbeitrag I per Dezember: 600 €
Problem	Durch den späteren Start im Jahr zeigen zwei komplett identische Verträge unterschiedliche Ergebnisse und können so zu Fehlentscheidungen führen	
Lösung	Einfügen Kennzahl Kunden-Deckungsbeitrag I per Vertragsende: Kunden-Deckungsbeitrag I per Vertragsende bei beiden Verträgen 9600 €	

Abb. 5-15: Beispiel Ergebnisgröße per Vertragsende

Neben den betrachteten Serviceverträgen ist selbstverständlich das Werkstattgeschäft eine wichtige Säule im After-Sales-Geschäft. Hier können Erträge relativ konjunkturunabhängig generiert werden.

5.2.2.3.2 Werkstattgeschäft

	Kundenergebnisrechnung Werkstatt
=	**Umsatz des Kunden**
-	**Nachlass absolut**
=	**Nettoerlös des Kunden**
-	**Variable Kosten Werkstatt** + Arbeitslöhne + Arbeitsmaterial
=	**Kundendeckungsbeitrag I**
-	**Fixkosten Werkstatt** + Materialkosten + Werkstattkosten + Verwaltungskosten
-	**Verwaltungskosten Zentrale**
-	**Fixkosten Vertrieb und Marketing** + Fixkosten Vertriebsgesellschaft + Marketingkosten Vertriebsgesellschaft
=	**Kundendeckungsbeitrag II**

Abb. 5-16: Kundenergebnisrechnung Werkstattgeschäft

Beim Werkstattgeschäft ist wiederum grundlegend ein **Umsatz** ausweisbar, von dem Erlösschmälerungen in Form eines **Nachlasses** in Abzug gebracht werden. Vom so erhaltenen Nettoerlös werden nun die variablen Kosten der Werkstatt in Abzug gebracht. Diese setzen sich aus **Arbeitslöhnen** und Arbeitsmaterial zusammen. Erstere ermitteln sich durch Multiplikation der Arbeitszeit mit dem jeweiligen Stunden-Verrechnungssatz. **Arbeitsmaterial** wird mit den Herstellkosten angesetzt. Um nun vom damit ermittelten Kundendeckungsbeitrag I zum Kundendeckungsbeitrag II zu gelangen, müssen **Fixkosten der Werkstatt** mittels

Fixkostensätzen subtrahiert werden. Hier sind zum Einen Materialkosten für die Beschaffung, Disposition, Warenprüfung und Lagerung anzusetzen, zum Anderen Werkstattkosten wie indirekte Löhne (z. B. Gehalt Werkstattleiter, Serviceberater), Gebäude-/Raumkosten, Instandhaltungskosten, Schulungskosten für Mitarbeiter, Kosten für Werkzeuge und Diagnosegeräte sowie Verwaltungskosten der Werkstatt zu erfassen. Daneben gilt es auch **Verwaltungskosten der Zentrale** in Abzug zu bringen. Schließlich gilt es auch noch die **Vertriebs- und Marketingkosten** analog zum Neufahrzeugbereich mit einer Absatz-Umsatz-Halbe-Schlüsselung in Abzug zu bringen um einen Kundendeckungsbeitrag II ausweisen zu können.

Als letzte Komponente des After-Sales gilt es nun auch noch das Ersatzteilegeschäft im Rahmen der Kundenerfolgsrechnung abzubilden. Auch bei diesem handelt es sich um ein sehr lukratives Geschäftsfeld.

5.2.2.3.3 Ersatzteilegeschäft

Das Ersatzteilegeschäft ist zu 85 Prozent angekoppelt an das Werkstattgeschäft und damit ist eine Zuordnung der Teile auf den einzelnen Kunden bzw. das Fahrzeug grundlegend denkbar. Lediglich bei den verbleibenden 15 Prozent handelt es sich um ein Thekengeschäft, d.h. es werden Absätze nicht auf Kundenebene gespeichert und sind in der Folge auch nicht diesem zurechenbar (vgl. Propach 2008). Abhilfe kann hier eine Kundenkarte schaffen. „Eine **Kundenkarte** ist ein Identifikationsbeleg, i.d.R. in Form einer normierten Plastikkarte, den ein Unternehmen oder eine Unternehmensgruppe unter eigenem Namen an Verbraucher ausgibt. Durch die technische Integration der Kundenkarte in Hard- und Softwarekomponenten für die Datenerfassung, -speicherung, -übertragung und –verarbeitung entsteht ein Kundenkartensystem“ (Mohme 1993, S. 22). Man unterscheidet Karten mit und ohne Zahlungs- oder Kreditfunktion sowie Rabatt- und Clubkarten (vgl. Mohme 1993, S. 22). Die primären Ziele sind dabei die Erhöhung der Kundenbindung, die Schaffung von Kommunikationsmöglichkeiten zwischen dem Unternehmen und dem Kunden sowie der Aufbau einer Kundendatenbank, die Transaktions- und Kundendaten zur informatorischen Unterstützung jeglicher Unternehmensbereiche verknüpft (vgl. Markhoff 1991, S. 9; Butscher 1998, S. 112). Problematisch an diesem letztgenannten Ziel und zugleich des Einsatzzieles bei der vorliegenden Arbeit ist, dass die Datenbank jeweils nur Informationen von Kunden enthält, die eine Kundenkarte besitzen (vgl. Schweitzer 2003, S. 25). Daher gilt es, die Verbreitung und Akzeptanz einer Kundenkarte mittels attraktiver Leistungen und Bonusprogrammen zu erhöhen. Als Treiber der Teilnahme- und Nutzungsakzeptanz identifizierte Hoffmann hier vor allem finanzielle Vorteile. Service- und Anerkennungs-/Prestigevorteile spielen demnach eine untergeordnete Rolle (vgl.

Hoffmann 2008, S. 250). Problematisch ist bei Kundenkarten, dass es durch die Vielzahl der von Wettbewerbern nahezu identisch ausgestalteten Kundenkartenprogrammen zunehmend zu Sättigungseffekten kommt (vgl. Hoffmann 2008, S. 61). In der folgenden Abbildung 5-17 ist die MercedesService-Card als ein Beispiel für eine Kundenkarte dargestellt.

	MercedesService Card	MercedesService Card mit UTA Full Service Leistungen
Leistungen	• Jegliche Wartungs- und Reparaturarbeiten sowie Ersatzteile bei nahezu allen Mercedes-Benz- Werkstätten in Europa mit garantiertem Obligo beziehen (d.h. keine Obligoanfrage an Heimatwerkstatt) • Bei Abwicklung von Werkstattleistungen über MercedesService Card Gewährung von Zahlungsziel von 60 Tagen für deutsche Kunden • Bonusgutschrift von 1 Prozent auf alle in Anspruch genommenen Werkstattleistungen für deutsche Kunden • Abrechnungssystem als universelles Zahlungs-, Planungs- und Kontrollinstrument für Kunde inkl. Hilfe bei Umsatzsteuer-rückerstattung • 14-tägige Rechnungsstellung • Elektronische Datenübermittlung	zusätzlich zu den MercedesService Card-Leistungen: • Flächendeckendes, markenübergreifendes Stationsnetz mit europaweit über 24.000 Tankstellen • Nutzung der Fuhrparkcontrolling-Software UTA Spar&Fahr® Pro • Euro-Vignetten-Service, Fahrzeug-Reinigungs-Service, Fähr- und Fahrzeugbegleit-Service, Grenzabfertigungs-Service, Kühlssystem-Service, Kombi-Verkehr-Service, Tunnel-Service, Reifen-Service, Maut-Service, Pannen- und Notfall-Service (alle Leistungen meist in Form von Zahlungsmöglichkeit mittels MercedesService Card)
Besonderheiten / Extras	• MercedesService Card ist fahrzeugbezogen und kann ausschließlich für die Bezahlung fahrzeugbezogener Leistungen verwendet werden	
Jahresgebühr / sonstige Kosten	• Keine Kartengebühr, kein Mindestumsatz	• Keine Kartengebühr, kein Mindestumsatz, extra Dieselkonditionen, keine Serviceaufschläge in Daimler-Betrieben

Quelle: Daimler AG 2009a

Abb. 5-17: Beispiel Kundenkarte MercedesService Card

Den Ausführungen folgend ist es nur sinnvoll, das Thekengeschäft in die Kundenerfolgsrechnung für einen aussagekräftigen Vergleich zu integrieren, wenn die absolute Mehrheit der Kunden bzw. mindestens der Großkunden am Kundenkartensystem aktiv teilnimmt. Ist dies der Fall, kann, wie bei der Mehrheit der Teileumsätze, das Berechnungsschema in Abbildung 5-18 verwendet werden.

Kundenergebnisrechnung Teile
Umsatz des Kunden
- **Nachlass absolut**
+ Grund- und Zusatzrabatte laut Rabattgruppe
+ Sonderrabatte für absatzfördernde Maßnahmen
- **Preisaussetzung**
- **Weiterberechnete Fixkosten**
= **Nettoerlös des Kunden**
- **Variable Kosten**
+ Fertigungsmaterial
- **Kosten für Währungssicherung**
- **Variable Kosten Vertriebsgesellschaft**
+ Fertigungslöhne
+ Fertigungsmaterial
+ Garantie und Kulanz
= **Kundendeckungsbeitrag I**
- **Fixkosten Vertrieb und Marketing**
+ Fixkosten Vertriebsgesellschaft
+ Marketingkosten Vertriebsgesellschaft
- **Forschungs- und Entwicklungskosten**
= **Kundendeckungsbeitrag II**

Abb. 5-18: Kundenergebnisrechnung Teile

Die Ausgangsbasis bildet bei der Kundenergebnisrechnung des Ersatzteilegeschäftes wiederum der **Umsatz**. Hiervon wird sodann der Nachlass in Abzug gebracht. **Grund- und Zusatzrabatte** werden beim Teilegeschäft selbstverständlich nicht individuell angesetzt, sondern ein Kunde wird z. B. auf Grund seines Abnahmevolumens einer Rabattgruppe zugeordnet. **Sonderrabatte** fallen hier nur im Rahmen spezieller absatzfördernder Maßnahmen an. Die Gewährung einer **Preisaussetzung** erfolgt analog zum Neufahrzeuggeschäft in Unterabschnitt 5.2.2.1. Schließlich müssen zur Berechnung des Nettoerlöses **weiterberechnete Fixkosten** wie Frachtkosten zum jeweiligen Absatzmittler, aber auch Mehrkosten für spezielle Teileverpackungen, in Abzug gebracht werden.

In der Folge werden variable Kosten lediglich in Form von **Fertigungsmaterial** subtrahiert. Fertigungslöhne fallen hier im Normalfall bei Nutzfahrzeugherstellern nicht an, da Ersatzteile überwiegend bei Zulieferern gefertigt werden. Danach werden die **Kosten der Währungssicherung** sowie **variable Kosten der Vertriebsgesellschaft** in Form von Löhnen für Lagerarbeiter, Verpackungskosten und Frachtkosten subtrahiert. Zur Ermittlung des Ergebnisses müssen abschließend die **Fix- und Marketingkosten der Vertriebsgesellschaft** für das Teilegeschäft als auch die **Forschungs- und Entwicklungskosten** berücksichtigt werden. Für die Ermittlung dieser empfiehlt sich wiederum eine Absatz-Umsatz-Halbe-Schlüssellung analog zum Neufahrzeuggeschäft (vgl. Unterabschnitt 5.2.2.1).

5.2.2.4 Finanzdienstleistungen

	Kundenergebnisrechnung Finanzdiensleistungen	
	Condition Contribution	
		Laufzeit
		Condition Contribution Margin
		Finanzierter Betrag
-	**Händlerprovision**	
+	**Vertragsbezogene Erlöse**	
+	**Equity Advantage**	
		Laufzeit
		Condition Contribution Margin * EK-Anteil
		Finanzierter Betrag
-	**Kreditrisikokosten**	
		Kreditrisikorate * Laufzeit * Durchschnittlich gebundenes Kapital
=	**Kundendeckungsbeitrag I**	
-	**Fixkosten**	
=	**Kundendeckungsbeitrag II**	

Abb. 5-19: Kundenergebnisrechnung Finanzdienstleistungen

Bei Finanzierungs- bzw. Leasingverträgen wird grundlegend ein Umsatz ausgewiesen, jedoch ist seine Sinnhaftigkeit zu hinterfragen, da es sich um eine aus verschiedenen Komponenten aggregierte Rate handelt. So muss diese den Kundenzins, den Refinanzierungszins als auch die Kreditrisikokosten decken. **Nachlässe** können hier in Form von Zinssatzsenkungen bzw. Quersubventionierungen aus dem Neufahrzeuggeschäft erfolgen. Diese Quersubventionierungen schlagen sich auch wiederum in Form einer Kundenzinssatzsenkung nieder. Daneben ist der Nettoerlös bei einer Bank keine relevante Steuerungsgröße, sondern es wird vielmehr mit prozentualen Größen gearbeitet wie z. B. dem Return on Equity, welcher sich ergibt, indem man den Gewinn durch das Eigenkapital dividiert (vgl. Lee/Lee 2006, S. 1737). Zur Berechnung des Kundendeckungsbeitrages I wird daher grundlegend die **Condition Contribution** herangezogen. Sie setzt sich zusammen aus der Differenz der Summe aller absoluten Kundenzinszahlungen eines Geschäftes und der Summe der Refinanzierungszinszahlungen. Bei der Ermittlung der Condition Contribution kann z. B. der zum Zeitpunkt der Vertragsaktivierung gültige Refinanzierungszinssatz zu Grunde gelegt werden. Im Zeitverlauf kann so dann eine Aktualisierung dessen erfolgen oder aus Vereinfachungsgründen auf eine Anpassung an geänderte Refinanzierungskonditionen verzichtet werden. Insofern ist die Condition Contribution ein kalkulatorischer Wert. Die **Condition Contribution Margin** dagegen ist die Differenz aus Kunden- und Refinanzierungszinssatz. Der Refinanzierungszinssatz ergibt sich durch Addition des Leitzinses und eines bankspezifischen Aufschlagssatzes (Funding Spread). Die Condition Contribution Margin gibt die Marge aus dem Finanzierungsgeschäft in Prozentpunkten an. Zur Berechnung der monatlichen Rate wird hier klassisch die Annuitätenformel angewandt (vorschüssig). Bei unterjährigen Annuitäten ist der Zinsfaktor entsprechend anzupassen. Der zu finanzierende Betrag ist dabei der Anschaffungswert (vgl. Formel 5.5).

$$A = K_o * \frac{i*(1+i)^n}{(1+i)^n-1} \qquad (5.5)$$

mit:

A: Höhe der Annuität

K_o: Kreditsumme

i: Zinssatz

n: Anzahl der Jahre

Quelle: vgl. Lüscher-Marty 2007, S. 3.03

Die Tilgungsrate im Zeitpunkt t (T_t) ergibt sich wie folgt (vgl. Lüscher-Marty 2007, S. 3.03):

$$T_t = K_o * \frac{i*(1+i)^{t-1}}{(1+i)^n-1} \qquad (5.6)$$

Der Zinsbetrag im Zeitpunkt t (Z_t) berechnet sich mit (vgl. Lüscher-Marty 2007, S. 3.04):

$$Z_t = K_o * \frac{i*[(1+i)^n-(1+i)^{t-1}]}{(1+i)^n-1} \qquad (5.7)$$

Die Restschuld im Zeitpunkt t (R_t) ergibt sich schließlich durch (vgl. Lüscher-Marty 2007, S. 3.04):

$$R_t = K_o * \frac{(1+i)^n-(1+i)^t}{(1+i)^n-1} \qquad (5.8)$$

In Abbildung 5-20 soll dieser Sachverhalt an Hand eines Beispiels mit fiktiven Zahlenwerten nochmals verdeutlicht werden. Ausgehend von einem zu finanzierenden Betrag von 100.000 Euro mit einer Laufzeit von 12 Monaten und einem Kundenzinssatz von 5 Prozent ergibt sich eine monatliche Rate von 8525,39 Euro. Analog berechnet sich die Annuität für die Refinanzierung bei einem Refinanzierungszinssatz von 3,99 Prozent in Höhe von 8486,37 Euro. Zinszahlungen und Refinanzierungszinszahlungen sind zur Veranschaulichung je Monat absolut und kumuliert dargestellt. Subtrahiert man nun die Summe der Refinanzierungszahlungen von der Summe der Zinszahlungen ergibt sich eine Condition Contribution in Höhe von 468,29 Euro (= 2304,73 Euro – 1836,44 Euro).

Monat	Annuität A	Zins Z_t	Kumulierter Zins	Tilgungsrate T_t	Restschuld R_t	Refinanzierungs-zinszahlungen	Kumulierte Refinanzierungs-zinszahlungen	Restschuld Refinanzierung
0					100000,00			100000,00
1	8525,39	381,48	381,48	8143,92	91856,08	304,39	304,39	91818,02
2	8525,39	347,51	728,99	8177,88	83678,20	277,17	581,56	83608,82
3	8525,39	313,41	1042,40	8211,99	75466,21	249,87	831,43	75372,32
4	8525,39	279,16	1321,56	8246,23	67219,98	222,47	1053,90	67108,42
5	8525,39	244,77	1566,33	8280,62	58939,36	194,99	1248,89	58817,04
6	8525,39	210,24	1776,57	8315,15	50624,21	167,41	1416,30	50498,08
7	8525,39	175,56	1952,14	8349,83	42274,38	139,74	1556,03	42151,45
8	8525,39	140,74	2092,88	8384,65	33889,73	111,98	1668,01	33777,05
9	8525,39	105,78	2198,66	8419,62	25470,11	84,12	1752,13	25374,80
10	8525,39	70,66	2269,32	8454,73	17015,38	56,17	1808,30	16944,61
11	8525,39	35,41	2304,73	8489,99	8525,39	28,13	1836,44	8486,37
12	8525,39	0,00	2304,73	8525,39	0,00	0,00	1836,44	0,00
Summe	102304,73	2304,73		100000,00		1836,44		

Abb. 5-20: Beispiel Berechnung Condition Contribution

Nach der Ermittlung der Condition Contribution sollte nun die **Händlerprovision** für das Finanzierungs- bzw. Leasinggeschäft subtrahiert werden. Weiterhin müssen **vertragsbezogene Erlöse** wie z. B. Provisionen für die Vermittlung einer Versicherung einbezogen werden.

Generell ist eine Bank durch Basel II[7] zu gewissen Eigenkapitelhinterlegungen verpflichtet. Dieser Sachverhalt schlägt sich selbstverständlich auch in einer Kundenergebnisrechnung nieder. Auf Grund der Mindesteigenkapitalanforderung müssen nicht direkt 100 Prozent des zu finanzierenden Betrages refinanziert werden, was im Folgenden als **Equity Advantage** bezeichnet werden soll. Dieser berechnet sich, indem man die Condition Contribution Margin mit dem Eigenkapital multipliziert und den so erhaltenen Wert mit dem finanzierten Betrag multipliziert und abschließend analog zur Berechnung der Condition Contribution aufzinst. Durch eine retrograde Addition wird dieser Eigenkapitalvorteil so wieder ausgeglichen.

Um nun einen **Kundendeckungsbeitrag I** auszuweisen, sind abschließend auch **Kreditrisikokosten** in Form von kalkulatorischen Kosten in Abzug zu bringen. Sie ergeben sich, indem man die individuelle Kreditrisikorate des Kunden mit der Laufzeit und dem durchschnittlich gebundenen Kapital multipliziert. Die Kreditrisikorate ist durch das Rating des Kunden determiniert (vgl. Unterabschnitt 4.2.3.5). Möchte man hier auch ein Ergebnisflimmern zulassen, so sinken diese auf Grund der geringeren Restlaufzeit mit dem Fortschreiten des Vertrages.

Für den **Kundendeckungsbeitrag II** gilt es schlussendlich, **Fixkosten** der Bank zu subtrahieren. Da diese nicht der einzelnen Finanzierung bzw. dem einzelnen Kunden zugeordnet wer-

---

7 Basel II ist die Kreditvergaberichtlinie für Banken, aufgesetzt vom Basler Ausschuss für Bankenaufsicht. Sie beinhaltet Vorgaben bezüglich Mindestkapitalanforderungen, notwendigen Überprüfungsverfahren und Offenlegungspflichten (vgl. Cluse et al. 2005, S. 19 ff.).

den können, empfiehlt sich der Ansatz einer Fixkostenrate, welche man wiederum mit der Laufzeit und dem durchschnittlich gebundenen Kapital multipliziert.

Auch hier ist wiederum eine im Fall der Serviceverträge bereits erläuterte Unterscheidung der Ergebnisgrößen in Werte per Heute und per Vertragsende hilfreich (siehe Unterabschnitt 5.2.2.3.1). Nach dieser detaillierten Vorstellung einer möglichen Vorgehensweise der Kundenerfolgsrechnung als retrospektive Komponente im Rahmen des Kundenwertsystems soll im nächsten Abschnitt nun ein Kundenkapitalwert-Modell zur Abbildung des Entwicklungspotenziales eines Kunden dargelegt werden.

5.3 Entwicklung eines Kundenkapitalwertes

5.3.1 Vorgehensweise

Bei dem im Folgenden zu entwickelnden Kundenkapitalwert-Modell soll es nicht darum gehen, den zukünftigen Ergebnisbeitrag in Form des Entwicklungswertes mit einem Kunden exakt abzubilden (vgl. Unterabschnitt 4.2.2.1). Zu viele einzel- als auch gesamtwirtschaftliche Einflussgrößen bestimmen diesen zukünftigen Ergebnisbeitrag des einzelnen Kunden für das Unternehmen, so dass dieses Begehren dem Lesen einer Glaskugel nahe kommen würde. Vielmehr soll das Modell den pragmatischen Anspruch erfüllen, einen Indikator bzw. Wegweiser in Form eines Erwartungswertes neben den noch in Abschnitt 5.4 zu definierenden qualitativen Faktoren für die zukünftige Entwicklung des Kunden zu bilden.

Als Ausgangsbasis für das Customer Lifetime Value-Modell soll die aus der Investitionsrechnung stammende **Kapitalwertmethode** gewählt werden, welche in der einschlägigen Literatur überwiegend angewendet wird.

$$CLV = \sum_{t=0}^{n} \frac{e_t - a_t}{(1+i)^t} \qquad (5.9)$$

mit:

e_t: erwartete Einnahmen aus der Geschäftsbeziehung in der Periode t

a_t: erwartete Ausgaben aus der Geschäftsbeziehung in der Periode t

i: Kalkulationszinsfuss

t: Periode

n: Dauer der Geschäftsbeziehung

Quelle: Mödritscher 2008, S. 188

Im Rahmen der integrierten Betrachtung müssen hier natürlich jegliche Teile der automobilen Wertschöpfungskette Einzug finden. Um im späteren Verlauf jedoch auch eine Auswertungsmöglichkeit bezüglich des CLV je Geschäftsart zu ermöglichen, sollte dieser nicht ausschließlich in Form eines einzigen Kapitalwertes definiert werden, sondern vielmehr auch auf der Ebene des individuellen Wertschöpfungskettenteiles ermittelbar sein. Dieser Sachverhalt manifestiert sich in folgender Formel:

$$CLV_{WSK} = \underbrace{\sum_{t=0}^{n} \frac{e_{t_N} - a_{t_N}}{(1+i)^t}}_{Neufahrzeug\,(N)} + \underbrace{\sum_{t=0}^{n} \frac{e_{t_G} - a_{t_G}}{(1+i)^t}}_{Gfz\,(G)} + \underbrace{\sum_{t=0}^{n} \frac{e_{t_A} - a_{t_A}}{(1+i)^t}}_{After\text{-}Sales\,(A)} + \underbrace{\sum_{t=0}^{n} \frac{e_{t_F} - a_{t_F}}{(1+i)^t}}_{Finanzierung\,(F)} \quad (5.10)$$

Wie bereits in Unterabschnitt 4.3.4.3 erläutert, betrachtet die Kapitalwertmethode klassischerweise Zahlungsströme, während in der Unternehmenspraxis primär mit Kosten und Erlösen hantiert wird. Daher sollen hier im Folgenden vereinfachend **betriebliche Erlös- und Kostengrößen** verwendet werden. Bezüglich der einzubeziehenden Erlöse und Kosten können abweichende Ansätze gewählt werden. Zum Einen ist zu determinieren, ob eine ausschließlich zukunftsbezogene oder eine zugleich zukunfts- als auch vergangenheitsbezogene CLV-Ermittlung verfolgt wird. Hier sei ersterer Weg gewählt, da eine vergangenheitsbezogene Betrachtung mittels der Kundenerfolgsrechnung hinreichend abgebildet ist (vgl. Abschnitt 5.2). Zum Anderen ist der Umfang der einzubeziehenden Erlöse und Kosten zu bestimmen. In der einfachsten Form setzt man nur den Umsatz an, welcher aber wie bereits erläutert in seiner Aussagekraft sehr eingeschränkt ist (vgl. Unterabschnitt 4.3.3.1.2). Daneben bietet sich, wie mit Formel 5.11 dargestellt, die Möglichkeit - zugleich folgt man mit dieser der gängigen Literatur - den Kundendeckungsbeitrag I *(DB I* $_{Kunde}$*)* als Kosten- und Erlös-Komponente im Rahmen der CLV-Berechnung zu verwenden (vgl. Eberling 2002, S. 181; Becker 2001, S. 246). Vorteilhaft hierbei ist vor allem die einfachere Ermittlung der notwendigen Kosteninformationen. Daher soll auch hier im weiteren Verlauf dieser Vorgehensweise gefolgt werden. Ein Abweichen in der Methodik zur Ermittlung des vergangenheitsbezogenen Ertragswertes muss hier selbstverständlich angeführt werden, da nun als Entwicklungswert eine Summe ausgewiesen wird, während der Ertragswert vielmehr einen Durchschnittswert über den Betrachtungszeitraum darstellt. Um dies zu beheben, kann selbstverständlich auch hier durch den Betrachtungszeitraum dividiert werden, was jedoch abgesehen von einer einheitlichen Vorgehensweise keinen Mehrwert generiert.

$$CLV_{WSK} = \underbrace{\sum_{t=0}^{n} \frac{DB\ I_{Kunde_N}}{(1+i)^t}}_{Neufahrzeug} + \underbrace{\sum_{t=0}^{n} \frac{DB\ I_{Kunde_G}}{(1+i)^t}}_{Gfz} + \underbrace{\sum_{t=0}^{n} \frac{DB\ I_{Kunde_A}}{(1+i)^t}}_{After\text{-}Sales} + \underbrace{\sum_{t=0}^{n} \frac{DB\ I_{Kunde_F}}{(1+i)^t}}_{Finanzierung} \quad (5.11)$$

Ein entscheidender Punkt ist dabei die Ermittlung der prospektiven Erlös- und Kostenkomponenten. Diese soll im folgenden Unterabschnitt erläutert werden.

5.3.2 Abschätzung zukünftiger Erlöse und Kosten

Zur Ermittlung der zukünftigen Kosten und Erlöse empfiehlt sich für Großkunden der Automobilhersteller das Experteninterview in Form einer Einschätzung des zukünftigen mengenmäßigen Kundenpotenziales und damit der Wachstumserwartung für jede Geschäftsart durch den jeweils betreuenden Key Account Manager als „Ohr am Markt", sowie eine Validierung bzw. gegebenenfalls nötige Anpassung dieser Werte durch das Vertriebscontrolling. Als Ausgangsbasis soll hierbei eine operative Planung für Großkunden dienen. Damit werden Veränderungen in der Präferenzstruktur bzw. dem Nachfrageverhalten des Kunden zeitnah erfasst. Im Idealfall erfolgt diese Planung nicht nur in Hinsicht auf Absatzzahlen, sondern es findet auch eine monetäre Bewertung durch den Key Account Manager in Form von Kundendeckungsbeiträgen statt. Da dies meist jedoch nur in Form von Absatzzahlen bzw. besten Falles in Form eines Zielnachlasses erfolgt, bleibt im ersten Schritt jegliche monetäre Bewertung außen vor.

Als Aufsatzpunkte für die Planung kann der Key Account Manager grundlegend das Kundengespräch, die Kundenstrategie, Vergangenheitswerte in Bezug auf Absatzzahlen bzw. Nutzungsdauer, vorliegende Rahmenverträge, Leistungsvergütungspläne sowie eine Umweltanalyse heranziehen (vgl. Hartmann 2009). Das **Kundengespräch** kann je nach Bedeutung des Kunden und gewünschter Gesprächsfrequenz seitens des Kunden in seiner Häufigkeit stark variieren. So reichen bei manchen Kunden drei bis vier Gespräche im Jahr, andere wiederum stehen täglich mit ihrem betreuenden Key Account Manager in Kontakt. Im Rahmen dieser Gespräche soll zum Einen die Bedarfssituation des Kunden in allen Teilen der automobilwirtschaftlichen Wertschöpfungskette erörtert werden. Zum Anderen gilt es die gegenwärtige wirtschaftliche Situation des Kunden in Bezug z. B. auf Expansionspläne bzw. Liquiditätsprobleme zu ermitteln (vgl. Hartmann 2009).

Die **Kundenstrategie** enthält generelle Fakten über den Kunden wie die gegenwärtige wirtschaftliche Situation sowie zukünftige Entwicklungspläne des Kunden, die Eigentümerstruktur, die Struktur des Buying Centers als auch die strategische Stoßrichtung bezüglich des Kunden sowie deren Operationalisierung in konkret definierte Aktivitäten je Geschäftsart.

Des Weiteren bieten **historische Absatzzahlen**, **durchschnittliche Nutzungsdauern** als auch vorliegende **Rahmenverträge** des betreffenden Kunden mögliche Ansatzpunkte für eine zukünftige Planung. Darüber hinaus kann der Kunde mittels eines **gestaffelten Leistungsvergütungsplanes** in den Planungsprozess einbezogen werden. Das heißt, der Kunde erhält eine Vergütung in Form eines Nachlasses für die Einreichung einer Aufstellung über die geplante Abnahmemenge (vgl. Ulmer 2009).

Schließlich ist auch die **Umweltanalyse** in Form der gesamtwirtschaftlichen als auch branchenspezifischen Situation relevant. So lässt sich die Umwelt eines Kunden in eine Makro- und eine Branchenumwelt aufteilen. Die **Makroumwelt** umfasst dabei politisch-rechtliche, ökonomische, technologische, gesellschaftliche und ökologische Rahmenbedingungen (vgl. Hungenberg 2007, S. 169; vgl. Abbildung 5-21). Ziel der Analyse der Makroumwelt des Kunden ist es, sich verändernde Umweltbedingungen des Kunden frühestmöglich zu identifizieren und geeignete Maßnahmen zu antizipieren (vgl. Müller-Stewens/Lechner 2005, S. 205; Grünig/Kühn 2009, S. 109). Das Problem dabei liegt vor allem in der Identifikation der relevanten Umweltsachverhalte aus der Informationsflut der Makroumwelt (vgl. Navrade 2008, S. 88).

Der Ausgangspunkt für eine **Branchenanalyse** ist das industrieökonomische Structure-Conduct-Performance-Paradigma. Dieses besagt, dass die Branchenstruktur das Marktverhalten und den Erfolg eines Unternehmens bestimmt (vgl. Scherer 1980, S. 4). Darauf aufbauend hat Porter mit seinem „Five Forces“-Ansatz einen geeigneten analytischen Bezugsrahmen zum Verständnis von Branchen und Konkurrenten und zur Formulierung einer umfassenden Wettbewerbsstrategie entwickelt (vgl. Porter 2000, S. 26). Die fünf Wettbewerbskräfte sind dabei, wie in Abbildung 5-22 dargestellt, der Markteintritt neuer Konkurrenten, die Gefahr von Ersatzprodukten, die Verhandlungsstärke der Abnehmer, die Verhandlungsstärke der Lieferanten und die Rivalität unter den vorhandenen Wettbewerbern.

Teil der Makroumwelt	Analyseinhalt
Politisch-rechtliche Umwelt	• Umweltsachverhalte, die auf gesetzgebende Körperschaften zurückzuführen sind, werden bezüglich ihrer Auswirkungen für den Kunden bewertet (z. B. Maut).
Ökonomische Umwelt	• Makroökonomische Parameter wie z. B. die Entwicklung des Bruttoinlandsproduktes oder der Inflationsrate werden in Bezug auf die Auswirkung auf den Kunden beobachtet und analysiert.
Gesellschaftliche Umwelt	• Die Entwicklung der Werte, Einstellungen und Verhaltensweisen der Gesellschaft sollen hier bezüglich ihrer resultierenden Konsequenzen für den Kunden betrachtet werden. Z. B. kann ein erhöhtes Umweltbewusstsein in der Gesellschaft zu einer gesteigerten Nachfrage nach umweltfreundlichen Produkten führen.
Technologische Umwelt	• Analysegegenstand ist hier die verwendete Technologie des Kunden. Technologische Umweltbedingungen können die Existenz eines Kunden sowohl begründen als auch in Form von leistungsfähigeren Substitutionsmöglichkeiten gefährden (z. B. Tachograph).
Ökologische Umwelt	• Betrachtet werden hier Sachverhalte wie Rohstoffverfügbarkeit, Umweltschutz und umweltfreundliche Energieformen in Form von Chancen und Risiken für den Kunden (z. B. Abgasnorm Euro 5).

Quelle: Navrade 2008, S. 87 f.
Abb. 5-21: Bestandteile der Makroumwelt

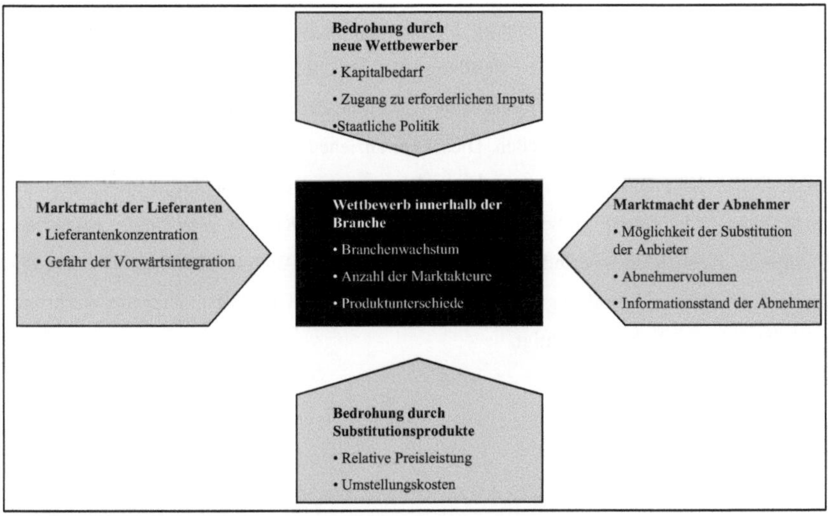

Quelle: Porter 2000, S. 26
Abb. 5-22: Wettbewerbskräfte nach Porter („5-Forces“)

Um nun das bis hierhin vorliegende Defizit der rein mengenmäßigen Planung zu beheben und eine Überführung in einen CLV zu ermöglichen, empfiehlt es sich, diese mit der vergangenheitsbezogenen, monetären Kundenerfolgsrechnung zu verbinden. Hierfür wird der geplante Absatz (x_{Plan}) mit dem durchschnittlichen Kundendeckungsbeitrag I *(Ø db I* $_{Kunde}$*)* des entsprechenden Produktes im Rahmen der CLV-Berechnung multipliziert und danach diskontiert (vgl. Formel 5.12).

$$CLV_{WSK} = \underbrace{\sum_{t=0}^{n} \frac{x_{Plan_N} * \emptyset\, db\, I_{Kunde_N}}{(1+i)^t}}_{Neufahrzeug} + \underbrace{\sum_{t=0}^{n} \frac{x_{Plan_G} * \emptyset db\, I_{Kunde_G}}{(1+i)^t}}_{Gfz}$$

$$+ \underbrace{\sum_{t=0}^{n} \frac{x_{Plan_G} * \emptyset db\, I_{Kunde_A}}{(1+i)^t}}_{After\text{-}Sales} + \underbrace{\sum_{t=0}^{n} \frac{x_{Plan_F} * \emptyset db\, I_{Kunde_F}}{(1+i)^t}}_{Finanzierung} \qquad (5.12)$$

Zu Ungenauigkeiten kann es bei diesem Vorgehen kommen, wenn der Kunde verschiedene Baureihen kauft. Um die Güte der Prognose zu erhöhen, muss daher, soweit vorhanden, d.h. Vorgeschäft vorliegend, je Geschäftsart ein kundenbezogener baureihenspezifischer Durchschnittswert des Kundendeckungsbeitrag I ($\emptyset\ db\ I_{Kunde/BaureiheX}$) angesetzt werden (vgl. Formel 5.13). Der Zeitraum für die Ermittlung jenes Durchschnittswertes sollte dabei wie bei der Kundenerfolgsrechnung in Unterabschnitt 5.2.1 einen Investitionszyklus abbilden, um einen Absatz möglichst sicherzustellen. Dieses Heranziehen eines durchschnittlichen Vergangenheitswertes hat natürlich zur Folge, dass z. B. geringere Deckungsbeiträge pro Einheit auf Grund einer zukünftigen größeren Abnahmemenge des Kunden oder auch zukünftige Faktorpreis- als auch Erlösveränderungen außen vor bleiben. Auch werden Qualitätsverbesserungen des Neufahrzeugnachfolgermodelles und damit unter Umständen sinkende Werkstatt- und Teileerträge nicht berücksichtigt.

$$CLV_{WSK} = \underbrace{\sum_{t=0}^{n} \frac{x_{Plan_N} * \emptyset\, db\, I_{Kunde/Baureihe\,X}}{(1+i)^t} + \sum_{t=0}^{n} \frac{x_{Plan_N} * \emptyset db\, I_{Kunde/Baureihe\,Y}}{(1+i)^t}}_{Neufahrzeug}$$

$$+ \underbrace{\sum_{t=0}^{n} \frac{x_{Plan_G} * \emptyset\, db\, I_{Kunde/Baureihe\,X}}{(1+i)^t} + \sum_{t=0}^{n} \frac{x_{Plan_G} * \emptyset db\, I_{Kunde/Baureihe\,Y}}{(1+i)^t}}_{Gebrauchtfahrzeug}$$

$$+\ldots \tag{5.13}$$

Abhilfe kann auch der Einsatz einer baureihenspezifischen Lifecycle-Betrachtung schaffen. Konkret müssen hierbei für das Werkstatt- als auch für das Teilegeschäft die Erlöse und Kosten je Baureihe eines Herstellers über einen gesamten Lebenszyklus ermittelt werden und auf das einzelne Jahr herunter gebrochen werden. Damit wird natürlich das Konzept der kundenspezifischen Betrachtung in gewisser Weise konterkariert. Im Fall eines gänzlich mangelnden Vorgeschäftes eines Kunden bei gleichzeitigem zukünftig geplantem Absatz desjenigen kann ein Durchschnittsdeckungsbeitrag des jeweiligen Vertriebskanals bzw. des Landes herangezogen werden. Da jedoch der Prognosezeitraum wie im nächsten Unterabschnitt aufgezeigt werden wird eher kurz- bis mittelfristiger Natur ist und, wie bereits erläutert, nicht der Ausweis eines exakten Wertes die Maxime darstellt, können diese Vereinfachungen in Kauf genommen werden.

Zusammenfassend kann man damit festhalten, dass aktuelle Planungsinformationen herangezogen und mit historischen, kundenindividuellen Ergebnisbeiträgen kombiniert werden und auf diese Weise eine reine Durchschnittswertbetrachtung bezüglich ihres Aussagegehaltes bei weitem übertroffen wird. Im weiteren Verlauf ist neben der soeben erläuterten Bestimmung der Erlöse und Kosten auch die zeitliche Komponente, welche in den Kundenkapitalwert einfließt, näher zu betrachten.

5.3.3 Bestimmung der Beziehungsdauer

Für die Beziehungsdauer muss hier ganz deutlich vom klassichen Konzept des Customer Lifetime Value abgewichen werden. Es gibt weder Anhaltspunkte über eine Lebens- bzw.

Bindungsdauer eines Unternehmens, noch gibt es zeitlich zuordenbare Zustände im Rahmen dieses Beziehungsverlaufes. Ein Lebenszyklus wie im Konsumgütergeschäft lässt sich für den B-2-B-Bereich daher nicht ohne weiteres identifizieren. Einen Ansatz hierzu lieferten zwar Diller, Lücking und Prechtel, indem sie an Hand empirischer Daten Unternehmen aus dem Investitionsgüterbereich in Anlehnung an Dwyer, Schurr und Oh in die Phasen Awareness, Exploration, Expansion und Commitment sowie gegebenfalls Dissolution einordneten (vgl. Diller/Lücking/Prechtel 1992, S. 3; Dwyer/Schurr/Oh 1987, S. 15). Das größte Problem stellt hierbei jedoch das Vorliegen einer sehr umfassenden Kundenhistorie dar. Dessen ungeachtet ist ein problemloser Einsatz in der Praxis eines so ermittelten Lebenszyklusses auch damit nicht gewährleistet, da diese Modelle zwar den grundsätzlichen Verlauf der Kundenbeziehung mit ihren einzelnen Phasen und der jeweils dazugehörigen charakteristischen Merkmalen modellhaft darstellen können, jedoch keine Aussage über die Dauer dieser Phasen und damit der gesamten Kundenbeziehung geben können (vgl. Tewes 2003, S. 286). Darüber hinaus sind die einzelnen Kunden allein schon auf Grund ihrer abweichenden Branchenzugehörigkeit als auch ihrer jeweiligen Unternehmensgröße im Fall des Nutzfahrzeuggeschäftes sehr unterschiedlich bezüglich ihres Nachfrageverhaltens einzuordnen. Daher soll hier vielmehr ein prospektiver Betrachtungszeitraum für kurz- und mittelfristige quantitative Prognosen gewählt werden, der in Einklang mit der in Unterabschnitt 3.3.2.2 bereits erläuterten operativen Planung steht. Das bedeutet bei einem Nutzfahrzeughersteller einen Planungshorizont von 2 bis 3 Jahren (vgl. Strohbach 2008).

Im folgenden Unterabschnitt stellt sich nun die Frage, welcher Zinssatz für den Kundenkapitalwert angesetzt werden soll. Abweichend zu den vorhergehenden Unterabschnitten bei den Service- und Finanzierungsverträgen sowie dem Einbezug des Buy Backs soll hier nun diskontiert werden. Dies hängt damit zusammen, dass der Zinssatz hier primär die Komponente zur Berücksichtigung der Unsicherheit des Anfallens der Erlöse und Kosten abbildet.

5.3.4 Berücksichtigung von Unsicherheit

Die in Unterabschnitt 5.3.2 bestimmten Werte sind monetäre Durchschnittswerte der Vergangenheit, die mengenseitig durch Expertenschätzungen bewertet werden. Die Eintrittswahrscheinlichkeit dieser Schätzungen ist damit zwar höher als das alleinige Heranziehen von extrapolierten Vergangenheitswerten, Sicherheit bezüglich ihres Eintretens ist damit jedoch dennoch nicht gegeben. Es liegen unvollkommene Informationen und damit Unsicherheit vor (vgl. Perridon/Steiner 2003, S. 98). Diese Unsicherheit kann wiederum in **Ungewißheit** und Risiko i.e.S. aufgeteilt werden. Im ersten Fall hat der Entscheider überhaupt keine Vorstellung darüber, mit welcher Wahrscheinlichkeit ein Ereignis eintreten könnte. Von **Risiko i.e.S.** spricht man dagegen, wenn für das Eintreten der relevanten Zustände Wahrscheinlichkeiten angegeben werden können, was auch im Falle der Nutzfahrzeugbranche zutreffend sein sollte. Diese können wiederum zum Einen **objektive Wahrscheinlichkeiten** aus empirischen Häufigkeitsverteilungen der Ergebnisse von gleichwertigen Entscheidungssituationen sein (z. B. Berechnung der Wahrscheinlichkeit für den Eintritt eines Versicherungsfalls), zum Anderen **subjektive Wahrscheinlichkeiten** auf der Basis persönlicher Erfahrung und Überlegung (vgl. Perridon/Steiner 2003, S. 100).

Auf den ersten Blick scheint im Rahmen der Betrachtung über die gesamte automobile Wertschöpfungskette die Verwendung eines jeweils geschäftsartspezifischen Diskontierungssatzes ausreichend zu sein, da diese im Normalfall jeweils unterschiedliche Kapitalkosten aufweisen. Jedoch greift diese Sichtweise, dass das Risiko des einzelnen Kunden dem eines Geschäftsbereiches entspricht, bei näherer Betrachtung zu kurz. So können sich die Risikoprofile einzelner Kunden innerhalb eines Bereiches stark voneinander unterscheiden, womit individuelle Kapitalkosten zu ermitteln sind. Bei der Verwendung einheitlicher höherer Zinssätze würden ansonsten möglicherweise risikoärmere Kunden zugunsten risikoreicherer Kunden abgelehnt (vgl. Tewes 2003, S. 279).

Um das Risiko i.e.S. im Rahmen des Kundenkapitalwertes zu berücksichtigen, wird in der Literatur häufig das **Capital Asset Pricing Model (CAPM)** empfohlen und damit grundlegend von einer reinen Eigenkapitalfinanzierung ausgegangen (vgl. Schmöller 2001, S. 156ff.; Tewes 2003, S. 277 ff.). Es gilt als klassischer Ansatz der Kapitalmarkttheorie und wurde von Sharpe, Lintner und Mossin auf der Grundlage der Portfoliotheorie zunächst im Hinblick auf die Beurteilung von marktorientierten Wertpapieren entwickelt (vgl. Perridon/Steiner 2003, S. 119). Ausgehend von der Annahme, dass die Eigenkapitalkosten bei Aktiengesellschaften der erwarteten, risikoangepassten Rendite der Aktionäre entsprechen, bestimmt sich diese, indem man die Rendite einer risikolosen Kapitalanlage um das nicht diversifizierbare, systematische Risiko korrigiert. Letzteres wird durch Multiplikation der Risikoprämie pro Risikoeinheit (d.h. erwartete Marktrendite vermindert um den risikolosen Zins) und dem investitionsindividuellen Risikomaß β ermittelt (vgl. Arbeitskreis Finanzierung der Schmalenbachgesellschaft 1996, S. 548):

$$i_j = i_o + \beta_j(i_M - i_0) \qquad (5.14)$$

mit:

i_j: Rendite des Investitionsobjektes j

i_0: Rendite der risikofreien Anlage

β_j: Risikofaktor Beta des Investitionsobjektes j

i_M: Rendite des Marktportfeuilles

Quelle: Tewes 2003, S. 278

Zur Schätzung der Eigenkapitalkosten wird die risikofreie Rendite üblicherweise als Rendite festverzinslicher längerfristiger Wertpapiere von Emittenten unzweifelhafter Bonität (z. B. langfristige Staatsanleihen) herangezogen (vgl. Lorson 1999, S. 1330). Sollte, wie bereits weiter oben ausgeführt, eine sowohl vergangenheits- als auch zukunftsbezogene CLV-Betrachtung gewählt werden, muss hier im Rahmen der Aufzinsung der Vergangenheitswerte nur dieser risikofreie Basiszinssatz einfließen. Der Betawert wird durch die Kovarianz der Renditen des Wertpapiers und der Marktrendite gemessen (vgl. Brealey/Myers 2008, S. 196):

$$\beta_j = \frac{cov\,(i_j, i_M)}{\sigma\,(i_M)} \qquad (5.15)$$

mit:

β_j: Risikofaktor Beta des Investitionsobjektes j

i_j: Rendite des Investitionsobjektes j

i_M: Rendite des Marktportfeuilles

cov: Kovarianz

σ: Varianz

Quelle: Schmöller 2001, S. 157; Eberling 2002, S. 180

Schmöller überträgt dieses Vorgehen auf die Ermittlung kundenspezifischer Kapitalkosten mit Hilfe des **Adjusted Present Value (APV) –Ansatzes** (vgl. Unterabschnitt 4.3.4.2.1). Danach sind die Rückflüsse eines Kunden an den bei vergleichbarem Kovarianzrisiko erzielbaren Renditen, die die Anteilseigner auch außerhalb des Unternehmens für die Risikoübernahme erzielen können, zu messen (vgl. Schmöller 2001, S. 155 ff.). Da Kundenbeziehungen derselben Art jedoch nicht an einem Markt gehandelt werden, liegen auch keine Marktpreise hierfür vor, was als Basis für die Herleitung kundenindividueller Betas dienen könnte. Des Weiteren ist ungeklärt, welche Faktoren das Kovarianzrisiko beeinflussen (vgl. Arbeitskreis Finanzierung der Schmalenbachgesellschaft 1996, S. 552 ff.). Schmöller schlägt daher als analytisches Verfahren die Ermittlung von Kovarianzen zwischen der Rendite einer Kundenbeziehung in vergangenen Perioden und der Marktrendite vor (vgl. Schmöller 2001, S. 160). Die Verwendung von vergangenheitsbezogenen Betawerten ist auch in der Unternehmensbewertung üblich und wird, eine stabile Entwicklung vorausgesetzt, als zulässig angesehen (vgl. Arbeitskreis Finanzierung der Schmalenbachgesellschaft 1996, S. 548 f.). In der Folge sollten wesentliche ökonomische Einflussfaktoren wie z. B. Kundenzufriedenheit und –loyalität mittels einer Regressionsanalyse ermittelt werden, um diese kundenindividuellen Betafaktoren zu erklären. Schließlich kann durch die jeweils vorliegenden Ausprägungen der Einflussfaktoren das systematische Risiko abgeschätzt, das kundenspezifische Beta ermittelt und der risikoadäquate Zinsfuß zur Berechnung des Kundenkapitalwertes bestimmt werden (vgl. Schmöller 2001, S. 160).

Eine Erweiterung zur Bestimmung des risikoangepassten Diskontierungsfaktors ist die von Rehbach und Eberling ausgeführte Verwendung des Gesamtkapitalkostensatzes des Unternehmens und damit des Einbezuges einer anteiligen Fremdfinanzierung (vgl. Rehbach 2003, S. 45 ff.; Eberling 2002, S. 187). Grundlegend spiegelt der Kapitalkostensatz die Renditeforderungen der Kapitalgeber wider. Rehbach wendet dabei den bei gemischter Finanzierung aus Eigen- und Fremdkapital verbreiteten **Weighted Average Cost of Capital (WACC) – Ansatz** an, womit sich die Kapitalkosten im Verhältnis der Marktwerte von Fremd- und Eigenkapital ermitteln:

$$i_{WACC} = i_{FK} * \frac{FK * (1 - \rho)}{GK} + i_{EK} * \frac{EK}{GK} \qquad (5.16)$$

mit:

i_{WACC}: Kalkulationszinsfuss auf WACC-Basis

i_{FK}: Kostensatz des Fremdkapitals

i_{EK}: Kostensatz des Eigenkapitals

*ρ: Grenzsteuersatz des Unternehmens. * Der Grenzsteuersatz sollte berücksichtigt werden, da der kundenbezogene Cash-Flow bereits um die Steuerzahlungen bereinigt wurde (vgl. Klien 1995, S. 95,S. 109 ff.)*

FK: Höhe des Fremdkapitals

EK: Höhe des Eigenkapitals

GK: Höhe des Gesamtkapitals

Quelle: Rehbach 2003, S. 45; Eberling 2002, S. 187

Der Fremdkapitalkostensatz orientiert sich dabei an der tatsächlichen Zinsbelastung (vgl. Eberling 2002, S. 187). Fischer und von der Decken empfehlen hier den gewichteten Durchschnitt der Kapitalkosten aller Bestandteile des Fremdkapitals, die während des Planungshorizontes durch Kundenbeziehungen voraussichtlich gebunden sind (vgl. Fischer/von der Decken 1999, S. 26). Der Eigenkapitalkostensatz wird nach der obigen CAPM-Methode ermittelt.

Das Hauptproblem ist hier beim Einsatz in der Praxis neben dem Ermittlungs- und Implementierungsaufwand vor allem die Akzeptanz so ermittelter Betawerte auf Grund mangelnder Transparenz über ihre Erhebung. Als Alternative zur Berücksichtigung der Unsicherheit der zukünftigen Zahlungsströme des jeweiligen Kunden bietet sich daher der Ansatz **qualitativer Risikobewertungsmodelle** an, bei dem verschiedene risikobeeinflussende Faktoren subjektiv im Vergleich zu anderen Kunden bewertet werden (vgl. Fischer/von der Decken 1999, S. 26 f.; Tewes 2003, S. 281; Schmöller 2001, S. 160). Ein Beispiel ist in Abbildung 5-23 dargestellt. Tewes empfiehlt hier unter anderem als ausschlaggebende Determinante den Loyalitätswert. Daneben tangiert selbstverständlich der Liquiditätswert die zukünftigen Zahlungsströme.

Daher sollte diese entscheidende Größe, d.h. Faktoren bezüglich der Finanzsituation des Kunden in Form von verfügbarer Liquidität bzw. des Ratings einer externen Finanzagentur und dessen Zahlungsverhalten in der Vergangenheit, in das qualitative Risikobewertungsmodell mit einfließen (vgl. Unterabschnitt 2.2.4 und 5.4.2). Letzteres kann natürlich auch vereinfachend durch eine Einschätzung der Rating-Abteilung der eigenen Autobank erfolgen, wobei hier natürlich die Gefahr des störenden systematischen Effekts („Bias“) nicht zu vernachlässigen ist.

Jeder Faktor ist so dann hinsichtlich seines Risikoeinflusses und seiner Ausprägung beim Kunden zu evaluieren und mit entsprechenden Auf- bzw. Abschlägen von der Marktrendite zu versehen. Eine Möglichkeit ist es zum Beispiel, bei einem niedrigen Risiko einen Abschlag von 0,5 Prozent, bei mittlerem Risiko keinen und bei hohem Risiko einen Aufschlag von einem Prozent je Risikofaktor anzusetzen (vgl. Tewes 2003, S. 282).

Die Vor- und Nachteile dieser Vorgehensweise entsprechen dabei grundlegend der Anwendung eines Scoring-Modelles im Rahmen der Kundenwertermittlung (vgl. Unterabschnitt 4.3.3.2.1). Nachteilig ist in diesem Fall ganz besonders der oft fehlende Überblick über die Einflussfaktoren des Scoring-Modelles. Daher bietet sich als transparentester Weg der ausschließliche Einbezug des Liquiditätswertes in Form des Ratings einer externen Finanzagentur und die Abbildung der weiteren Faktoren über den in Abschnitt 5.4 erläuterten Kundenmonitor.

	Kunde A			Kunde B		
	Bewertung	Risiko	Auf-/Abschlag	Bewertung	Risiko	Auf-/Abschlag
Loyalitätswert						
Kundenzufriedenheit	Hoch	Gering	-0,5	Mittel	Mittel	0,0
Commitment	Gering	Gering	-0,5	Hoch	Hoch	+0,5
Vertrauen	Hoch	Hoch	+0,5	Gering	Gering	-0,5
Abhängigkeit	Hoch	Gering	-0,5	Gering	Hoch	+0,5
Liquiditätswert						
Score Finanzrating	Hoch	Gering	-0,5	Gering	Hoch	+0,5
Zahlungsverhalten in der Vergangenheit	Mittel	Mittel	0,0	Mittel	Mittel	0,0
Risikozu-/abschlag			-1,5			+1,0

Quelle: In Anlehnung an Tewes 2003, S. 282
Abb. 5-23**:** Beispiel für ein qualitatives Risikobewertungsmodell

Auch ist als pragmatische Vorgehensweise ein **einheitlicher risikofreier Diskontierungszinssatz** und die Abbildung des Risikos durch den in Abschnitt 5.4 erläuterten Kundenmonitor denkbar. Alternativ kann man die bewerteten Kaufakte jeweils mit einer für jeden Kaufakt zu bestimmenden Kaufwahrscheinlichkeit versehen (vgl. Weiber/Weber 2003, S. 783; Bauer/Hammerschmidt/Brähler 2002, S. 327). Diese Vorgehensweisen ermöglichen eine einfache und vor allem für jeden transparente und damit nachvollziehbare Möglichkeit, wie der einzelne CLV ermittelt wurde. Kester schlägt sogar vor, allerdings bezogen auf Risikozu- und abschläge bei der Bewertung internationaler Investitionsprojekte, dass, wenn die Auswirkung eines Risikos auf den Diskontierungssatz nicht gemessen werden kann, nach Möglichkeiten gesucht werden sollte, das Risiko in den prognostizierten Erlösen und Kosten abzubilden (vgl. Kester 1997, S. 7). Nachteilig ist hierbei wieder die teils subjektive Vorgehensweise bei der Erstellung des Kundenmonitors bzw. der Ermittlung der Kaufwahrscheinlichkeiten.

Der Vollständigkeit halber sollen abschließend noch die von Engelbrecht über die oben genannten Methoden hinaus empfohlenen Verfahren zur Berücksichtigung von Unsicherheit im Rahmen der prospektiven Kundenbewertung aufgeführt werden. Dies sind die Sensitivitätsanalyse, die Risikoanalyse, das Entscheidungsbaumverfahren sowie optionspreistheoretische Modelle (vgl. Engelbrecht 2006, S. 119 f.). Das Manko dieser Verfahren ist primär ihre Komplexität und der damit verbundene Erstellungsaufwand je Kunde. Des Weiteren kann es zu Schwierigkeiten bezüglich der Wahrscheinlichkeits-bestimmung, der stochastischen Abhängigkeiten und der Bestimmung der Bedeutung einzelner Inputgrößen kommen (vgl. Jandt 1986, S. 549; Götze/Bloech 2002, S. 44). Nach der Entwicklung der Kundenerfolgsrechnung und dem Kundenkapitalwert-Modell soll nun als weitere Komponente des Kundenwertsystems der Kundenmonitor erläutert werden.

5.4 Entwicklung eines Kundenmonitors

5.4.1 Definition und Vorgehensweise

Ganz allgemein wird unter einem Monitor eine Einrichtung zur Überwachung verstanden. Die Aufgabe des Monitorings besteht darin, bei einem beobachteten Prozess bzw. Ablauf steuernd einzugreifen, sobald dieser nicht den gewünschten Verlauf nimmt bzw. gewisse Schwellwerte unter- bzw. überschritten sind (vgl. Gabler 2000, S. 3171).

*Unter einem **Kundenmonitor** soll im Folgenden eine Ansammlung von einzelnen Kenngrößen verstanden werden, die über die gegenwärtige und zukünftige monetäre Ertragssituation des Kunden hinausgehen und somit vielmehr ergänzende Indikatoren in Form von Determinanten des Kundenwertes, aber auch bei Bedarf weiterführenden Komponenten, für ein umfassendes Kundenmanagement im Rahmen einer integrierten Vertriebssteuerung darstellen.*

Der gesonderte Ausweis jeder einzelnen Determinante des Kundenwertes ermöglicht hiermit eine detailliertere und meist aussagekräftigere Darstellung aller Facetten eines bestimmten Kunden. Die Erfassung der Informationen je Kunde sollte hierbei mittels eines einfachen standardisierten Fragebogens erfolgen, wobei die Aufnahme der Daten im Fragebogen hier wiederum durch den Key Account Manager durchzuführen ist, in einem zweiten Schritt nach dem Mehr-Augen-Prinzip die Vertriebssteuerung die Einschätzungen jedoch validieren sollte. Die Aktualisierung dieser Daten sollte im Idealfall kontinuierlich erfolgen.

Die Elemente des Kundenmonitors sind im Wesentlichen die in Abschnitt 4.2 erläuterten Determinanten des Kundenwertes mit ihren Einflussfaktoren, soweit nicht bereits durch die Kundenergebnisrechnung oder den CLV abgedeckt. Dies sind der Kooperationswert, der Penetrationswert, der Referenzwert, der Informationswert, der Liquiditätswert sowie der Loyalitätswert. Daneben können selbstverständlich weitere Komponenten aufgenommen werden, um zum Einen Kunden allumfassend abzubilden, zum Anderen über eine reine Kundenwertanalyse hinaus Elemente des Customer Relationship Management (CRM) zu integrieren.

Auch ist, wie bereits erläutert, eine nochmalige Aufteilung des Kundenmonitors in eine Informations- und eine Planungskomponente denkbar. Jedoch erscheint dieses Vorgehen nicht sinnvoll, da die Bedeutung qualitativer Komponenten laut einer Untersuchung von Rudolf-Sipötz nur zehn bis zwanzig Prozent des Kundenwertes ausmachen (vgl. Rudolf-Sipötz 2001, S. 176).

5.4.2 Elemente

a.) Kooperationswert

Der **Kooperationswert** drückt die durch die Zusammenarbeit mit einem Logistikdienstleister für den Nutzfahrzeughersteller entstehenden Frachtmehrkosten im Vergleich zum günstigsten Anbieter der Logistikleistung aus (vgl. Unterabschnitt 4.2.2.2). Dieser kann, wie bereits in Unterabschnitt 5.2.2.1 ausgeführt, im Rahmen der Kundenergebnisrechnung in Form von Frachtmehrkosten berücksichtigt werden. Ist dies nicht der Fall, sollten für eine umfassende Betrachtung des Kunden diese hier absolut ausgewiesen werden. Sie können über die in Unterabschnitt 4.2.2.2 erläuterte Clearing-Stelle ermittelt werden.

b.) Penetrationswert

Der **Penetrationswert** verkörpert, wie bereits in Unterabschnitt 4.2.3.1 definiert, die Ausschöpfung des kundenspezifischen Absatzpotenzials, was auch in der gängigen Kundenwertliteratur oft als „Share of Wallet“ bezeichnet wird (vgl. Schawel/Billing 2009, S. 170). Im Rahmen des Kundenmonitors soll hier unterschieden werden nach der Fuhrparkpenetrationsrate, der Penetrationsrate Serviceverträge und der Penetrationsrate Finanzverträge. Auswertungsmöglichkeiten bieten sich hier durch Aggregation der Werte aller Downstream-Geschäftsarten mittels eines Data Warehouses an, auf welches noch in Kapitel 7 ausführlich eingegangen werden wird.

c.) Referenzwert

Der **Referenzwert** (wie in Unterabschnitt 4.2.3.2 definiert) reflektiert zum Einen das Ausstrahlungspotenzial in Form von Image- bzw. Meinungsführerschaft, zum Anderen gibt er Auskunft über die Weiterempfehlungsaktivität des Kunden gegenüber seinen Kunden bzw. jeglichen anderen Marktteilnehmern. Seine kundenbezogene Operationalisierung und Messung gestaltet sich jedoch auf Grund des vorökonomischen und indirekten Wertbeitrags als schwierig (vgl. Eberling 2002, S. 149). Um diesen im Rahmen des Kundenmonitors abzubilden, werden in der Literatur nur wenige konkrete Methoden angeführt.

Cornelsen entwickelte am Beispiel des Privatkundengeschäftes der Automobilindustrie einen umsatzbezogenen und damit monetarisierten, zukunftsbezogenen Referenzwert (vgl. Formel 5.17). Der Bezugspunkt der Monetarisierung sind dabei nicht extrapolierte, tatsächlich ausgesprochene Referenzen, sondern eine Monetarisierung der nach Cornelsen maßgeblichen Einflussfaktoren auf das Referenzverhalten und deren Wirkung (vgl. Eberling 2002, S. 151). Diese setzen sich zusammen aus der Größe des sozialen Netzes, dem Grad der Meinungsführerschaft, dem Zufriedenheitsgrad sowie dem monetären Referenzvolumen. Bei den Komponenten soziales Netz und monetäres Referenzvolumen handelt es sich dabei um absolute Größen, während Meinungsführerschafts- und Zufriedenheitsgrad relative Elemente darstellen (vgl. Cornelsen 2000, S. 254).

$$R_U = SN * MF * KZ * RV \qquad (5.17)$$

mit:
R_U: Umsatzbezogener Referenzwert
SN: Nettogröße des sozialen Netzes (absolut)
MF: Meinungsführerindex (0 bis 1)
KZ: Zufriedenheitsindex (-2, -1, +1, +2)
RV: Monetäres Referenzvolumen
Quelle: Cornelsen 2000, S. 254

Da nun die Gesprächshäufigkeit und -intensität bei den verschiedenen Personengruppen des sozialen Netzes über die Produkte des Automobilherstellers variieren, verwendet Cornelsen je nach Personenkreis abgestufte Intensitätsgrade. Darüber hinaus verwendet er zur Ermittlung des monetären Referenzvolumens eine durchschnittliche Netto-Referenzrate und ein jahresbezogenes, durchschnittliches Kaufvolumen (vgl. Cornelsen 2000, S. 254 f.):

$$R_U = \left[\sum_{i=0}^{I} (p_i * g_i)\right] * MF * KZ * [RR * KV] \qquad (5.18)$$

mit:
p_i: Anzahl der Personen im Personenkreis i, mit denen der Referenzgeber themenbezogene Gespräche führt
g_i: Gewichtungsindex der Gesprächsintensitäten im Personenkreis i, in dem der Referenzgeber themenbezogene Gespräche führt
RR: durchschnittliche Netto-Referenzrate (%)
KV: durchschnittliches Kaufvolumen
Quelle: Cornelsen 2000, S. 255

Grundlegend handelt es sich bei dem vorliegenden Berechnungsmodell um einen stringenten Ansatz. Kritisch ist jedoch vor allem die Monetarisierung des Referenzpotenzials zu sehen, welche hiermit in Frage gestellt werden soll. Die Monetarisierung einer qualitativen Größe bringt lediglich Komplexität bei der Umsetzung mit sich, schafft aber in den seltensten Fällen Abhilfe bei der Generierung von Transparenz bezüglich eines Kunden. Darüber hinaus täuscht sie eine nicht der Realität entsprechende Genauigkeit vor (vgl. Eberling 2002, S. 154;

Tewes 2003, S. 104). Selbst wenn man sich dieser Vorgehensweise anschließen wollte, so würde der segmentspezifisch angesetzte Durchschnittswert für das Kaufvolumen weder für den bei Cornelsen betrachteten Pkw-Bereich, noch im Rahmen der Betrachtung von Großkunden der Investitionsgüterindustrie genau genug sein, auch wenn Cornelsen zum Ziel hatte, ein möglichst universell einsetzbares Modell zu entwickeln (vgl. Cornelsen 2000, S. 239).

Später entwickelt Rixen in Anlehnung an Cornelsen, aber unter Ausschluss der Monetarisierung, ein Referenzwertmodell für den gesamten Konsumgüterbereich. Auch er kalkuliert das Referenzpotenzial in Abhängigkeit vom Netzwerk des betreffenden Kunden. Dafür ermittelt er die Referenzhäufigkeit, indem er verschiedene mögliche Referenzempfängergruppen definiert und ihre Größe quantifiziert sowie schließlich mit der Weiterempfehlungsbereitschaft in Form von Kundenzufriedenheit multipliziert. Des Weiteren fließen sowohl der Grad der Meinungsführerschaft als auch die Einfluss-Stärke in die Berechnung ein. Der Referenzwert ergibt sich schließlich durch die Summe der Referenzpotenziale der einzelnen Empfängergruppen auf einer nach oben unbegrenzten Verhältnisskala (vgl. Rixen 2007, S. 41). Doch auch dieses Vorgehen scheidet für die Anwendung im Investitionsgüterbereich aus, da nur mit großem Aufwand die jeweiligen Referenzempfängergruppen zu identifizieren und kaum quantifizierbar sein werden.

Vielmehr empfiehlt sich eine Ermittlung des Referenzwertes für Großkunden der Nutzfahrzeugindustrie in Form einer alljährlichen Einzelbewertung der Einflussfaktoren durch den jeweils betreuenden Key Account Manager oder anderen Experten und anschließender Aggregation mittels des Scoringverfahrens. In einem ersten Schritt sind diese Einflussfaktoren des Referenzwertes in Form eines Fragebogens zusammenzufassen und jeweils mit einer Bewertungsskala zu versehen (vgl. Abbildung 5-24). Es empfiehlt sich auch hier eine Verhältnisskala zu verwenden und damit jegliche mathematische Operationen anwendbar zu machen (vgl. Böhler 2004, S. 110). Eine Gewichtung der Faktoren ist, wie in Unterbaschnitt 4.3.3.2.1 erläutert, immer mit einer gewissen Subjektivität des Erstellers verbunden, sollte aber bei größeren Abweichungen bezüglich der Bedeutung der Einflussfaktoren stets eingesetzt werden. Mit zunehmender Erfahrung über die Bedeutung und den Einfluss der einzelnen Faktoren sollten diese angepasst werden (vgl. Tewes 2003, S. 148). Schließlich kann durch Addition der gewichteten Werte der einzelnen Einflussfaktoren ein Punktwert ermittelt werden, der wiederum z. B. in eine Ratingklassifikation ähnlich Finanzratings in Form von A, AA und AAA überführt werden kann und damit einen schnellen Überblick ermöglicht. Des Weiteren sollte immer die Möglichkeit bestehen, mittels Drill-Down-Analysen bis auf die Einzelbewertungen der Einflussfaktoren je Kunde zu gelangen und damit eine Potenzialermittlung nachverfolgbar zu machen.

Referenzwert			
	Score Trifft nicht zu Trifft voll zu	Gewichtung	Gewichteter Score
Ist der Kunde Imageträger?	1 – 2 – 3 – 4 – 5 – 6 – 7		
Ist der Kunde Meinungsführer?	1 – 2 – 3 – 4 – 5 – 6 – 7		
Tauscht der Kunde sich mit anderen Marktteilnehmern aus?	1 – 2 – 3 – 4 – 5 – 6 – 7		
Ist der Kunde mit der angebotenen Leistung zufrieden?	1 – 2 – 3 – 4 – 5 – 6 – 7		
Referenzwert Kunde X			

Abb. 5-24: Beispiel für die Ermittlung des Referenzwerts

Analog zu dieser Vorgehensweise sind nun der Informations-, Loyalitäts- und Liquiditätswert je Kunde zu bestimmen. Wichtig ist hierbei, dass die gleiche Bewertungsskala verwendet wird und sich bei abweichender Anzahl der Einflussfaktoren der einzelnen Potenziale die Punktwerte relativiert werden. Dies erreicht man, indem die erreichte Punktzahl durch die Anzahl der in die Bewertung einbezogenen Faktoren dividiert wird (vgl. Tewes 2003, S. 149).

d.) Informationswert

Der Informationswert eines Kunden ergibt sich aus der Gesamtheit der für den Nutzfahrzeughersteller verwertbaren Informationen, die ihm durch den Kunden zufließen (vgl. Unterabschnitt 4.2.3.3). Ein Beispiel für die Ermittlung des Informationswerts ist in der folgenden Abbildung 5-25 angeführt.

Informationswert			
	Score Trifft nicht zu Trifft voll zu	Gewichtung	Gewichteter Score
Liefert der Kunde Informationen, die für den Automobilhersteller von Wert sind? (Kundenbedürfnisse, Produktverbesserungs-vorschläge, Informationen zu Markt/ Konkurrenz, Prozessoptimierung etc.)	1 – 2 – 3 – 4 – 5 – 6 – 7		
Die Qualität der abgegebenen Informationen ist brauchbar	1 – 2 – 3 – 4 – 5 – 6 – 7		
Ist der Kunde Lead-User?	1 – 2 – 3 – 4 – 5 – 6 – 7		
Informationswert Kunde X			

Abb. 5-25: Beispiel für die Ermittlung des Informationswerts

e.) Loyalitätswert

Der **Loyalitätswert** bezeichnet die Affinität des Kunden zur Kontinuität in der Beziehung mit dem Anbieter (vgl. Unterbaschnitt 4.2.3.4). Auch hier ist es empfehlenswert, die Einflussfaktoren im Rahmen eines Scorings zu bewerten (vgl. Abbildung 5-26).

Loyalitätswert			
	Score Trifft nicht zu Trifft voll zu	Gewichtung	Gewichteter Score
Der Kunde ist zufrieden	1 – 2 – 3 – 4 – 5 – 6 – 7		
Beabsichtigt der Kunde die Beziehung fortzusetzen?	1 – 2 – 3 – 4 – 5 – 6 – 7		
Ist der Kunde bereit, vorübergehende Nachteile aus der Beziehung kurzfristig zu akzeptieren?	1 – 2 – 3 – 4 – 5 – 6 – 7		
Liegt eine persönliche Beziehung mit einer Vertrauensbasis zwischen KAM und Buying-Center vor?	1 – 2 – 3 – 4 – 5 – 6 – 7		
Liegt ein Rahmenvertrag vor?	1 – 2 – 3 – 4 – 5 – 6 – 7		
Hat der Kunde spezielle Investitionen getätigt (z. B. Werkzeug)?	1 – 2 – 3 – 4 – 5 – 6 – 7		
Liegen dem Kunden für uns gefährliche Konkurrenzangebote vor?	1 – 2 – 3 – 4 – 5 – 6 – 7		
Loyalitätswert Kunde X			

Abb. 5-26: Beispiel für die Ermittlung des Loyalitätswerts

f.) Liquiditätswert

Der **Liquiditätswert** spiegelt die finanzielle Situation des Kunden in Form seiner Zahlungsfähigkeit wider. Die Ermittlung dessen empfiehlt sich primär in Form des Ratings einer Finanzagentur (vgl. Unterabschnitt 4.2.3.5). In einer Erweiterung kann natürlich wiederum mittels eines mit Gewichtungen operierenden Scoring-Modelles agiert werden. Dabei bietet sich als weiterer Indikator neben dem Finanzrating das Zahlungsverhalten in der Vergangenheit an (vgl. Abbildung 5-27).

Liquiditätswert			
	Score Trifft nicht zu Trifft voll zu	Gewichtung	Gewichteter Score
Das Finanzrating des Kunden ist einwandfrei	1 – 2 – 3 – 4 – 5 – 6 – 7		
Die Zahlungsbereitschaft des Kunden ist einwandfrei	1 – 2 – 3 – 4 – 5 – 6 – 7		
Beansprucht er Zahlungsziele?	1 – 2 – 3 – 4 – 5 – 6 – 7		
Begleicht er Rechnungen pünktlich?	1 – 2 – 3 – 4 – 5 – 6 – 7		
Bestehen momentan Forderungen gegenüber dem Kunden?	1 – 2 – 3 – 4 – 5 – 6 – 7		
Liquiditätswert Kunde X			

Abb. 5-27: Beispiel für die Ermittlung des Liquiditätswerts

g.) Weitere Komponenten

Darüber hinaus kann der Kundenmonitor ein **Kundenprofil** beinhalten, um den Wert des Kunden umfassend abzubilden, erste Erklärungen für einzelne Werte des Kunden im Rahmen der Bewertung zu liefern und Anhaltspunkte für Ausbaupotenziale abzubilden. Die folgenden Punkte entstammen teils eigenen Überlegungen des Autors, teils einer Kundenstrategie des Flottenmanagements der Mercedes-Benz Truck Division (vgl. Daimler AG 2009c). Die Aufzählung stellt wieder nur ein Beispiel dar und muss im Einzelfall auf die unternehmensspezifischen Informationsbedürfnisse angepasst werden:

- Eigentümer-Struktur
- Information über Tochtergesellschaften
- Globale Präsenz des Kunden
- Angaben zur Branchenzugehörigkeit des Kunden und Entwicklungen innerhalb der Branche
- Angaben über den Vertriebskanal
- Informationen über die Fuhrparkstruktur des Kunden
- Geschäftssegmente, in welchen der Kunde agiert (z. B. See-, Luftfracht, Kontraktlogistik)
- Anstehende strategische Investitionen des Kunden

- Aktuelle Presseinformationen über den Kunden
- Alleinstellungsmerkmale, wie besondere Dienstleistungen, die der Kunde anbietet
- Überwiegend durch den Kunden bedienten Segmente (z. B. Luft- und Raumfahrt, Automobil, pharmazeutische Produkte)
- Kaufverhalten des Kunden (z. B. Non-Asset-Approach, d.h. Leasing oder Tochtergesellschaften/Subcontractors kaufen Fahrzeuge)
- Auflistung erhaltener kostenloser Zusatzleistungen (vgl. Winkelmann 2008b)
- Kaufkriterien des Kunden (z. B. attraktive Gesamtrate für Serviceleasing)
- Informationen über die Zusammensetzung des Buying Centers und über die einzelnen Mitglieder
- Vorliegende Rahmenverträge
- Vorliegende Rücknahmevereinbarungen
- Höhe der Kreditlinie des Kunden
- Key Account Manager in der Zentrale als auch der Vertriebsgesellschaft, die den Kunden betreuen
- Information über das Vorliegen eigener Werkstätten des Kunden
- Betreuungsgrad der Flotte des Kunden
- Anzeige von auslaufenden Verträgen
- Besuchsberichte

Darüber hinaus kann auch eine **SWOT-Analyse** (Analysis of Strenghts, Weaknesses, Opportunities and Threats) aus der Perspektive des Nutzfahrzeugherstellers als auch des Kunden für einen schnellen Überblick hilfreich sein. Das Ziel der SWOT-Analyse ist es, die aus der Umwelt resultierenden Chancen und Gefahren einerseits (Chancen-/Risiken-Analyse) sowie die Stärken und Schwächen des Unternehmens andererseits (Ressourcenanalyse) in einer Matrix für eine Abbildung des Status Quo gegenüberzustellen, um eine grundlegende strategische Stoßrichtung im Rahmen der Marketingplanung abzuleiten (vgl. Becker 2002, S. 103). Unternehmensexterne Faktoren sind z. B. die Wachstumsrate der Branche, die Käuferstruktur, das Käuferverhalten, Konkurrenzverhältnisse, rechtliche Vorgaben sowie ökologische Rahmenbedingungen. Diese Faktoren sind in der Regel nicht vom Unternehmen unmittelbar zu beeinflussen, sehr wohl aber die unternehmensinternen Variablen wie die angebotenen Marktleistungen, die vorhandenen Kernkompetenzen, die finanziellen Mittel sowie die Produktionskapazitäten.

In einem ersten Schritt wird im Rahmen der **Chancen-Risiken-Analyse** versucht, unternehmensexterne Einflüsse in Form von „strategischen Diskontinuitäten" aufzudecken, die für die Planung von Bedeteung sind (vgl. Benkenstein 2002, S. 42). Strategische Diskontinuitäten sind zum Einen schwer vorhersehbare Ereignisse, deren Eintreten das Unternehmen mit Risiken konfrontiert, zum Anderen können sich Diskontinuitäten aber auch als Chancen erweisen, die sich abrupt auftun und ein schnelles Handeln erforderlich machen (vgl. Ansoff 1981, S. 263). Als Suchraum für die Chancen-Risiken-Analyse kann sowohl der Markt als Gesamtes aber auch in Teilen betrachtet werden. Daneben sollten die Marktteilnehmer in Form von Herstellern, Absatzmittlern, Absatzhelfern und Konsumenten beleuchtet werden. Auch können die einzelnen Marketinginstrumente geprüft werden. Schließlich muss die Umwelt mit den Bereichen Natur, Wirtschaft, Gesellschaft, Technologie und Recht und Politik ständig überwacht werden (vgl. Meffert/Burmann/Kirchgeorg 2008, S. 232; vgl. Unterabschnitt 5.3.2).

Während die Chancen-/Risiken-Analyse des Unternehmens den Möglichkeitsraum definiert, versucht die **Ressourcenanalyse** zu determinieren, was das Unternehmen vor dem Hintergrund der aktuellen und zukünftigen Ressourcensituation (Stärken/Schwächen) tun kann (vgl. Christensen/Andrews/Bower 1973, S. 236 ff.). Bei der Durchführung der Ressourcenanalyse empfiehlt sich eine dreistufige Vorgehensweise. In einem ersten Schritt werden die vorhandenen finanziellen, physischen, organisatorischen und technologischen Ressourcen erfasst und bewertet. Darauf wird das ermittelte Ressourcenprofil den Anforderungen des Marktes gegenübergestellt, um Stärken, Synergien aber auch Schwächen zu identifizieren. Abschließend sind nun durch einen Vergleich mit den Hauptkonkurrenten die Kompetenzen zu identifizieren, die zur Schaffung von Wettbewerbsvorteilen beitragen (vgl. Schreyögg 1984, S. 111 f.).

Damit kann mit der SWOT-Analyse einfach das Entscheidungsfeld des Planers eingegrenzt und damit greifbar gemacht werden, indem bestimmte Umweltchancen nicht ausgeschöpft werden, da sie den durch die vorhandenen Ressourcen abgesteckten Rahmen überschreiten oder mit dem Kompetenzprofil des Unternehmens nicht vereinbar sind. Auch weist sie auf meist zeitlich begrenzte Möglichkeiten hin, wenn die Unternehmenskompetenzen exakt die spezifischen Anforderungen des Marktes treffen (vgl. Meffert/Burmann/Kirchgeorg 2008, S. 237). Vorteilhaft ist hierbei vor allem, dass es sich um eine sehr einfache Methodik mit zugleich integrativem Charakter handelt (vgl. Macharzina 1999, S. 253).

Wie bereits erwähnt, soll neben dem einzelnen Ausweis der Teilwerte des Kundenwertes auch eine aggregierte Größe in Form eines Scoringwertes ausweisbar sein. Dieser Gesamt-

Scorewert führt nun die drei vorangehenden Teilsysteme zusammen und ermöglicht damit eine Ausssage über die Wertigkeit eines Kunden im Ganzen im Vergleich zu anderen Kunden.

5.5 Entwicklung eines Kunden-Scoringmodells

Bei einem Scoringmodell werden die für die Bewertung der Kundenattraktivität relevanten monetären und nicht-monetären Kriterien unter Einbezug von Gewichtungsfaktoren mit Punkten zu einem Gesamtscore verdichtet (vgl. Unterabschnitt 4.3.3.2.1). Die Verteilung der Gewichte sollte hier entsprechend des Einflusses, der Objektivität sowie der Aussagekraft der einzelnen Determinanten des Kundenwertes erfolgen. Die Skalierung der monetären Komponenten sollte idealerweise mittels einer Verhältnisskala erfolgen. Hierbei werden Zielerfüllungsgrade in diskete Punktwerte überführt. Durch Addition aller so berechneten Werte ergibt sich der kundenspezifische Gesamtscore (vgl. Abbildung 5-28). Er gewinnt seine Aussagekraft einzig und allein durch den Vergleich mit anderen Kunden, der Branche oder dem Vertriebskanal.

	Gewichtung	Score	Gewichteter Score
Monetär	**0,85**		**2,55**
Ertragswert	0,3	1	0,3
Entwicklungswert	0,5	4	2,0
Kooperationswert	0,05	5	0,25
Nicht-monetär	**0,15**		**0,27**
Penetrationswert	0,03	2	0,06
Referenzwert	0,03	1	0,03
Informationswert	0,03	1	0,03
Loyalitätswert	0,03	2	0,06
Liquiditätswert	0,03	3	0,09
Gesamtscore Kunde X			**2,82**

Abb. 5-28: Beispiel für ein Kunden-Scoringmodell

Die Vor- und Nachteile dieses Scorings decken sich weitgehend mit den Ausführungen in Unterbaschnitt 4.3.3.2.1. Vorteilhaft ist primär die Möglichkeit, qualitative Merkmale zu quantifizieren, um sie vergleichbar zu machen und sie mit quantitativen Merkmalen zu einer einfachen, aggregierten Größe zur Gewinnung eines ersten Überblicks für Entscheider zu verbinden. Nachteilig ist, wie bereits erläutert, die subjektive Kriterienauswahl, die Gewichtung, der Verlust der originären Dimension sowie der oft unvermeidliche Einfluss von Interdependenzen zwischen den einzelnen Kriterien (vgl. Mödritscher 2008, S. 172; Schmöller 2001, S. 182).

Um diese Abhängigkeiten zu minimieren sollten z. B. im Rahmen des Scoring-Modells die Frachtmehrkosten nur im Rahmen des Kooperationswerts berücksichtigt werden und nicht zusätzlich, wie in Unterbaschnitt 5.2.2.1 als Erweiterungsmöglichkeit ausgeführt, auch in den Ertragswert mit einfließen. Daneben muss man sich stets verdeutlichen, dass die Kundenzufriedenheit sowohl einen Einflussfaktor für den Referenz- als auch für den Loyalitätswert darstellt. Schließlich werden der Ertrags- und der Entwicklungswert von weiteren Kundenwertdeterminanten tangiert (vgl. Abbildung 4-13).

Auch muss kritisch die Vermischung von aktuellen und zukünftigen Einflussfaktoren angemerkt werden. Abhilfe könnte hier eine eindeutige Trennung in vergangenheitsorientierte Werte und zukunftsbezogene Potenziale schaffen, was jedoch einen Aufwand verursacht, der nicht zwingend in Relation zum Mehrwert steht. Nach der Entwicklung des Kundenwertsystems mit seinen einzelnen Komponenten sollen im Folgenden dessen Einsatzmöglichkeiten dargestellt werden.

6. Der Einsatz des Kundenwertsystems im Rahmen einer integrierten Vertriebssteuerung in der Automobilindustrie

6.1 Bedeutung des Kundenwertmanagements im Rahmen einer integrierten Vertriebssteuerung

Die in den vorhergehenden Kapiteln aufgezeigte Komplexität des Kundenwertes im Allgemeinen und des Kundenwertsystems im Speziellen im Rahmen der vorliegenden Arbeit legen nahe, ein kundenwertbasiertes Führungskonzept in Form des Kundenwertmanagements einzurichten (vgl. Eberling 2002, S. 63). Bruhn, Hadwich und Georgi definieren mit dem Begriff Kundenwertmanagement „die Analyse, Planung, Steuerung und Kontrolle sämtlicher Aktivitäten, die mit dem Ziel einer Steigerung des Kundenwertes eingesetzt werden“ (Bruhn/ Hadwich/Georgi 2006, S.353; vgl. ähnlich Wirtz/Schilke 2004, S. 28 und Bruhn/Georgi 2004, S. 373). Dieses Verständnis greift jedoch etwas zu kurz, da damit zwar ein wichtiger Punkt, nämlich die Steigerung des Kundenwertes, fokussiert wurde, jedoch weitergehende Einsatzmöglichkeiten des Kundenwertes im Rahmen des Unternehmens außen vor bleiben bzw. nur als zweckgebundene Mittel zur Erreichung der Steigerung des Kundenwertes angeführt werden. So ist das Kundenwertmanagement nicht als eigenständiges, freistehendes Konstrukt zu betrachten, sondern vielmehr eingebettet in diverse Umsysteme wie z. B. die Vertriebssteuerung, das Marketing-Management sowie die Gesamtunternehmensführung (vgl. Abbildung 6-1).

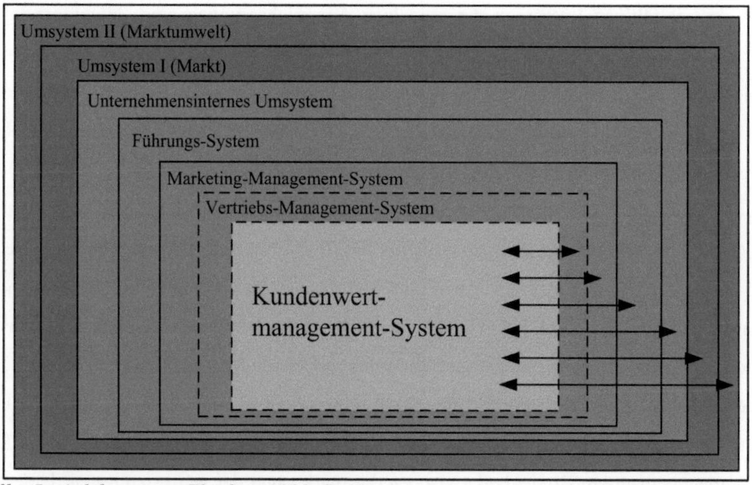

Quelle: In Anlehnung an Eberling 2002, S. 69
Abb. 6-1: Umsysteme des Kundenwertmanagements

Der Managementbegriff allgemein wird in zwei Dimensionen definiert. Neben dem **Management als Institution** unterscheidet man **Management als Funktion**. Ersteres Begriffsverständnis subsummiert alle Aufgaben- und Funktionsträger, die Entscheidungs- und Anordnungskompetenz haben sowie ihre Tätigkeiten und Rollen. Zweiteres umfasst im weitesten Sinne alle zur Steuerung eines Unternehmens notwendigen Aufgaben und Entscheidungen (vgl. Meckl 2006, S. 22 f.). Bruhn, Hadwich und Georgi legen den Schwerpunkt primär auf das funktionale Management. Jedoch ist auch eine mehr institutionelle Auffassung und Herangehensweise an das Kundenwertmanagement denkbar.

Für den weiteren Verlauf soll das Kundenwertmanagement daher wie folgt definiert werden:

Das Kundenwertmanagement umfasst jegliche Aufgaben, Entscheidungen (Funktionen) sowie deren Träger (Institutionen), die in Zusammenhang mit dem Kundenwert bzw. dem Kundenwertsystem stehen.

Das Ziel des Kundenwertmanagements ist damit zum Einen eine Informationsbereitstellung für jegliche im Unternehmen anfallenden Entscheidungen, bei welchen Kundeninformationen zweckdienlich sind, zum Anderen die Initiierung von Maßnahmen zur Steigerung der einzelnen Kundenwerte sowie deren Nachverfolgung im Rahmen einer wertorientierten Unternehmenssteuerung. Wird diese Korrelation zwischen Kundenwert und Unternehmenserfolg als gegeben gesetzt, ermöglicht eine Steigerung des Kundenwertes eine Verbesserung der Gewinnsituation (vgl. Hamel 2003, S. 480). Da das klassische Ziel der Gewinnmaximierung, auf Grund der vielfältigen Interessen der einzelnen Anspruchsgruppen eines Nutzfahrzeugherstellers, nicht mehr als alleiniges Hauptziel gilt, sondern zugleich mehrere Zielkategorien verfolgt werden, gilt es auch diese zu betrachten (vgl. Heinen 1971, S. 28 ff.; Haberfellner 1975, S. 37). So können Marktstellungsziele (z. B. Marktanteil, Umsatz), Rentabilitätsziele (z. B. Gewinn, Eigenkapitalrentabilität), finanzielle Ziele (z. B. Kreditwürdigkeit, Liquidität), soziale Ziele (z. B. Mitarbeiterzufriedenheit, soziale Sicherheit) sowie Macht- und Prestigeziele (z. B. Unabhängigkeit, gesellschaftlicher Einfluss) unterschieden werden (vgl. Becker 2002, S. 16). Die Beziehungen zwischen diesen einzelnen Zielen können konfliktär, komplementär oder neutral sein (vgl. Heinen 1971, S. 94 ff.). Dieses komplexe Zielbündel ist mitunter auch ein Grund für die Komplexität des daraus resultierenden Kundenwertsystems. Resultierend aus dieser Ausrichtung am Kunden und seinen Bedürfnissen sowie der gleichzeitigen Orientierung an dem Konzept der langfristigen Unternehmenswertsteigerung bildet das Kundenwertmanagement ein Bindeglied zwischen der markt- und der wertorientierten Unternehmensführung (vgl. Tewes 2003, S. 48).

Obwohl die Definition und die Zielsetzung des Kundenwertmanagements sich auf das Gesamtunternehmen beziehen, sollen im Folgenden auf Grund der Themenstellung der Arbeit die Ausführungen zu den Einsatzmöglichkeiten des Kundenwertsystems an Hand der integrierten Vertriebssteuerung dargelegt werden. Als strukturgebender Rahmen dienen die in Abschnitt 3.3 bereits beschriebenen Aufgaben und Funktionen des Vertriebscontrollings. Dabei lassen sich als Handlungsebenen des Managements eine strategische, eine taktische sowie eine operative Ebene unterscheiden. Sie lassen sich wiederum durch ihre Differenziertheit, Detailliertheit als auch ihre Fristigkeit voneinander abgrenzen (vgl. Pfohl 1981, S. 122 ff.). Im Marketing wird die taktische Ebene meist der operativen zugeschlagen oder gänzlich übergangen (vgl. Meffert/Burmann/Kirchgeorg 2008, S. 22). Dieser Zweiteilung kann auch im Rahmen des Kundenwertmanagements gefolgt werden, wobei jedoch der Übergang zwischen beiden Ebenen in den Bereichen Information, Planung und Kontrolle fließend ist und damit eine strikte Trennung kaum möglich ist (vgl. Eberling 2002, S. 78).

6.2 Nutzungsmöglichkeiten des Kundenwertsystems

6.2.1 Information

Im Rahmen der Informationsfunktion gilt es hier als zentrale Aufgabe des Kundenwertmanagements, Wissensdefizite über Kunden durch die Generierung und Bereitstellung von Informationen, die mit den Ausführungshandlungen zusammenhängen und das relevante Wissen erhöhen, zu reduzieren (vgl. Tewes 2003, S. 237). Dabei ist es oft schon ausreichend, die beim Nutzfahrzeughersteller bereits vorliegenden Informationen kundenwertbezogen auszuwerten und zu interpretieren. Nur wenn diese Informationen zur Verfügung stehen, kann eine zielgerichtete Steuerung erfolgen (vgl. Tewes 2003, S. 237 f.). Diese Kundenwertinformationen können mittels den in Kapitel 5 angeführten spezifischen Methoden ermittelt und in der Folge mittels geeigneter Analysemethoden für jegliche Vertriebsentscheidungen aufbereitet und zur Verfügung gestellt werden und damit im Rahmen der Planungs- und Kontrollfunktion unterstützend einwirken. Das heißt, es geht hier zum Einen um die Bereitstellung von absoluten Kundenwertdeterminanten eines Kunden aus Sicht des Nutzfahrzeugherstellers (vergleichbar mit der absoluten Vorteilhaftigkeit eines Investitionsobjektes), zum Anderen um die Darstellung des relativen Wertes eines Kunden im Verhältnis zu anderen Kunden (**Kundenaudit**) (vgl. Tewes 2003, S. 189).

Für Entscheidungen bezüglich der grundsätzlichen zukünftigen Entwicklung im Rahmen der integrierten Vertriebssteuerung kann das Kundenwertmanagement im Wesentlichen mit der

Bestimmung der zu haltenden oder zu entwickelnden Kundenerfolgspotenziale zur Fundierung der Planung und Kundenbetreuung sowie der frühzeitigen Erkennung von Entwicklungstendenzen im Kundenstamm unterstützend wirken (vgl. Scheer/Trost/Banzhaf 2008, S. 439). Die entscheidenden Mittel des analytischen Kundenwertmanagements sind hierbei die Untersuchung der Kundenattraktivität, oft auch als **Kundenklassifizierung** bezeichnet, und die **Kundensegmentierung**. Während es bei Ersterer primär um die Rangbildung innerhalb des Kundenstammes geht, werden in der Folge bei der Kundensegmentierung auf Grund ihrer Ähnlichkeit Segmente gebildet.

6.2.1.1 Strategische Information

6.2.1.1.1 Kundenklassifizierung

Die **Klassifikation von Kunden** nach ihrer vergangenheits- und/ oder zukunkftsbezogenen Bedeutung für den Nutzfahrzeughersteller kann mit Hilfe von Kunden-Rankings, ABC- und Kundenportfolio-Analysen erfolgen. All diese können, soweit die Datenbasis vorliegt, auch auf Geschäftsartenebene ablaufen und des Weiteren mittels eines modernen Management-Informationssystems beliebig nach Land, Jahr, Vertriebskanal, Produkten, betreuendem Key Account Manager und Branche ermittelt werden (vgl. Kapitel 7). Stets ist bei all diesen Instrumenten zu berücksichtigen, dass bei vorliegender gleicher Datenqualität die Aussagekraft von zukunftsbezogenen Komponenten des Kundenwertsystems fortwährend größer ist als die von vergangenheitsbezogenen.

a.) Kunden-Rankings

Zur Priorisierung von Kunden mit Hilfe von **Kunden-Rankings** können jegliche Teilwerte des Kundenwertsystems, aber auch der Kundenwert selbst in Form des Kunden-Scorings herangezogen werden (vgl. Abbildung 6-2). Bei diesem eindimensionalen Erfolgsmaßstab handelt es sich in der einfachsten Form um eine simple, aber je nach gewählter Erfolgsgröße doch bereits sehr aussagekräftige Rangreihung (vgl. Cornelsen 2000, S. 270). Vorteilhaft ist bei Kunden-Rankings vor allem ihre einfache Durchführbarkeit, nachteilig die Gefahr der Vernachlässigung von Neukunden oder Kunden mit Ausbaupotenzial durch Fokussierung der Marktbearbeitungsaktivitäten auf z. B. die Top Ten-Kunden.

Rang	Kundenname	Kundenwert nach Kunden-Scoring	Vorjahreswert
1	Kunde a	5,8	4,2
2	Kunde b	5,4	5,5
3	Kunde c	5,3	3,3
4	Kunde d	4,9	4,9
5	Kunde e	4,7	4,8
6	Kunde f	4,5	2,0
7	Kunde g	4,4	4,4
8	Kunde h	4,3	3,0
9	Kunde i	3,5	5,0
10	Kunde j	2,2	2,0
...	...	...	...

Abb. 6-2: Beispiel für ein Kunden-Ranking

b.) ABC-Analysen

Zur Analyse und darauf folgenden Priorisierung aller Großkunden oder auch des gesamten Kundenstammes eines Nutzfahrzeugherstellers mit Hilfe der **ABC-Analyse** erfolgt wiederum in einem ersten Schritt die Bildung einer Rangordnung nach der relativen Bedeutung von Kunden. Dabei findet eine grobe Klassifizierung in A-, B- und C-Kunden an Hand des Kundenwertes statt. Eine analoge Vorgehensweise zum Kunden-Ranking mit Teilwerten ist auch hier denkbar. Darüber hinaus gilt es, den Bewertungszeitraum für die ABC-Analyse zu definieren (vgl. Eberling 2002, S. 169). Da periodenbezogene Betrachtungen die Bewertung unzweckmäßig verzerren können, sollte bei einer retrospektiven Betrachtung ein Zeitraum von fünf Jahren gewählt werden bzw. bei einer prospektiven Betrachtung der operativen Planung gefolgt werden (vgl. Unterbaschnitt 4.2.2.1 und Unterabschnitt 5.3.3). Wie in Abbildung 6-3 dargestellt, finden sich in Gruppe A sodann die ersten 10 Prozent, der Gruppe B gehören die nächsten 20 Prozent an und die restlichen 70 Prozent werden der Gruppe C zugeordnet. Die grafische Darstellung erfolgt in Form einer Lorenz-Kurve (vgl. Helm/Günther 2003, S. 16). Häufig wird dabei die 80:20-Regel bestätigt, wonach auf 20 Prozent der Kunden 80 Prozent der Gesamterträge entfallen (vgl. Homburg/Daum 1997, S. 395; Plinke 1997, S. 136 f.).

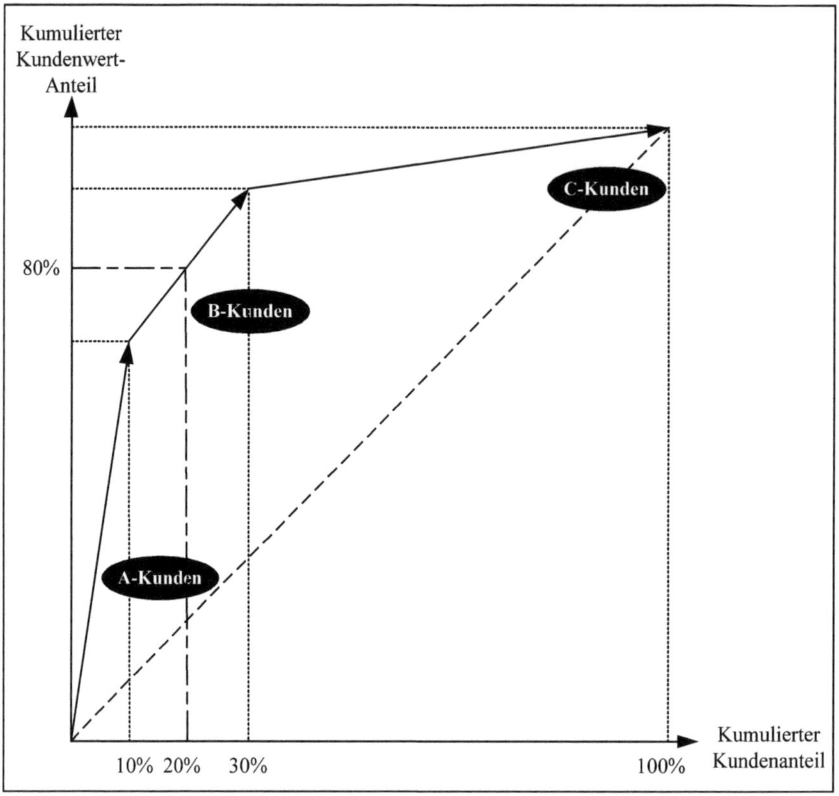

Quelle: In Anlehnung an Helm/Günter 2003, S. 16.
Abb. 6-3: Beispiel einer ABC-Analyse

Je nachdem, wie die Kurve gekrümmt ist, kann darüber hinaus die Risikosituation abgeschätzt werden. Durch diese wird der zukünftige Erfolg erheblich beeinflusst. Van Raaij kategorisiert hierfür die folgenden in Abbildung 6-4 dargestellten vier Risikotypen:

Bei einer ausgeprägten Abhängigkeitssituation des Unternehmens von den vorliegenden Kunden, aber zugleich einer geringen Subventionierungleistung, liegt auf Grund eines ausgeglichenen Profils nur ein geringes Risiko vor (Situation I). Ist die Abhängigkeit dagegen auch gering, so handelt es sich um einen im Kundenstamm anzustrebenden Idealzustand (Situation II). Demgegenüber liegt bei Situation III ein hohes Risiko vor, da hier bei einer hohen Abhängigkeit von wenigen Kunden gleichzeitig eine hohe Subventionierungsleistung notwendig ist. Soweit schließlich eine hohe Subventionierung vorliegt, jedoch die Abhängigkeit eher niedrig ausgeprägt ist (Situation IV), sollte man die Bemühungen auf die verlustbringenden

Kunden konzentrieren. Einige dieser Kunden mögen nicht auf Grund schneller Gewinne, sondern aus langfristigeren Orientierungen für das Unternehmen attraktiv erscheinen. Aber auch von diesen Kunden stellt jeder Kunde grundlegend eine Möglichkeit dar, die Erträge zu erhöhen (vgl. van Raaj 2005, S. 378).

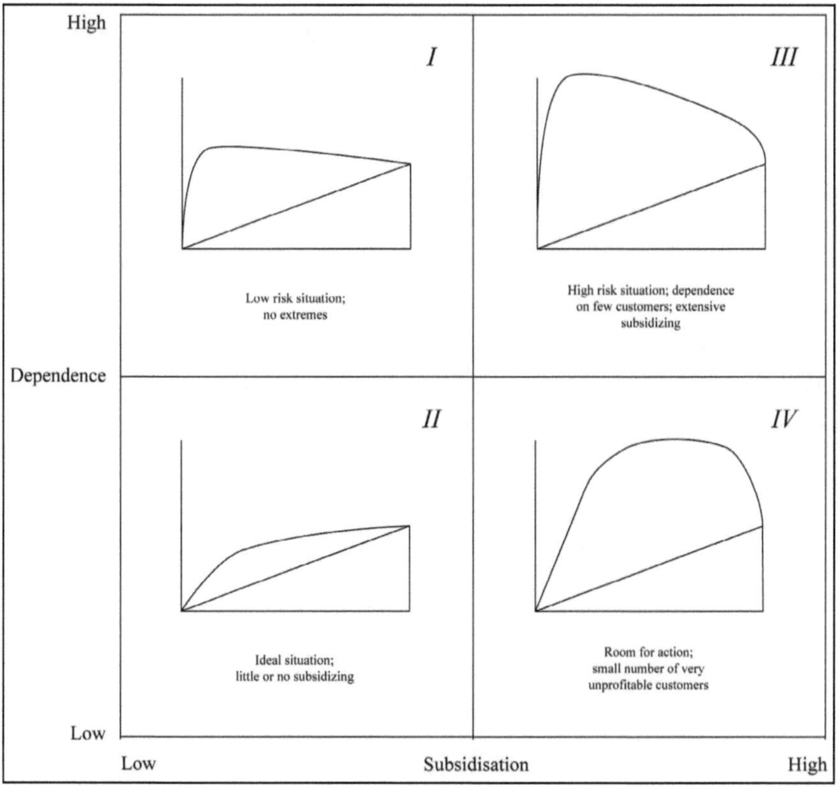

Quelle: In Anlehnung an van Raaij 2005, S. 378
Abb. 6-4: Typen von ABC-Analysen (Risikotypen)

Dennoch darf nicht vergessen werden, dass die ABC-Analyse eher ein Instrument zur schnellen Beurteilung der Kundenstruktur als für individuelle Bewertungen und Analysen ist (vgl. Eberling 2002, S. 169). Dies impliziert auch, dass das Potenzial neuer oder ausbaufähiger Kunden unter Umständen nicht erkannt wird (vgl. Detroy/Behle/Vom Hofe 2007, S. 10). Abhilfe können hier die im weiteren Verlauf erläuterten Kundenportfolio-Analysen schaffen.

c.) Kundenportfolio-Analysen

Generell ermöglicht der Vergleich mit dem Gesamtbedarf- oder –potenzial einer Kundenbeziehung die Bestimmung der Obergrenze realisierbarer Wertbeiträge (vgl. Eberling 2002, S. 269). Im Falle der einzelnen Geschäftsarten der automobilen Wertschöpfungskette bedeutet dies z. B. die Gegenüberstellung von zukünftigem erschließbarem Fuhrparkpotenzial (Potenzial an Serviceverträgen, Finanzierungen, Werkstattgeschäft) und dem gegenwärtigen Fuhrparkbestand (Anzahl von Service-, Finanzverträgen, Werkstattgeschäft) von Eigenfabrikaten. Wichtig ist auch hier wieder wie bei der Fuhrparkpenetrationsrate die Prüfung, ob ein Kunde bewusst eine Mehrmarkenstrategie wählt (vgl. Unterabschnitt 5.4.2). Des Weiteren kann die Gegenüberstellung von Ertrags- und Entwicklungswert sehr aufschlussreich sein, aber auch jegliche andere Teilwert-Portfolioanalysen oder Gruppierungen von Teilwerten in Form eines Scorings. Entscheidend ist letztendlich immer, dass die Unabhängigkeit der Dimensionen gewahrt bleibt, da es sonst zu Verzerrungen kommt (vgl. Rudolf-Sipötz 2001, S. 40). Exemplarisch werden in der folgenden Abbildung 6-5 zur Beurteilung der Potenzialausschöpfung Ertrags- und Entwicklungswert gegenübergestellt. Die Größe der Kreise kann dabei eine Penetrationsrate darstellen, die Umrandung als Indikator für ein vorliegendes Gegengeschäft dienen.

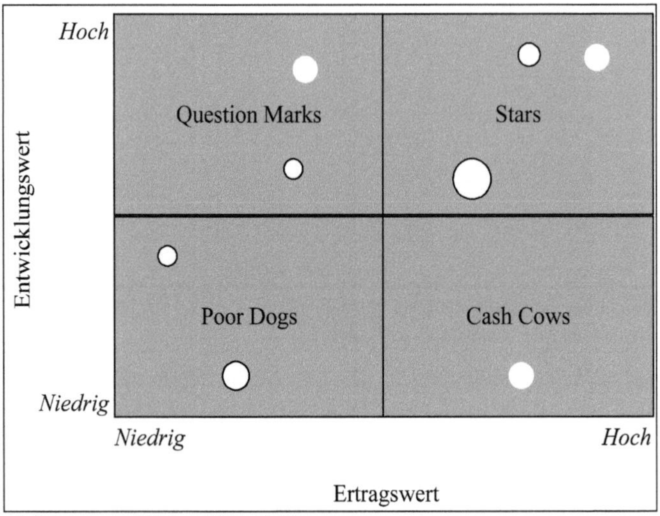

Quelle: In Anlehnung an Rieker 1995, S. 73
Abb. 6-5: Beispiel einer Kundenportfolio-Analyse

„Stars“ besitzen bereits einen hohen Ertragswert, weisen aber zugleich ein hohes Potenzial für die Zukunft auf. Hier sollte die bestehende Position eindeutig ausgebaut werden, eine potenzialgerechte Zielsetzung liegt bereits vor. Auch mit „Cash Cows“ wird bereits ein hoher Ertrag generiert, jedoch weisen sie nur ein geringes Potenzial für die Zukunft auf. Hier empfiehlt sich ein Abschöpfen der Erträge. Bei „Poor Dogs“ wird das Potenzial zwar nicht vollständig genutzt, auf Grund der geringen Ertragsmöglichkeiten besteht hier jedoch auch kein Bedarf für eine Zielanpassung. „Question Marks“ schließlich sollten selektiv entwickelt werden. Das bedeutet, trotz einem niedrigen Ertragswert erscheinen diese auf Grund deren Entwicklungswerts attraktiv. Jedoch reichen die Finanzmittel für eine pauschale Förderung aller Kandidaten nicht aus, daher sollte für eine spekulative Investition selektiert werden. Eine stetige Überwachung der Entwicklung kann mögliche Verluste in Grenzen halten.

Diese Ermittlung kundenbezogener Ist-Größen und deren Vergleich mit den diesbezüglichen Zielsetzungen oder Wertpotenzialen liefert erste wertvolle Hinweise zur Bestimmung von Chancen und Potenzialen im Kundenwertbereich und die Möglichkeit zur Ableitung von Normstrategien, auf die detailliert im Unterabschnitt 6.2.2.1.1 eingegangen werden wird. Bedrohungen werden jedoch nicht erfasst. Auch kann eine Betrachtung der Kundenportfolio-Analyse im Zeitablauf Strukturveränderungen aufzeigen und damit eine Frühwarnfunktion einnehmen (vgl. Rudolf-Sipötz 2001, S. 41). Leider liefert die Kundenportfolio-Analyse über die Problemidentifikation und die Ableitung von grundlegenden Stoßrichtungen hinaus jedoch nur wenige Erkenntnisse zur Ursachenanalyse (vgl. Eberling 2002, S. 270). Abhilfe kann hier erst die im weiteren Verlauf erläuterte operative Analyse der kundenwertbezogenen Schwachstellen schaffen (vgl. Unterabschnitt 6.2.1.2.2).

6.2.1.1.2 Kundensegmentierung

In einem zweiten Schritt können aufbauend auf der Kundenklassifizierung Kundensegmente basierend auf dem Kundenwert bzw. Teilgrößen des Kundenwertes gebildet werden (**Kundensegmentierung**). Auch hier ist wie bei der klassischen Kundensegmentierung eine Aufteilung in einzelne, möglichst homogene und untereinander möglichst heterogene Käufergruppen für eine gezielte Bearbeitung empfehlenswert (vgl. Unterabschnitt 3.3.1). Schließlich müssen die Segmentierungskriterien folgende Anforderungen erfüllen (vgl. Meffert/Burmann/Kirchgeorg 2008, S. 190):

- *Kaufverhaltensrelevanz* – Es muss sich um Indikatoren handeln, die verhaltensrelevant für das zukünftige Kaufverhalten sind.
- *Messbarkeit* – Die Messung und Erfassung muss mit den vorhandenen Marktforschungsmethoden möglich sein.

- *Erreichbarkeit* – Die Kriterien sollen die Kunden so segmentieren, dass eine eindeutige Identifizierung möglich ist und der Einsatz von Maßnahmen zielführend ist.
- *Handlungsfähigkeit* – Die Kriterien müssen den gezielten Einsatz von Instrumenten ermöglichen.
- *Wirtschaftlichkeit* – Die identifizierten Kundensegmente müssen groß genug sein, um segmentspezifische Maßnahmen zu rechtfertigen.
- *Zeitliche Stabilität* – Die Kriterien müssen über einen längeren Zeitraum stabil bleiben.

Eine rein am Kundenwert orientierte Segmentierung wird jedoch in den seltensten Fällen zu einer optimalen Marktbearbeitung führen. Vielmehr sollte die Kundenwertsegmentierung stets mit der klassischen Kundensegmentierung kombiniert werden (vgl. Duderstadt 2006, S. 109).

6.2.1.2 Operative Information

Im Rahmen der operativen Informationsfunktion geht es primär um Entscheidungen bezüglich der optimalen Nutzung gegenwärtiger Erfolgspotenziale. Das Kundenwertmanagement stellt hierfür eine detaillierte Einzelkundenanalyse für Großkunden bereit. So kann generell die Entwicklung des Kunden bezüglich jeglicher Teilwerte des Kundenwertes wertschöpfungskettenübergreifend nachvollzogen werden (**Situationsanalyse**) und es können **kundenbezogene Schwachstellenanalysen** durchgeführt werden. Im Folgenden soll eine eingehendere Betrachtung dieser folgen.

6.2.1.2.1 Situationsanalyse

Die Situationsanalyse bietet die Möglichkeit, die Entwicklung des Kunden im Zeitverlauf wertschöpfungskettenübergreifend nachzuvollziehen, Kundenverbundbeziehungen aufzudecken sowie das weltweite Einkaufsverhalten des Kunden transparent zu machen. So kann eine ergebnisbezogene Betrachtung bezüglich jeglicher Geschäftsarten pro Jahr aber auch über einen längeren Betrachtungszeitraun je Kunde durchgeführt werden. Daneben können Veränderungen im Nachfrageverhalten und daraus resultierend Ergebnisveränderungen bei einem Kunden aufgedeckt werden. Auch kann detailliert erörtert werden, welche Produkte der Kunde primär nachfragt, um daraus eventuelle Cross- bzw. Up-Selling-Möglichkeiten zu identifizieren. Weiter können mehrere Kunden bezüglich ihres Ergebnisbeitrages oder bezogen auf einzelne Geschäftsarten verglichen werden und Bedarfe von Kunden zeitnah erfasst werden. Denkbar ist hier eine proaktive Ansprache des Kunden bei einem auslaufenden Service- oder Finanzierungsvertrag. Auch bietet das Kundenwertmanagement der Vertriebssteuerung so ein Frühwarnsystem bei einer sich anbahnenden Beendigung einer Kundenbeziehung. Indikatoren können hier ausbleibende Folgebestellungen, aber auch bewusste Verlagerungen von eigenen Fuhrparkanteilen an Konkurrenten sein.

Darüber hinaus kann das Kundenwertmanagement ein Entscheidungskriterium in Form des Kundenwertes oder einzelner Determinanten für ein Geschäft, aber auch für die Vergabe eines Gegengeschäftes bieten (vgl. Unterabschnitt 4.2.2.2). Da es sich bei Nutzfahrzeugen, wie in Unterabschnitt 2.2.1 erläutert, um ein zyklisches Geschäft handelt, erscheint die Informationsbereitstellung für die Entscheidung von Geschäften bei ausgelasteten Kapazitäten besonders interessant. Als Maxime muss hier auf jeden Fall eine Fixkostendeckung angestrebt werden. Wird nicht an der Kapazitätsgrenze agiert, so sollte eine Verteilung an Hand des Deckungsbeitrages instrumentalisiert werden. Aber auch weitere Teilwerte können wie auch bei der Vergabe von Gegengeschäften grundlegend herangezogen werden. Schließlich können natürlich auch alle Informationen des Kundenwertsystems für jegliche andere kundenbezogene Entscheidungen des Vertriebs herangezogen werden und damit als Basis für Auswertungen dienen. Kritisch muss hierbei angemerkt werden, dass der Wert der Informationen stets von ihrer Qualität, d.h. dem eingebrachten Aufwand bei der Erfassung, aber auch bei des Detailgrades der verwendeten Methodik abhängig ist.

6.2.1.2.2 Kundenbezogene Schwachstellenanalyse

Allgemein sind Schwachstellenanalysen vor allem in der wertorientierten Unternehmensführung unter dem Begriff der Werttreiberanalyse sehr verbreitet und bauen auf das Shareholder-Value-Netzwerk auf (vgl. Rappaport 1999, S. 67 ff.). Angewandt auf ein zielgerichtetes Kundenwertmanagement ist hier vor allem die Kenntnis der Ursachen, auf denen der Kundenwert bzw. ein Teilwert basiert, sehr wichtig. Nur durch Kenntnis dieser Kundenwerttreiber können in der folgenden Planung wertsteigernde Strategien und Maßnahmen abgeleitet werden. Durch die Ausführungen zu den Einflussfaktoren im Rahmen der Konzeption der Determinanten in Abschnitt 4.2 sind diese Kundenwerttreiber jedoch bereits bestimmt. Als nächstes sollen daher nur für einige Determinanten des Kundenwertes exemplarisch mögliche Ansatzpunkte für Schwachstellenanalysen aufgezeigt werden.

So können z. B. der **Ertrags- und Entwicklungswert** mit Hilfe von Erlös-, Kosten- oder Absatzstrukturanalysen untersucht werden, wobei ein Vergleich mit anderen Kunden des gleichen Vertriebskanals bzw. der gleichen Branche (Einzelkunden- oder Durchschnittsvergleich) oder historischen Erfahrungswerten aufschlussreich sein kann. Eine häufig auftretende Schwachstelle sind hier überhöhte Nachlässe in Relation zum getätigten Umsatz, aber auch eine asymmetrische Kosten-Erlös-Relation (vgl. Tewes 2003, S. 191). Bei der Strukturanalyse des Absatzes ist vor allem eine Betrachtung der Kaufhäufigkeit und des Produkt-Mixes des Kunden aufschlussreich (vgl. Cornelsen 1998, S. 89 ff.). Erstere kann z. B. zum Problem werden, wenn stets Bestellungen kleiner Auftragsvolumina erfolgen. Dieser Fall tritt beim Geschäft mit Nutzfahrzeugen sehr häufig bei Einzelkunden auf. Zweitere bilden primär eine Schwachstelle, wenn nur Produkte mit einer niedrigen Marge vom Kunden erworben werden. Auch können viele Schwachstellen im Rahmen einer Kostenanalyse mit Hilfe der kundenspezifischen Prozesskostenrechnung aufgedeckt werden (vgl. Unterabschnitt 5.2.2.1). So kann z. B. übermäßiger Aufwand bei der Auftragsanbahnung, des Abschlusses oder der Realisierung den Ertrags- und Entwicklungswert negativ beeinflussen (vgl. Tewes 2003, S. 191).

Zur gezielten Ausschöpfung des **Cross-Selling-Potenziales** bietet sich die systematische Analyse des Kundenbedarfs an, um diesbezügliche kundenindividuelle Mängel zu erkennen. Auch hier kann durch Quervergleiche mit anderen Kunden oder Kundengruppen bzw. durch Nutzung von Erfahrungswerten der Vergangenheit eine Potenzialabschätzung erfolgen. Des Weiteren muss geprüft werden, ob eine Schwachstelle in Form geringer Bindungsintensität mangels Vertrauen zum Nutzfahrzeughersteller vorliegt und damit einhergehend eine geringe Cross-Selling-Bereitschaft (vgl. Tewes 2003, S. 192).

Schwachstellen des **Penetrationswertes** sind häufig ein zu geringer Ausschöpfungsgrad, aber auch eine mangelnde aktive Ansprache des Kunden bezüglich zukünftigem Bedarf. Beim **Referenzwert** hingegen sind eine Mengen- und eine Inhaltskomponente zu unterscheiden. Während Erstere vom Anbieter kaum zu beeinflussen ist, kann die Richtung der Referenz einer Schwachstellenanalyse unterzogen werden. So gilt es den Grad und die Ursachen der Kundenzufriedenheit zu untersuchen. In der Folge kann sich dann herausstellen, dass z. B. die Unzufriedenheit eines Kunden nicht auf einem generellen Marken- oder Herstellerpessimismus beruht, sondern lediglich die Werkstattleistung unbefriedigend ist. Dies führt zu völlig anders gearteten Handlungsimplikationen, als wenn die Unzufriedenheit auf einem mangelhaften Marken- bzw. Herstellerimage beruhen würde (vgl. Cornelsen 2000, S. 277). Auch kann der Nutzfahrzeughersteller bei Vorliegen eines Kunden mit großem sozialem Netz oder einer Meinungsführerschaft die Bearbeitung ausbauen (vgl. Tewes 2003, S. 194). So kann z. B. dieser in seinem Umfeld neue potenzielle Kunden ansprechen und wird im Fall eines Abschlusses nachlassseitig beim nächsten Geschäft entlohnt. Auch kann z. B. eine Meinungsführerschaft eines Kunden im Rahmen eines Verbandes für das Unternehmen genutzt werden.

Voraussetzung hierfür müssen jedoch immer das Einverständnis und das Vorliegen von Interesse seitens des Kunden sein.

Informationswertbezogene Schwachstellen können in einer zu geringen Anzahl von Informationskontakten zwischen Nutzfahrzeughersteller und Kunde begründet sein, aber auch in einer mangelnden Informationsqualität. Ersterer Sachverhalt wird primär durch das Feedbackverhalten des Kunden sowie der grundsätzlichen Möglichkeit zur Kontaktaufnahme bestimmt, Zweiterer tangiert die Verwertbarkeit und Nutzbarkeit der Kundeninformationen (vgl. Cornelsen 2000, S. 277). Generell sollten Kunden bezüglich ihres zukünftigen Informationspotenziales kritisch analysiert werden, wenn zwar eine hohe Anzahl an kostenverursachenden Informationskontakten vorliegt, die dabei vom Kunden eingebrachten Informationen jedoch nur einen geringen Informationsnutzen aufweisen. Und auch in der umgekehrten Situation von wenigen, aber sehr produktiven Informationskontakten sollte das Vorliegen von eventuell bisher ungenutztem Informationspotenzial analysiert werden (vgl. Tewes 2003, S. 193).

Beim **Loyalitätswert** muss wie auch beim Informationswert die Kundenzufriedenheit detailliert erörtert werden. Eine Schwachstelle kann daneben auch mangelndes Vertrauen oder Commitment sein. Daher gilt es auch diese Einflussfaktoren stets kritisch zu analysieren.

Der **Liquiditätswert** schließlich weist häufig Schwachstellen in Form eines schlechten Finanzratings, aber auch eines unregelmäßigen Zahlungsverhaltens auf. Zusammenfassend sollen in der folgenden Abbildung 6-5 die einzelnen Determinanten des Kundenwertes, ihre wesentlichen Einflussfaktoren sowie deren potenzielle Schwachstellen nochmals aufgeführt werden.

Kundenwert-determinanten	Einflussfaktoren der Determinanten	Potenzielle Schwachstellen
Ertrags- und Entwicklungswert	• Preis • Kaufmenge • Erlösschmälerungen • Kosten • indirekt: alle anderen Determinanten	• Im Verhältnis zum Umsatz zu hohe Erlösschmälerungen • Geringe Ausschöpfung des Entwicklungswertes • Hohe Beanspruchung der Unternehmensressourcen durch kundenindividuelle Anpassungen der Leistungen bzw. des Transaktionsprozesses
Cross-Selling-Wert	• Cross-Buying-Bereitschaft • Kundenorientierung • Breite des Produktprogramms	• Vollständiges Leistungsangebot dem Kunden unbekannt • Bedarf des Kunden durch eigenes Leistungsangebot noch nicht abgedeckt • Fehlendes Vertrauen auf Kundenseite zur stärkeren Anbieterbindung
Kooperationswert	• Transportpreisangebot des Kunden • Vergabeentscheidungs-kriterien des Vertriebs	• Ungünstige Kostenposition • Kein Netz im relevanten Gebiet • Mangelnde Professionalität
Penetrationswert	• Fuhrparkgröße • Beschaffungsstrategie des Kunden • Bedarf an Service- und Finanzdienstleistungen	• Zu geringer Ausschöpfungsgrad • Mangelnde aktive Ansprache des Kunden auf weitergehenden Bedarf
Referenzwert	• Referenzpotenzial • Referenzvolumen • Image	• Unzureichende Ansprache von Meinungsführern oder Kunden mit großem sozialen Netz • Mangelhaftes Beschwerdemanagement
Informationswert	• Inhalt der Information • Qualität der Information • Feedbackbereitschaft	• Geringe Anzahl an Informationskontakten auf Grund unzureichender Kontaktmöglichkeiten • Geringe Qualität der Informationen, z.B. auf Grund unzureichender Auswertung normativer Informationen aus dem Beschwerdemanagement
Loyalitätswert	• Kundenzufriedenheit • Commitment • Vertrauen • Abhängigkeit	• Geringe Kundenzufriedenheit z.B. auf Grund eines geringen Kundennutzens • Unzureichende Kompensationsmöglichkeiten zur Überwindung von Wechselbarrieren
Liquiditätswert	• Rating • Zahlungsverhalten	• Mangelnde Anreize für zeitnahe Begleichung der ausstehenden Beträge • Liquidität

Quelle: In Anlehnung an Tewes 2003, S. 195

Abb. 6-6: Potenzielle Schwachstellen bei Kunden bezüglich des Kundenwertes

6.2.2 Planung

Wie bereits in Unterabschnitt 3.3.2.2 dargelegt wurde, kann die Planung als „...systematisches zukunftsbezogenes Durchdenken von Zielen, Maßnahmen, Mitteln und Wegen zur zukünftigen Zielerreichung" aufgefasst werden (vgl. Wild 1982, S. 13). Die strategische Planung erarbeitet hierfür eher langfristige und aggregiert formulierte Vorgaben für die Entwicklung des Geschäftsfelds, um mit der Schaffung und dem Erhalt von Erfolgspotenzialen die Zielerreichung zu ermöglichen. Sie ist gekennzeichnet durch eine größere Irreversibilität der Entscheidung und hat damit einen sturkturgebenden Charakter, aber auch zugleich eine größere Ungewissheit und Unsicherheit des Entscheidungsfeldes im Vergleich zur operativen Planung (vgl. Schierenbeck/Wöhle 2008, S. 116 f.). Die operative Planung transformiert dann diese angestrebten und in Strategien ausgedrückten Entwicklungen in konkrete Maßnahmen (vgl. Becker 2002, S. 834 ff.; Homburg 2000, S. 6).

6.2.2.1 Strategische Planung

Im Bereich der strategischen Planung kann das Kundenwertmanagement bei der **Identifikation von wertvollen Zielsegmenten** und darauf aufbauend bei der **Ableitung von Kundenstrategien** zur wertorientierten Kundenbearbeitung behilflich sein. Ebenfalls bietet es **Anhaltspunkte für die integrierte Vertriebssteuerung zur Organisationsgestaltung** sowie ein **kundenwertorientiertes Leistungs-Anreiz-System**.

6.2.2.1.1 Identifikation von wertvollen Zielsegmenten und Ableitung von Kundenstrategien

Als Basis für die **wertorientierte Kundensegmentierung** und die Ableitung differenzierter Strategien dienen die in Unterabschnitt 6.2.1.1.1 bereits angesprochenen Kundenportfolio-Analysen. Die Segmentierung kann hierbei einzelkundenorientiert („Segment-of-one") oder kundengruppenorientiert an Hand statistischer Verfahren erfolgen (z. B. Clusteranalyse) und z. B. in der Folge der Fokus auf die renditestarken Kunden gelegt werden und damit ein jeweiliger Anspruch auf das Gesamtbereichsergebnis anvisiert werden. Des Weiteren lassen sich so einfach Kundengruppen mit hohem Potenzial bei einem Downstream-Produkt ausfindig machen und es kann darauf eine Zielvorgabe für dieses Segment definiert werden. Auch ist mittels des Kundenwertsystems eine Nachverfolgung des Zielerreichungsgrades über die gesamte automobile Wertschöpfungskette je Kundenwertsegment möglich. Daneben bietet sich an, Key Accounts auf diese Weise ausfindig zu machen. Da jedoch die Einrichtung einer KAM-Struktur mit hohen Anfangsinvestitionen einhergeht, muss ein Nutzfahrzeughersteller stets abwägen, welche Kunden mit dieser aufwendigen Organisationsform bedacht werden (vgl. Krafft 2002, S. 227). Problematisch ist weiterhin das Dilemma zwischen Fixierung und Dynamisierung der Segmentzugehörigkeit. Einerseits müssen selbstverständlich Segmentwanderungen von Kunden möglich sein, andererseits können kurzfristige Verhaltensänderungen von Kunden nicht sofort zu einer verändernden Segmentzuordnung führen (vgl. Bruhn/Georgi 2004, S. 386). So könnte z. B. bei verschiedenen Betreuungsmodellen bei einer dynamischen Segmentierung der Kunde zuerst durch einen Key Account Manager betreut werden und kurze Zeit später von einem Händler oder einer Niederlassung. Um dies zu vermeiden, empfiehlt sich, einen großen Zeitraum für die einfließenden Komponenten des Kundenwertsystems zu wählen.

Überdies sind mit der Kundenportfolio-Analyse stets **Portfolio-Strategien** eng verknüpft, die wesentliche strategische Maßnahmenalternativen für wertorientierte Kundenbearbeitungskonzepte enthalten. In Abbildung 6-7 sind zwei ausgewählte Beispiele dargestellt. Inhalt und Ausrichtung dieser Strategien gehen größtenteils aus den Kundenbezeichnungen bzw. den Kurzbeschreibungen hervor. Allgemein wird in den hier aufgeführten Portfolios für rechts oben positionierte Kunden eine mit Investitionen verbundene Erhaltungs- und Bindungsstrategie und für sich links unten in der Darstellung befindende Kunden eine durch Desinvestitionen geprägte Rückzugs-, Selektions- oder Kostensenkungsstrategie vorgeschlagen (vgl. Eberling 2002, S. 288). Rückzug soll bei den heutzutage vorherrschenden Käufermärkten jedoch keinesfalls eine Beendigung der Kundenbeziehung in Form einer Leistungsverweigerung bedeuten, sondern lediglich eine Preiserhöhung bzw. die Einstellung der gezielten und individuellen Bearbeitung des Kunden zur Folge haben (vgl. Tewes 2003, S. 196). Neben diesen Extrempunkten sind darüber hinaus weitere differenziertere Strategieoptionen in jedem Kundenportfolio enthalten. So findet sich links oben das Feld der offensiven Strategie, wobei hier Investitionen in den Ausbau und die Entwicklung der Kundenbeziehung zur Aktivierung des Wertpotenziales von Kunden getätigt werden. Für Kunden rechts unten in der Matrix wird dagegen eine defensive Strategie in Form einer Abschöpfung der kundenbezogenen Wertbeiträge bei gleichzeitigen minimalen zukunftsbezogenen Investitionen zur Verteidigung der Kundenbeziehung empfohlen. Weitere Optionen im Rahmen einer 9-Felder-Matrix (statt einer 4-Felder-Matrix) sind meist nur Mischformen und Abstufungen (vgl. Eberling 2002, S. 289). Als Aufsatzpunkte für die Kundenwertsteigerung können damit zum Einen die Ausschöpfungsgrade von Kundenbeziehungen optimiert werden, zum Anderen kann der Aufbau neuer Wertpotenziale bei Kunden vorangetrieben werden (vgl. Eberling 2002, S. 290).

Nicht vergessen werden darf jedoch, dass der Entwicklungswert und damit das monetäre Kundenwertpotenzial bei der vorliegenden Arbeit mit Hilfe aktueller operativer Planungen ermittelt wird. Eine auf diesem Wert aufbauende Kundenbearbeitung vernachlässigt die Möglichkeit, durch eine gezielte Anpassung der einzelnen Kundenstrategien die Ausschöpfung des Kundenwertpotenzials zu steigern. Daher empfiehlt es sich, für langfristige strategische Entscheidungen hier das Kundenwertpotenzial in Form des Penetrationswertes heranzuziehen.

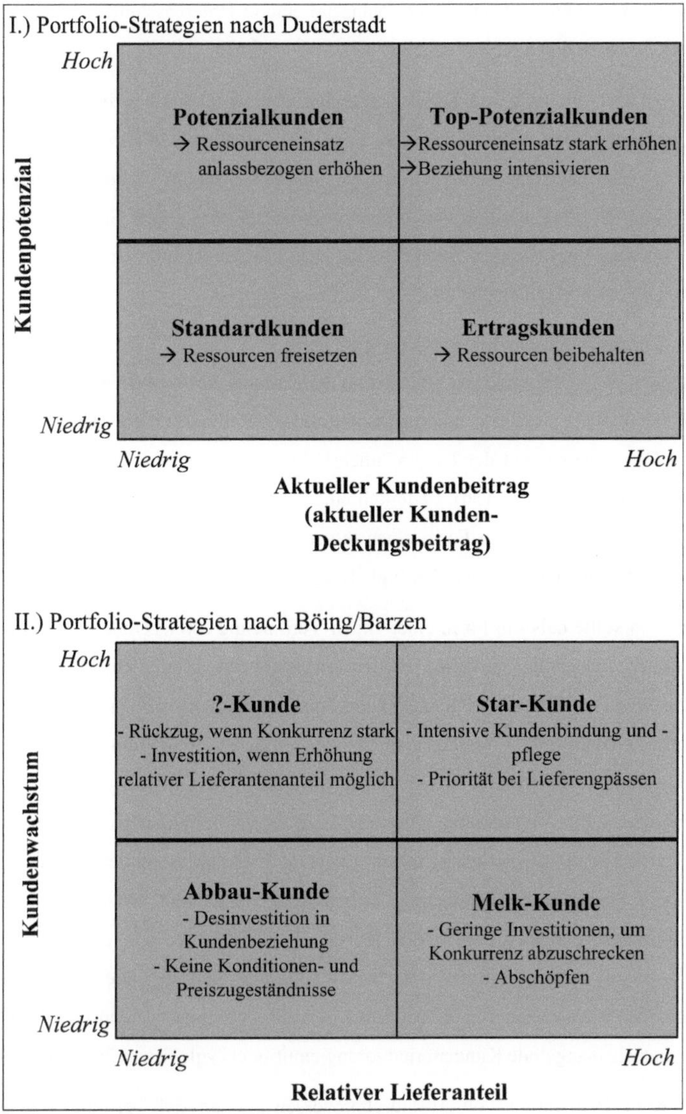

Quelle: Duderstadt 2006, S. 107; Böing/Barzen 1992, S. 186

Abb. 6-7: Beispiele für Kundenportfolio-Strategien

Auf Grund der nicht immer eindeutigen Feldbezeichnungen (z. B. „Question Marks") ist es dennoch oft nicht ausreichend, die vorgegebene Normstrategie zu verfolgen (vgl. Eberling

2002, S. 290). Vielmehr sollte auch hier ergänzend eine in Unterbaschnitt 5.4.2 bereits erläuterte SWOT-Analyse durchgeführt werden.

Sehr eng mit der Ableitung von Kundenstrategien verknüpft ist auch die Organisationsgestaltung. So formulierte Chandler bereits im Jahr 1962 aufbauend auf einer Untersuchung der Entwicklung amerikanischer Unternehmen die These „Structure follows strategy" (vgl. Chandler 1962, S. 383). Kreikebaum widersprach dieser einseitigen Sichtweise und ging vielmehr von einer gegenseitigen Beeinflussung aus: „Strategy affects structure and structure affects strategy" (vgl. Kreikebaum 1997, S. 212 f.).

6.2.2.1.2 Kundenwertorientierte Organisationsgestaltung

Im Fall der kundenwertorientierten Organisationsgestaltung gibt es auf Grund einer Vielzahl unternehmensinterner als auch unternehmensexterner Einflussgrößen, der historisch gewachsenen Organisation und der Unternehmenskultur nicht die „richtige" Organisationsgestaltung (vgl. Rieker 1995, S. 150). Lediglich eine ausgeprägte Kundenorientierung für Kunden mit hohem Kundenwert in Form einer Integrations- und Prozessorientierung kann als Grundvoraussetzung nahegelegt werden (vgl. Tewes 2003, S. 326).

Die Integration sollte dabei in Form einer engen Verbindung zwischen den Großkunden und dem Nutzfahrzeughersteller (**externe Integration**), der anbieterinternen Abteilungen sowie der mit der Betreuung befassten Personen beim Nutzfahrzeughersteller in Form eines koordinierten Auftretens gegenüber dem Kunden erfolgen (**interne Integration**) (vgl. Rieker 1995, S. 118). Die externe Integration betrifft dabei vor allem den Einbezug des Kunden in den Austauschprozess zur Vermeidung unternehmensexterner Schnittstellenprobleme. Zu den wesentlichen internen Integrationsaufgaben zählt die Informationsweitergabe an alle nicht direkt mit der Erfassung des Kundenwertes befassten Stellen und Personen und somit die Sicherstellung der Kenntnis der wertvollen Kunden in allen Bereichen eines Nutzfahrzeugherstellers. Ansonsten könnte im Extremfall die Situation auftreten, dass die Anforderungen eines bedeutenden Kunden nicht in allen Bereichen wahrgenommen werden und der Kunde in der Folge dies als mangelnde Kundenorientierung empfindet (vgl. Tewes 2003, S. 328).

Die prozessuale Betrachtung von Austauschprozessen gliedert sich bei einer sehr globalen Betrachtung im Marketing als auch im Vertrieb in folgende Phasen: Vorbereitung der Marktteilnahme, Kundenkommunikation, Abschluss Vertrag und Realisierung. Nun ist auch hier analog zur Integration eine Abstimmung der einzelnen Inhalte untereinander erforderlich (vgl. Tewes 2003, S. 330). Wird diese Sichtweise konsequent umgesetzt, verringern sich Schnittstellenprobleme zwischen Marketing und Vertrieb, aber auch einigen anderen involvierten

Unternehmensbereichen wie z. B. der Forschung und Entwicklung oder dem Produktmanagement deutlich (vgl. Mattmüller 2000, S. 68).

Bei der Implementierung dieser Grundvoraussetzungen ist es darüber hinaus immanent wichtig, jegliche Geschäftsarten der automobilen Wertschöpfungskette mit einzubeziehen. Homburg, Workman und Jensen entwickelten hierzu einen Ansatz auf der Ebene strategischer Geschäftseinheiten, der den grundlegenden Perspektivenwechsel von einer produkt- und regionen- hin zu einer kundenorientierten Organisation auf der Ebene von Geschäftseinheiten darstellt (vgl. Homburg/Workman/Jensen 2000, S. 459 ff.). Da die interne als auch externe Integration des Kunden auf Basis der traditionellen Organisationsformen auf Grund einer übermäßigen Anzahl von Schnittstellen nicht zu erreichen ist, muss auch hier eindeutig die kundenorientierte Organisation empfohlen werden (vgl. Homburg/Workman/Jensen 2000, S. 468 ff.). Nur sie ermöglicht eine maximale Ausschöpfung des Kundenwertpotenziales. Als konkrete Ausgestaltungsform gibt es hierfür fünf verschiedene organisatorische Verankerungsmöglichkeiten des Kundenmanagements (in Anlehnung an Klimmer 2009, S. 69 f.):

(1) *Isoliertes Geschäftsarten-Kundenmanagement:* Das Kundenmanagement ist in jeder Geschäftsart eigenständig verankert. Probleme treten hier vor allem bei mangelnder Abstimmung auf. Darüber hinaus führt diese Organisationsform zu hohen Kosten bei gleichzeitigen Doppelarbeiten.

(2) *Stabs-Kundenmanagement:* Das Kundenmanagement ist der Unternehmens, Sparten-, Marketing- oder Vertriebsleitung als Stabsstelle ohne Weisungsbefugnisse zugeordnet. Daher besteht die wesentliche Aufgabe in der Informationsversorgung des operativen Vertriebs.

(3) *Linien-Kundenmanagement:* Es erfolgt eine Einordnung in die Linienorganisation. Die Stelle des Kundenmanagements ist mit jeglichen Linienkompetenzen ausgestattet, so dass sie selbständig kundenbezogene Entscheidungen treffen kann. Diese Form kann zu erheblichen Konflikten führen, da Verantwortlichkeiten bezüglich ausgewählter Kunden den Vertriebsbereichen der einzelnen Geschäftsarten entzogen werden.

(4) *Matrix-Kundenmanagement:* Bei dieser Struktur werden Entscheidungs- und Weisungsbefugnisse zwischen dem Kundenmanagement und den Geschäftsarten aufgeteilt. Das Kundenmanagement koordiniert dabei vor allem die geschäftsartenübergreifende Planung und Steuerung.

(5) *Koordinationsgremium:* Kundenbezogene Aufgaben werden hier in Form der Selbstabstimmung organisiert. Ein Koordinationsgremium bestehend aus Vertretern der einzelnen

Geschäftsarten übernimmt gemeinsam die Aufgaben des Kundenmanagements. Das Gremium trifft sich bedarfsorientiert, um Strategien und Maßnahmen für bestimmte Kunden oder Kundengruppen zu initiieren.

Diese sollen mit Abbildung 6-8 nochmals grafisch verdeutlicht werden.

Darüber hinaus konzipierte Hutter ein schlüssiges Organisationskonzept für das wertschöpfungskettenübergreifende Großkundenmanagement in Form eines virtuellen Dienstleistungscenters für die Nutzfahrzeugindustrie. Dies bedeutet, dass der physische Ort der einzelnen Wertschöpfungskettenaktivitäten in der ursprünglichen Organisationseinheit verbleibt, jedoch intensive Abstimmungsprozesse erfolgen und die Rolle des Ansprechpartners der mit der besten Beziehung zu dem entsprechenden Großunden übernimmt (vgl. Hutter 2009, S. 199 ff.).

Die Ausgestaltung einer kundenorientierten Organisation ist heute vor allem in Form des **Key-Account-Management** (KAM) verbreitet. Das Ziel des Einsatzes einer KAM-Struktur ist die Steigerung der Professionalität der Abwicklung („one face/voice to the customer“), der Zuverlässigkeit der Lieferungen und der Ausschöpfung des maximalen Kundenwertpotenziales über eine höhere Kundenzufriedenheit (vgl. Preißner 2003, S. 206; Krafft 2002, S. 227). Das Key Account Management trägt dabei folgende Aufgaben (vgl. Preißner 2003, S. 207):

- Analyse der Entscheidungsstrukturen und –kriterien beim Kunden, Überwachung personeller Veränderungen im Buying Center
- Zentrale Koordination aller Aktivitäten in allen Geschäftsarten, die auf den Kunden gerichtet sind
- Regelmäßige Ermittlung der Ausprägungen der qualitativen Teilwerte des Kundenwertsystems und Einleitung von Maßnahmen zu deren Steigerung
- Entgegennahme von Reklamationen und Nachverfolgung
- Überwachung der Kundenprofitabilität und Suche nach Möglichkeiten zu deren Steigerung
- Identifikation neuer Absatzpotenziale beim Kunden
- Analyse der Entwicklung des Kunden und dessen Märkte

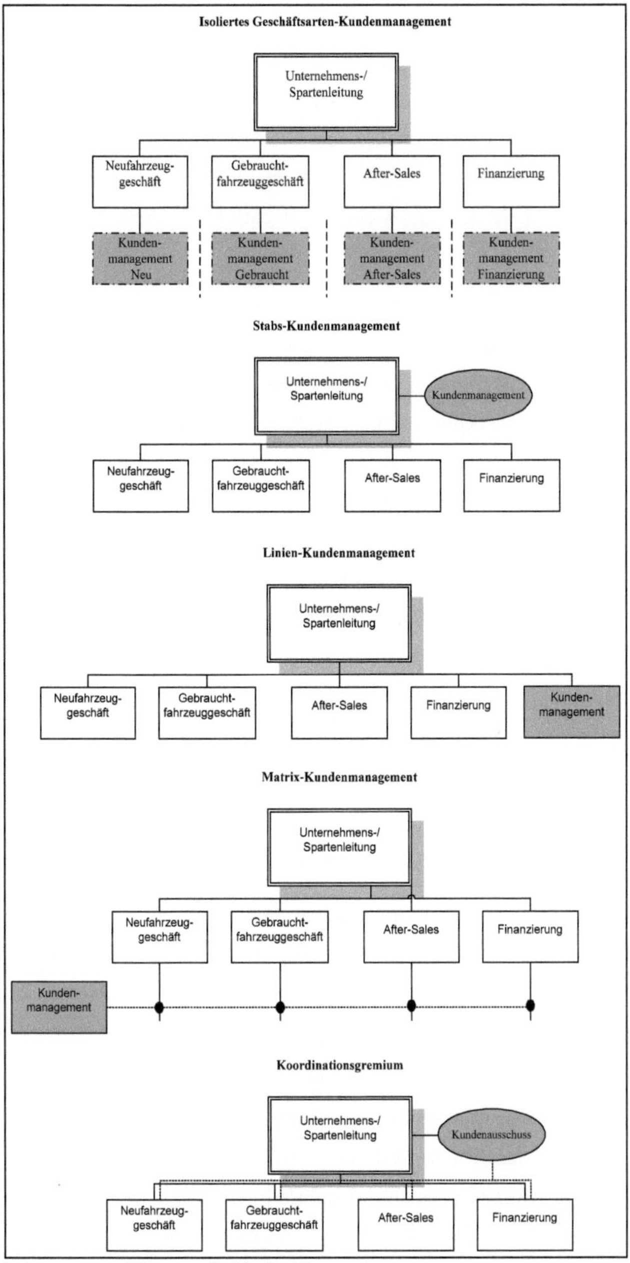

Quelle: In Anlehnung an Klimmer 2009, S. 67

Abb. 6-8: Organisationsformen des Kundenmanagements

Daneben hat diese Professionalisierung Auswirkungen auf das Machtgefüge zwischen Nutzfahrzeughersteller und Kunde, da nun durch ein einheitliches Auftreten des Herstellers gegenüber dem professionellen Buying Center des Kunden das Gleichgewicht wieder hergestellt wird. Wie weit der geografische Wirkungskreis (national, regional, global) des einzelnen Key Account Managers definiert wird, hängt vom Kaufverhalten des Kunden ab. Je stärker die Kunden international agieren, desto wichtiger ist eine länderübergreifende KAM-Struktur (vgl. Jensen 2003, S. 592).

Um jedoch nicht bei der heute bereits doch weitestgehend eingeführten KAM-Struktur als alleinigem Ansatz zur Kundenorientierung zu verbleiben, empfiehlt es sich, eine kundenverantwortliche koordinierende Instanz, wie z. B. eine **Kundenwertmanagement-Abteilung**, einzurichten, die die Implementierung und die Weiterentwicklung der wertorientierten Gestaltung der Kundenbeziehungen koordiniert sowie die Kundenorientierung der Mitarbeiter als auch des gesamten Nutzfahrzeugherstellers sicherstellt (vgl. Mattmüller 2000, S. 66; Tewes 2003, S. 386 f.). Vor dem Hintergrund der meist grundlegenden organisatorischen Neuausrichtung ist zudem eine Einordnung auf einer Hierarchieebene mit entsprechender Entscheidungskompetenz ratsam. Sie ist auf die Zusammenarbeit mit einer Vielzahl an Personen, Stellen und internen Bereichen angewiesen, wobei eine Team- oder eine Matrixorganisation hilfreich sein können (vgl. Tewes 2003, S. 337).

Problematisch können sich bei einer Implementierung einer kundenwertorientierten Organisation ein gewachsener Geschäftsartenegoismus, aber auch etablierte Produktprozesse- und –strukturen herausstellen. Diesen Widerständen kann am Besten mit Hilfe einer hierarchisch initialisierten und durchgeführten Umstrukturierung entgegengetreten werden.

Neben der kundenwertorientierten Organisationsgestaltung ist es auch möglich, mit dem Kundenwert als Steuerungsgröße eine Koordination der Mitarbeiter im Sinne des Unternehmenszieles zu bewirken. Dies soll im Folgenden für ein Key-Account-Management erfolgen.

6.2.2.1.3 Kundenwertorientiertes Leistungs-Anreizsystem

Allgemein kann davon ausgegangen werden, dass zwischen den verschiedenen Interessensgruppen eines Unternehmens (Eigentümer, Führungskräfte, Mitarbeiter, Kunden) Divergenzen bezüglich der individuellen Zielverfolgung bestehen können, die letztendlich die Erreichung der Unternehmensziele negativ beeinflussen können. Diese Beziehungen können grundlegend als Prinzipal-Agenten-Beziehungen interpretiert werden (vgl. Tewes 2003, S. 302). Die typischen Unsicherheitsprobleme einer solchen Beziehungskonstellation sind die Informationsasymmetrie sowie die nicht oder nur mit großem Aufwand kontrollierbaren

Handlungen des Agenten (Gefahr opportunistischer Verhaltensweisen) (Paulitschek 2009, S. 24). So kann z. B. durch die Marketingabteilung mühevoll beim Kunden ein entsprechendes Image und damit auch eine Erwartungshaltung aufgebaut werden und im schlimmsten Fall durch einen Bruch dieser Versprechungen seitens des Verkaufsmitarbeiters jegliches Kundenwertpotenzial in Gefahr gebracht werden (vgl. Tewes 2003, S. 303). Nur durch die Verknüpfung der Unternehmens- und Bereichsergebnisse mit den Leistungsbeurteilungen und –bewertungen einzelner Teams oder Mitarbeiter werden Unternehmensziele auch als persönliche Ziele akzeptiert und mit entsprechender Motivation angestrebt (vgl. Kriegbaum 2001, S. 353).

Daher soll mit Hilfe von Leistungs-Anreizsystemen, in Form von intrinsischen Anreizen mit langfristiger Motivationswirkung (z. B. Verantwortung, Aufstiegs- oder Entwicklungsmöglichkeiten) und extrinsischen Anreizen mit einem eher kurzfristigen Wirkungshorizont (z. B. variable Vergütungsbestandteile, Prämien, Firmenfahrzeuge), das Ziel verfolgt werden, bestimmte intendierte Wirkungen des Mitarbeiterhandelns zu erreichen (vgl. Rosenstiel 1992, S. 6; Hamel 2003, S. 490; Duderstadt 2006, S. 156). Eine Bündelung beider Anreizformen erweist sich dabei als ideal (vgl. Rinker 1997, S. 24). Des Weiteren können Anreize direkt an externe Geschäftspartner gerichtet werden, um auch diese zu einem aus Unternehmenssicht gewünschten Verhalten zu bewegen (vgl. Hamel 2003, S. 479). Als primäres Ziel des kundenwertorientierten Leistungs-Anreizsystems kann damit die Steigerung des Kundenwertes und damit zugleich des Unternehmenserfolges bestimmt werden (vgl. Abschnitt 6.1; Hamel 2003, S. 480). Daneben soll damit eine selektive Steuerung zur Fokussierung spezifischer Kundengruppen, die unter strategischen Gesichtspunkten besonders interessant sind, erfolgen. Schließlich gilt es, damit die Kundenorientierung zu fördern (vgl. Hamel 2003, S. 481 f.).

Für eine vollständige Wirkungsentfaltung des Leistungs-Anreizsystems müssen jedoch verschiedene Bedingungen erfüllt sein. So muss dieses auf eindeutigen, nachprüfbaren Ergebniswerten basieren, eine akzeptable zeitliche Struktur aufweisen, über eine angemessene Anreizstruktur verfügen sowie eine gerechte Anreizzuwendung bei den Anreizempfängern beinhalten (vgl. Hamel 2003, S. 483). Als Zielwert kann im Fall des Kundenwertsystems z. B. der Entwicklungswert dienen und im Nachgang der Ertragswert entgegengehalten werden. Nun besteht dadurch sicher grundsätzlich die Manipulationsgefahr, indem der Key Account Manager gezielt Informationen über das tatsächliche Kundenwertpotenzial zurückhält und damit seinen eigenen Arbeitseinsatz reduziert (vgl. Tewes 2003, S. 304). Durch das bereits in im Unterabschnitt 5.4.1 erläuterte Mehr-Augen-Prinzip lässt sich jedoch auch dieses Risiko verringern. Der zeitliche Abstand zwischen Leistungserbringung und Anreizzuwendung wird laut Hamel wesentlich durch die Bedeutsamkeit des Anreizes mitgestaltet. Seiner Meinung nach kann eine Anreizzuwendung im Abstand von einem Jahr oder gar darüber hinaus keine motivierende Wirkung mehr erzielen (vgl.Hamel 2003, S. 486). Jedoch scheint es für einen Mitarbeiter in der Nutzfahrzeugindustrie, mit einem durchschnittlichen Investitionszyklusdauer eines Kunden von fünf Jahren, tragbar, die Anreizgestaltung auf den Zeitraum der operativen Planung und damit in Einklang mit dem Entwicklungswert auszudehnen. Daneben können zusätzlich ereignisbezogene Zeitpunkte zur teilweisen Anreizausschüttung, wie z. B. besondere Geschäftsabschlüsse, eingeführt werden (vgl. Hamel 2003, S. 493). Selbstverständlich muss dabei stets die Relation zwischen Anreiz und Ergebnisbeitrag stimmig sein, um eine angemessene Wertschätzung zum Ausdruck zu bringen und den Mitarbeiter nicht zu verärgern. Hilfreich kann hierfür eine uneingeschränkte Information über die Anreiz-Beitrags-Relation sowie eventuell sogar eine Festlegung im Rahmen eines kooperativen Verhandlungsprozesses sein (vgl. Hamel 2003, S. 487). Schließlich erwartet selbstverständlich jeder Mitarbeiter eine relative Gerechtigkeit, das bedeutet, dass der selbst empfangene Anreiz mit dem einer Vergleichsperson im Verhältnis steht (vgl. Jochmann-Döll 1991, S. 277).

Vorteilhaft ist die Ausrichtung des Leistungs-Anreizsystems am Kundenwert im Rahmen einer integrierten Vertriebssteuerung nicht nur zur Verminderung der Prinzipal-Agenten-Problematik. Auch kurzfristig ausgerichtete Aktivitäten werden damit mehr und mehr zu Gunsten von nachhaltigem Agieren in den Hintergrund rücken. Daneben soll diese für den Kunden durch eine intensive Betreuung und eine Steigerung des Kundennutzens zu einer Unsicherheitsreduktion führen (vgl. Tewes 2003, S. 317 f.).

Problematisch im Rahmen eines kundenwertorientierten Leistungs-Anreizsystems ist vor allem die Abgrenzung der Leistungsempfänger. Die Annahme, dass derjenige Mitarbeiter mit unmittelbarem Kundenkontakt der alleinige Gestalter des Kundenwertes ist, ist unrealistisch (vgl. Gerpott/Rams 2000, S. 752). So sind z. B. jegliche Personen im Rahmen der Vor-, Nachbereitung oder Abwicklung einer Verkaufstransaktion involviert. Hamel empfiehlt daher trotz der immensen Verteilungsschwierigkeiten des Anreizes eine Zurechnung auf Teams (vgl. Hamel 2003, S. 485). In einem ersten Schritt kann jedoch der Fokus auf den Key Account Manager ausreichend sein und im Zeitverlauf mittels eines Tarierungsprozesses des Leistungs-Anreizsystemes auf eine Team-Anreiz-Struktur ausgebaut werden. Des Weiteren muss festgelegt werden, wie mit einem Betreuungswechsel eines Kunden umgegangen wird. Hamel empfiehlt hier, mit dem Stichtag des Personalwechsels die Zurechnung neu zu beginnen (vgl. Hamel 2003, S. 485 f.). Schließlich können Kundenwertänderungen ohne das Zutun von Mitarbeitern, sondern vielmehr durch externe Faktoren auf Einflussgrößen des Kundenwertes wirken, die vom Nutzfahrzeughersteller nicht kontrollierbar sind (vgl. Hamel 2003, S. 494).

6.2.2.2 Operative Planung

Im Rahmen der operativen Planung der integrierten Vertriebssteuerung geht es primär um die Übertragung strategischer Zielsetzungen auf regelmäßige Planungsperioden, operationale Ziele und Maßnahmenpläne sowie die Zuteilung der erforderlichen Mittel (vgl. Unterabschnitt 3.3.2.2). Das Kundenwertmanagement kann hier zum Einen durch eine bereits in Unterabschnitt 6.2.1 detailliert ausgeführte Informationsbereitstellung für die operative Vertriebsplanung und gleichzeitig der Bestimmung des Entwicklungswertes dienen. Zum Anderen kann es durch eine kundenwertoptimale Gestaltung der operativen Maßnahmenplanung im Rahmen gegebener Kapazitäten unterstützend wirken (vgl. Eberling 2002, S.79).

6.2.2.2.1 Allokation von Ressourcen auf aussichtsreiche Kunden

Im Fall unbegrenzter Budgets sind auf Grund betriebswirtschaftlicher Überlegungen alle Kunden zu bedienen, bei denen die Grenzerträge bedingt durch die Fortführung der Kundenbeziehung die dadurch entstehenden Grenzkosten übersteigen. Bei nur begrenzt vorliegenden Ressourcen gilt es dagegen, diese optimal auf Kunden oder Kundensegmente zu verteilen (vgl. Krafft 2002, S. 186). Von daher sollte jeder Nutzfahrzeughersteller gezwungen sein, Allokationsregeln aufzustellen die eindeutige Prioritäten festlegen (vgl. Tewes 2003, S. 197). Hier bieten sich pragmatische Ansätze an, wie die Verteilung des Budgets durch die Vertriebssteuerung auf Grund einer eingehenden Situationsanalyse der Großkunden, z. B. anhand der Komponenten des Kundenwertsystems.

Zur differenzierten Allokation eines gegebenen Budgets über k Kunden hat Albers des Weiteren eine Regel entwickelt, die zeigt, dass Absatzreaktionsfunktionen hierfür geeignet sind (vgl. Albers 1998, S. 215 f.):

$$X_k = \frac{DB_{k,t-1} * s_{k,t-1}}{\sum_{m \in K} DB_{m,t-1} * s_{m,t-1}} * R \quad (k \in K) \qquad (6.1)$$

mit:

x_k: zu bestimmendes Budget von Kunde k (k =1,...,K)
$DB_{k,t-1}$: in t-1 erzielter Deckungsbeitrag von Kunde k
$\varepsilon_{k,t-1}$: Budget-Elastizität des Kunden k in t-1
R: Gesamtbudget

Dabei kann die Reagibilität der Kunden auf Veränderungen des individuellen Budgets (**kundenspezifischen Budgetelastizitäten**) geschätzt oder bei ausreichend vorliegendem Datenmaterial auch statistisch ermittelt werden (vgl. Albers 1998, S. 218). Des Weiteren erfordert eine optimale Allokation die Berücksichtigung einzelner Elastizitäten von Marketing- und Vertriebsinstrumenten (**Instrumenten-Elastizität**):

$$X_i = \frac{s_{i,t-1}}{\sum_{j \in I} s_{j,t-1}} * R \quad (i \in I) \qquad (6.2)$$

mit:

x_i: zu bestimmendes Budget je Instrument i (i =1,...,I)

$\varepsilon_{i,t-1}$: Elastizität des Instruments i in t-1

R: Gesamtbudget

Die beiden Terme wurden dann von Krafft und Albers integriert, womit eine gemeinsame Optimierung über die Wertmäßigkeit von Kunden und deren Beeinflussbarkeit durch Instrumente möglich wird (vgl. Krafft/Albers 2000, S. 524):

$$X_k = \frac{DB_{k,t-1} * s_{i,k,t-1}}{\sum_{j \in I} \sum_{m \in K} DB_{m,t-1} * s_{j,m,t-1}} * R \qquad (i \in I)(k \in K) \qquad (6.3)$$

Später entwickelte Krafft eine auf einem Scoring-Modell basierende Erweiterung, bei der exakte Kenntnisse über den Deckungsbeitrag sowie die Elastizitäten nicht notwendig sind, aber das Vorgehen immer noch sehr aufwendig erscheint und damit in der Praxis auf Grund zeitlicher Restriktionen nur für A- und eventuell B-Kunden umgesetzt werden wird (vgl. Krafft 2002, S. 189 und S. 194 ff.). Dann wird nach Krafft jedoch die Erlössteigerung durch eine verbesserte Allokation durch höhere Kosten der Elastizitätsbestimmung mehr als kompensiert (vgl. Krafft 2002, S. 189).

6.2.2.2.2 Ableitung von Maßnahmen zur Behebung der kundenbezogenen Schwachstellen

Ausgehend von den strategischen Handlungsvorgaben und der Verteilung des Budgets auf einzelne Kunden und Kundensegmente kann nun die Ausgestaltung der zuvor bestimmten Strategien mit operativen Maßnahmen auf Kunden- oder Kundensegmentebene erfolgen. Diese setzen im Rahmen des Kundenwertmanagements idealerweise an den zuvor identifizierten Wertsteigerungsmöglichkeiten der Determinanten des Kundenwertes sowie deren Einflussfaktoren an (vgl. Tewes 2003, S. 209). Das Ziel dieser gestaltungsorientierten Maßnahmen ist damit die Ausschöpfung, die Steigerung sowie die Sicherung von Kundenwertpotenzialen (vgl. Eberling 2002, S. 279).

Auf Grund der vielfältigen Möglichkeiten an operativen Maßnahmen kann eine allumfassende Analyse sämtlicher Handlungsmöglichkeiten nicht Gegenstand dieser Arbeit sein. Vielmehr sollen nur exemplarisch einige operative Maßnahmen als praktikabler Managementansatz im Rahmen der 4Ps (Product, Price, Promotion, Place) des Marketing-Mix aufgeführt werden. Entscheidend hierbei ist es, jene Maßnahmen zu priorisieren, die eine besonders starke Wirkung auf eine Determinante und die höchste Hebelwirkung auf den Kundenwert in Summe haben (vgl. Tewes 2003, S. 212).

Die **Produktpolitik** umfasst alle Aktivitäten zur Gestaltung der am Markt angebotenen Leistungen eines Unternehmens (vgl. Böhler/Scigliano 2005, S. 76). Sie hat eine zentrale Bedeutung für das Kundenwertmanagement, da das absolute Wertpotenzial von Kunden wesentlich durch das Leistungsangebot bestimmt wird. In erster Linie kann ein Nutzfahrzeughersteller hohe Aufmerksamkeit durch sehr innovative Produkte und Dienstleistungen schaffen (vgl. Wirtz/Schilke 2004, S. 40). Im Bereich der etablierten Produkte kann das über alle Geschäftsarten abgestimmte Leistungsangebot in Form von System-, Paket-, Kombi- oder Komplettlösungen zur gezielten Förderung der Up- und Cross-Selling-Chancen dienen und zugleich Wechselbarrieren aufbauen. Auch kann eine individualisierte Massenfertigung zu einer Steigerung des Kundennutzens bei geringen variablen Kosten führen. Beispiele hierfür sind das inzwischen weit verbreitete Lowliner-Konzept, aber auch die 17,5 Zoll-Vorlaufachse. Ersteres ist eine besonders niedrige Sattelzugmaschine mit Niederquerschnittsreifen und einem speziellen Auflieger, bei welchem drei Gitterboxen übereinander stapelbar sind. Diese Lowliner werden bevorzugt von Spediteuren im Bereich der Inbound-Logistik eingesetzt (vgl. Unterabschnitt 4.2.2.2). Zweitere verschafft z. B. bei einem Tank- oder Siloeinsatz mehr Nutzlast, ein größeres Tankvolumen, sowie mehr Platz am Rahmen für weitere Aggregate (vgl. Gruber 2009). Des Weiteren kann durch exklusive Leistungsgarantien und Premium Services bei Serviceverträgen und im Werkstattgeschäft (z. B. 24h-Erreichbarkeit) die Kundenzufriedenheit gesteigert werden. Auch könnte durch eine exklusive Hotline für Star-Kunden diese nochmals erhöht werden und den Kunden an das Unternehmen binden (vgl. Eberling 2002, S. 293; S. 297). Schließlich bietet auch die Integration von Star-Kunden in Forschungs- und Entwicklungsaktivitäten in Form von Workshops eine Wechselbarriere (vgl. Krafft 2002, S. 237).

Die **Preispolitik** im engeren Sinne dient der Festlegung des vom Kunden zu entrichtenden Leistungsentgelts (vgl. Böhler/Scigliano 2005, S. 140). Sie orientiert sich zunächst an den Kosten der Leistungserstellung, den Zahlungsbereitschaften der Nachfrager sowie der Konkurrenzsituation (vgl. Eberling 2002, S. 293). Daneben ermöglicht sie aber auch die Umsetzung der individuellen Kundenstrategien. So kann eine Reduzierungs- oder Abschöpfungsstrategie sich an den maximalen Zahlungsbereitschaften bei gleichzeitiger Minimierung kostenverursachender Konditionen orientieren. Die Aktivierung von Kunden kann durch überproportionale Preiszugeständnisse erreicht werden. Ebenfalls können zur Erhaltung von Kundenbeziehungen treuebasierte Preise, Prämiensysteme und Kundenkarten zur Steigerung der Kundenbindung instrumentalisiert werden. Daneben bietet sich an, mengenabhängig Rabatte anzubieten, um so höhere Stückzahlen abzusetzen und damit zugleich den Share of Wallet für den Nutzfahrzeughersteller zu erhöhen. Im Industriegüterbereich ist es des Weiteren gängig, Preisgleitklauseln (Anpassung des Preises über die Laufzeit des Vertrages nach genau festgelegten Kriterien) und Preisgarantien (Fixierung des Preises für einen bestimmten Zeitraum) zu vereinbaren (vgl. Simon/Tacke/Buchwald 2003, S. 339). Schließlich können bündeltaktische Paketpreise die Gesamterlöse steigern und Cross-Selling fördern (vgl. Eberling 2002, S. 294). Auch können Paketlösungen dem Restwertverfall entgegenwirken, indem anstatt eines zusätzlichen monetären Nachlasses Downstream-Leistungen, wie z. B. kostenfreie Inspektionen, dem Kunden angeboten werden (vgl. Schneider 2009, S. 12). Jedoch muss darauf geachtet werden, dass es nicht durch z. B. superadditives Bundling (Preis des Produktbündels liegt über den addierten Einzelpreisen) zur Verärgerung von Kunden und in Folge deren Abwanderung zum Wettbewerb kommt. Daher wird diese Form des Bundlings nur möglich, wenn das Produktbündel durch synergetische Effekte Leistungen repräsentiert, die ansonsten nicht zum Tragen kommen (vgl. Pepels 2006, S. 611). Einschränkend muss auch für jegliche preispolitische Maßnahmen angemerkt werden, dass diese schnell und leicht von Wettbewerbern imitiert werden können. Darüber hinaus ist zu beachten, dass mit der Beziehungsdauer zunehmende Erlösschmälerungen dazu führen, dass diese immer unprofitabler wird. Daher ist es wichtig zu definieren, wie hoch Preiszugeständnisse sein dürfen und ab wann ein Geschäft trotz langer Dauer auf Grund überzogener Kundenerwartungen abgelehnt wird (vgl. Krafft 2002, S. 233).

Die **Kommunikationspolitik** umfasst die zielgerichtete Planung, Realisation und Kontrolle der an marktrelevante Adressaten gerichteten Informationen (vgl. Böhler/Scigliano 2005, S. 116). Im Gegensatz zu den klassischen kommunikationspolitischen Instrumenten ist im Rahmen des Kundenwertmanagements das Potenzial des Direktmarketings erheblich höher einzuschätzen, da nur hiermit eine differenzierte, wertorientierte und zugleich kostengünstige Ansprache von Kunden möglich ist. Mit diesen können dann individuell konzipierte Cross- und

Up-Selling-Kampagnen die gezielte Aktivierung attraktiver Kunden fördern. Auch sind Kundenclubs, Kundenzeitschriften sowie ein schnelles und zuvorkommendes Beschwerdemanagement vertrauensbildende Maßnahmen, die im Endeffekt die Kundenzufriedenheit steigern (vgl. Eberling 2002, S. 296f.).

Schließlich bietet die in Abschnitt 3.1 bereits definierte **Distributionspolitik** Möglichkeiten, Kunden, die z. B. eine niedrige Priorisierung aufweisen, mittels kostengünstiger Distributionsalternativen über eine Niederlassung oder einen Händler zu betreuen. Für Kunden, bei welchen eine Aktivierungs- oder Erhaltungsstrategie verfolgt wird, wird dagegen die Betreuung mittels einer KAM-Struktur angestrebt. Daneben können vor allem langfristige Rahmenverträge eine Kundebindung sichern oder eine Rücknahmevereinbarung die Kundenzufriedenheit steigern (vgl. Krafft 2002, S. 244 f.). Zusammenfassend sollen in der folgenden Abbildung 6-9 nochmals verschiedene Maßnahmen für jede Determinante aufgezeigt werden.

Kritisch muss hier angemerkt werden, dass die Verbindung zwischen einzelnen Maßnahmen und deren Wirkung auf das Kundenverhalten nicht immer eine eindeutige Ursache-Wirkungs-Beziehung darstellt und auch sachliche und zeitliche Wirkungsinterdependenzen auftreten können. Das heißt, die Wirkung einer Maßnahme wird in den seltensten Fällen auf eine Periode beschränkt sein und zudem oft mehrere Determinanten des Kundenwertes beeinflussen (vgl. Tewes 2003, S. 212 f.).

Die auf die Umsetzung der geplanten Maßnahmen folgende Kontrolle dient nun der Sicherung der Planerfüllung sowie der Wissensgenerierung in Form einer Rückkoppelung gemachter Erfahrungen in den Willensbildungs- und Willensdurchsetzungsprozess der Konzeptions- und Planungsphase (vgl. Tewes 2003, S. 215). Sie dient somit dazu, unerwünschte Verhaltensweisen zu vermeiden bzw. gewünschte anzustoßen (vgl. Tewes 2003, S. 215).

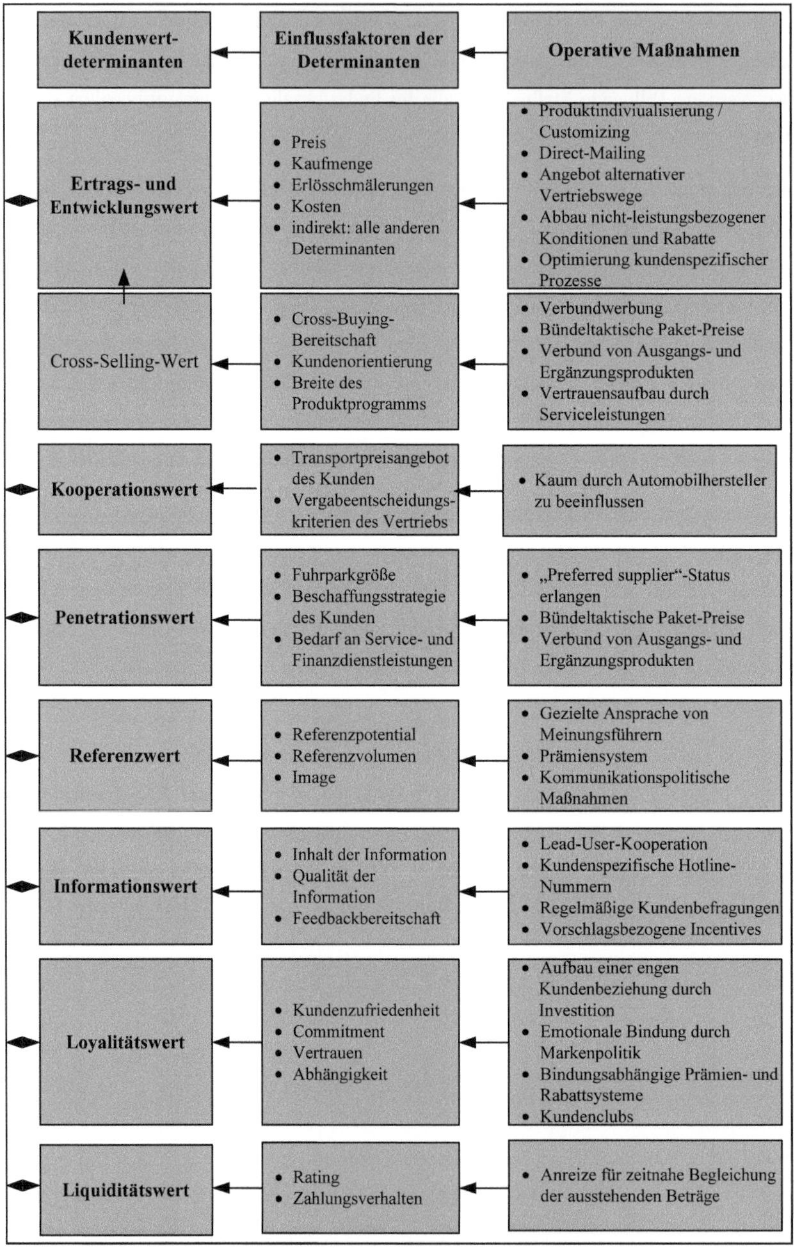

Quelle: In Anlehnung an Cornelsen 2000, S. 288; Tewes 2003, S. 211

Abb. 6-9: Mögliche operative Maßnahmen zur Steigerung des Kundenwertes

6.2.3 Kontrolle

Bei der Kontrollfunktion kann wiederum eine strategische und operative Komponente unterschieden werden. Als strategische Kontrollkomponente im Rahmen des Kundenwertmanagements geht es um die Überprüfung und gegebenfalls die Anpassung von Annahmen, die im Rahmen der Planung gesetzt wurden. Im operativen Bereich erfolgt dann der Vergleich der Ist- mit den Soll-Werten, die Abweichungsanalyse sowie die Nachverfolgung von innerhalb der Planung initiierten Prozessen und Maßnahmen.

Die **Prämissenkontrolle** stellt fortlaufend die Gültigkeit der Grundannahmen über die zentralen, den Kundenwert beeinflussenden Faktoren dar (z. B. Wechselkurse), um so das Risiko von Fehleinschätzungen zu minimieren. Sie überprüft die Prämissen, auf deren Grundlage der Kundenwert ermittelt, aber auch geplant wird (vgl. Tewes 2003, S. 217). Im Rahmen der getroffenen Annahmen zur Ermittlung des Kundenwertes gilt es hier, die Berechnungsmethodik, aber auch die verschiedenen Quellen stets auf den Prüfstand zu stellen. Daneben muss speziell für die Planung des zukünftigen Kundenwertes das Unternehmensumfeld, z. B. in Form des Konkurrenzverhaltens, beobachtet werden (Feed-forward-Kontrolle). Des Weiteren muss man sich stets vor Augen halten, dass die Setzung bestimmter Prämissen immer auch eine gewisse Anzahl weiterer möglicher Zustände ausblendet, so dass stets ein kontrollbedürftiges Risiko im Raum verbleibt. Schließlich ist die Identifikation kritischer Prämissen bedeutend, die bei einer Abweichung einen besonders großen Einfluss auf den Kundenwert haben (vgl. Tewes 2003, S. 218 f.). Knorren schlägt hierfür Sensitivitätsanalysen vor, mit deren Hilfe der Einfluss einzelner Prämissenabweichungen aufgedeckt werden kann (vgl. Knorren 1998, S. 148).

Im Rahmen der **Ergebniskontrolle** interessiert in erster Linie, welcher Anteil des prognostizierten Entwicklungswertes zum Bewertungs- bzw. Kontrollzeitpunkt realisiert werden konnte. Dabei ist in einer periodenbezogenen Perspektive der innerhalb dieses Zeitraums mit einem Kunden erzielte monetäre Rückfluss die zentrale Kontrollgröße. Es handelt sich dabei um eine „Jahresscheibe" des gesamten Ertragswertes und es kann daher als periodenbezogene Kontrollgröße dienen. So kann überprüft werden, inwieweit mit den geplanten Strategien und Maßnahmen Rückflüsse generiert werden. Bei Abweichungen besteht damit die Möglichkeit, zeitnah eine Anpassung der Planungen des Entwicklungswertes und/oder der Strategien und Maßnahmen vorzunehmen. Zudem kann der Realitätsgrad der Planung überprüft werden und zusammen mit dem Ergebnis der Prämissenkontrolle als Grundlage für die Planrevision dienen. Neben dieser periodenbezogenen Betrachtung gilt es selbstverständlich auch, stets eine langfristige Ergebniskontrolle auf Kundenebene zu ergänzen (vgl. Tewes 2003, S. 220 f.).

Treten Abweichungen bei einem Soll-Ist-Vergleich auf, so ist für eine gezielte Steuerung aber auch deren Ursache genauer zu untersuchen (**Abweichungsanalyse**). Diese Suche nach den Gründen der Abweichung disaggregiert z. B. den Ertragswert auf die Einflussfaktoren, die in der Planung der Ableitung von Soll-Größen dienen und erfolgt damit analog zur in Unterabschnitt 6.2.1.1.2 bereits erläuterten Schwachstellenanalyse. In der Folge gilt es dann, aufbauend auf die Identifikation der Abweichung Maßnahmen zur Gegensteuerung zu initiieren (vgl. Tewes 2003, S. 226 f.; S. 230).

Diese Maßnahmen und Prozesse werden stets überwacht. Die **Planfortschrittskontrolle** bezieht sich dabei auf einzelne Teilwerte und Einflussfaktoren, die durch eine bestimmte Maßnahme beeinflusst werden sollen. Üblicherweise wird hierbei auf eine Prozess- und Maßnahmenkontrolle in Form von Benchmarks zurückgegriffen. Vergleichsmaßstäbe bilden Längsschnitt- und Querschnittanalysen. Bei Ersteren wird die entsprechende Komponente des Kundenwertes vor und nach der Durchführung einer Maßnahme kontrolliert. Zweitere betrachten die Wirkung unterschiedlicher Maßnahmen bei einem Kunden bzw. die Wirkung einer Maßnahme bei mehreren Kunden. Daraus kann dann für folgende Perioden abgeleitet werden, welche Maßnahmen bei welchem Kunden besonders wirkungsvoll sind (vgl. Tewes 2003, S. 233 f.; Eberling 2002, S. 305).

Die grundsätzlichen Anwendungsmöglichkeiten des Kundenwertsystems wurden damit eingehend vorgestellt und diskutiert. Im folgenden Kapitel soll nun die Umsetzung des Kundenwertsystems mittels einer Business-Intelligence (BI)-Lösung am Beispiel der Mercedes-Benz Trucks Division dargelegt werden.

7. Die Erfolgsfaktoren bei der Implementierung des Konzeptes des Kundenwertes mittels einer Business-Intellegence-Lösung am Beispiel der Mercedes-Benz Truck Devision

7.1 Grundlagen einer Business Intelligence-Lösung

Klassische computergestützte Informationssysteme werden meist als Managementunterstützungssysteme bzw. **Management Support Systeme** (MSS) bezeichnet. Unter dieser Begrifflichkeit werden jegliche Datenverarbeitungs (DV)-Anwendungssysteme subsummiert, die Fach- und Führungskräfte eines Unternehmens bei ihren Aufgaben unterstützen. Diese haben stets einen ausgeprägten Bedarf an problem- und entscheidungsrelevanten Informationen, „die in richtiger Form, zur richtigen Zeit, am richtigen Ort zur Verfügung gestellt werden müssen" (Gluchowski/Gabriel/Dittmar 2008, S. 15). Die verbreitetsten Erscheinungsformen sind hierbei Management Information-Systeme, Decision Support-Systeme und Executive Information-Systeme.

Management Information-Systeme sind EDV-gestützte Systeme, die es Benutzern verschiedener Hierarchieebenen ermöglichen, detaillierte und verdichtete Mengen- und/oder Wertgrößeninformationen aus der operativen Datenbasis zu extrahieren. Die Informationsverarbeitung erfolgt dabei ohne Modellbildung und ohne Anwendung von anspruchsvollen Methoden (vgl. Gluchowski/Gabriel/Dittmar 2008, S. 56). Der ursprüngliche Gedanke der zentralistischen, das Gesamtunternehmen umspannende Informations-bereitstellung ist jedoch bereits früh gescheitert. Daher wird heutzutage primär eine funktionale Aufsplittung in dezentralisierte Module bevorzugt, was auch die Kritik der ungefilterten Informationsflut eindämmte (vgl. Chamoni/Gluchowski 2006, S. 6). Im Rahmen der Vertriebssteuerung handelt es sich hier um Informationssysteme in Form von Kontrollberichten über Auftragseingänge, Absatzzahlen, Produktionsprogramme, aber auch über Marktdaten unter Berücksichtigung der Differenzen zwischen geplantem und realisiertem Absatz. Ein Management Informations-System zur Vertriebssteuerung schließt somit sowohl unternehmensinterne als auch -externe Informationen ein.

Decision Support-Systeme sind interaktive EDV-gestützte Systeme, die Manager mit Methoden, Modellen und problembezogenen Daten in ihrem Entscheidungsprozess unterstützen (vgl. Chamoni/Gluchowski 2006, S. 7). Im Vertriebsbereich kann hier z. B. ein System zur Entscheidung über kritische Geschäfte installiert werden. Der Fokus liegt damit auch primär im operativen Bereich.

Dagegen stellen **Executive Information-Systeme**, ihrer übergreifenden Ausrichtung entsprechend, die Spitze der betrieblichen Anwendungspyramide dar. Sie enthalten aktuelle entscheidungsrelevante Informationen über intuitiv benutzbare und individuell anpassbare Oberflächen (vgl. Gluchowski/Gabriel/Dittmar 2008, S. 74 f.). Oberstes Ziel ist hier eine schnelle aggregierte Informationsversorgung bei einer zeitgleich zu vermeidenden Überfrachtung mit wenig relevanten Informationen. Dazu werden hauptsächlich komplexitätsreduzierende Funktionen zum Aufbau eines Exception Reportings, entsprechend des Konzeptes der Führung im Ausnahmeeingriff, implementiert, um nur bei Überschreitung vorgegebener Abweichungsschranken vom Soll-Zustand den Benutzer aufmerksam zu machen. Als Basis müssen hierfür wichtige Key Performance Indicators identifiziert und Sollvorgaben sowie absolute oder relative Schwellenwerte definiert werden. Instrumente hierfür können sowohl farbliche Markierungen (Color-Coding) als auch Ampelfarben (Traffic-Light-Coding) sein (vgl. Gluchowski/Gabriel/Dittmar 2008, S. 79).

Diese drei Ausprägungen von MSS werden in der gängigen Literatur zur Vereinfachung oft zusammenfassend in Form einer Pyramide dargestellt. Kritisch ist hierbei jedoch die eindeutige Abgrenzung, die sich so in der Praxis nicht wiederfindet, die grafisch suggerierte Abhängigkeit untereinander sowie die eindeutige Zuordnung einzelner Systeme zu Managementhierarchieebenen (vgl. Kemper/Mehanna/Unger 2006, S. 81). Daher ist diese Darstellung auch nicht für eine Integration moderner Informationstechnologie-Lösungen adäquat.

Darüber hinaus ist die historisch gewachsene Datenversorgung durch die verschiedenen Formen der MSS kritisch zu betrachten, da es unter anderem zu Inkonsistenzen bezüglich des dispositiven Datenmaterials kommen kann oder eine oft mangelnde Harmonisierung der betriebswirtschaftlichen Methodik zu Vergleichbarkeitsproblemen führt (vgl. Kemper/Mehanna/Unger 2006, S. 17 f.). Als moderne, integrierte Lösung der verschiedenen Ausprägungsformen der Management Support Systeme wird seit geraumer Zeit daher das Konstrukt der Business Intelligence (BI)-Lösung deklariert.

Einem **engen BI-Verständnis** nach „umfasst Business Intelligence lediglich den Teil analyseorientierter Produkte und Anwendungen, der eine Aufbereitung und Präsentation von multidimensional organisiertem Datenmaterial mit den gängigen Techniken Slice und Dice [8]oder Color Coding ermöglicht“ (Gluchowski/Gabriel/Chamoni 1997, S.216 f.). Dies greift

---

[8] Ein *Slice* ist in einem dreidimensionalen Modell eine Scheibe, die aus dem Datenwürfel extrahiert wird. Ein Beispiel hierfür ist, alle Produkte über den gesamten Betrachtungszeitraum für einen Kunden auszugeben. Ein *Dice* dagegen ist ein mehrdimensionaler Ausschnitt des Datenwürfels (vgl. Kemper/Mehanna/Unger 2006

jedoch eindeutig zu kurz (vgl. Schinzer/Bange 1999, S. 47). Daher etabliert sich mehr und mehr ein weitergehendes Verständnis der BI-Lösung, welches jegliche Systemkomponenten miteinbezieht, die operatives Datenmaterial zur Informationsgenerierung für Entscheidungen aufbereiten und speichern sowie Auswertungs- und Präsentationsfunktionalität anbieten (**weites BI-Verständnis**) (vgl. Gluchowski/Gabriel/Dittmar 2008, S. 91).

Schließlich ist aus einer prozessorientierten Sichtweise Business Intelligence „ein Prozess, der aus fragmentierten, inhomogenen Unternehmens-, Markt- und Wettbewerberdaten Wissen über eigene und fremde Positionen, Potenziale und Perspektiven generiert" (Grothe/Gentsch 2000, S.11).

Nicht zuletzt entstand diese Begrifflichkeit in der Praxis auf Grund der nicht mehr ausschließlichen Benutzung der oben aufgeführten Systeme durch das Management, sondern vielmehr auch durch Fachkräfte mit anspruchsvollen Analyse-, Planungs- und Gestaltungsaufgaben (vgl. Gluchowski/Gabriel/Dittmar 2008, S. 89).

Damit lässt sich Business Intelligence im Rahmen der integrierten Vertriebssteuerung als begriffliche Klammer verstehen, die unterschiedliche Technologien und Konzepte im Umfeld der entscheidungsunterstützenden Systeme zusammenführt und dabei eine entscheidungsorientierte Sammlung und Aufbereitung von Daten über die verschiedenen Geschäftsarten sowie deren Darstellung in Form von geschäftsrelevanten Informationen für Analyse, Planungs- und Steuerungszwecke zum Gegenstand hat (vgl. ähnlich Gluchowski/Gabriel/Dittmar 2008, S. 93).

Als idealtypische Anwendergruppen hinsichtlich ihrer Nutzungsart von BI-Lösungen lassen sich Informationskonsumenten, Analytiker und Spezialisten unterscheiden (vgl. Abbildung 7-1). **Informationskonsumenten** benötigen primär zuvor aufbereitete und strukturierte Informationen, ohne diese weitergehend zu analysieren oder diese nach eigenen Vorstellungen neu und frei kombinieren zu wollen. Die bevorzugten Darstellungsformen werden hier meist Vergleichsdarstellungen mit Abweichungsanalysen oder Zeitreihen sein. **Analytiker** dagegen benötigen flexiblere Navigationsmöglichkeiten mit der Möglichkeit zur stufenweisen Disaggregation der Daten (Ad-hoc-Analyse). Als dritte Anwendergruppe schließlich sollen **Spezialisten** in Bezug auf die ökonomischen Methoden und die verwendeten Softwarekomponenten definiert werden (vgl. Gluchowski/Gabriel/Dittmar 2008, S. 105 ff.). Sie können mit

S. 98). Gängige weitere Operationen sind der *Drill-Down* sowie der *Drill-Up*. Mit Ersterem wird die Anzahl der Attribute erhöht, nach denen für eine Dimension gruppiert wird. Der Drill-Up ist die dazu inverse Operation (vgl. Schmidt-Volkmar 2008, S. 23).

Hilfe komplexer Datenmanipulationssprachen performant und flexibel Auswertungen tätigen (vgl. Kemper/Mehanna/Unger 2006 S. 93). Abhängig vom Vorhandensein dieser Benutzergruppen sollte auch die Systemarchitektur der jeweiligen BI-Lösung aufgebaut werden.

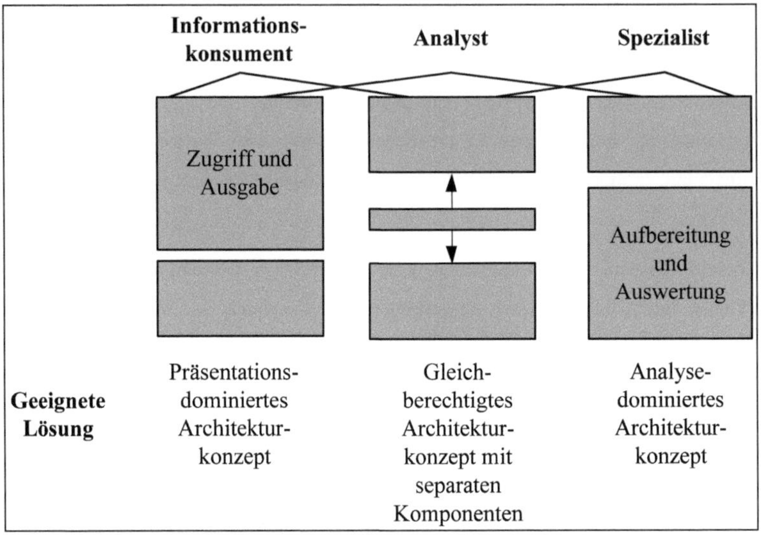

Quelle: In Anlehnung an Gluchowski/Gabriel/Dittmar 2008, S. 116
Abb. 7-1**:** BI-Nutzertypen und geeignete BI-Bausteine

Grundlegend lässt sich für die Systemarchitektur ein Ordnungsrahmen mit einer Dreiteilung in die Bausteine bzw. Schichten **Datenbereitstellung**, -auswertung und Präsentation heranziehen (vgl. Kemper/Mehanna/Unger 2006, S. 10). Im ersten Schritt werden die relevanten Daten jeglicher Vorsysteme übertragen, vereinheitlicht und veredelt, bevor sie in einem Datenspeicher dauerhaft abgelegt werden. Die Trennung von den operativen Vorsystemen erfolgt hierbei primär zur Sicherstellung der Leistungsfähigkeit und Stabilität. Die Untersuchung und Auswertung der Daten durch Verdichtung oder Aufspaltung betriebswirtschaftlicher Größen erfolgt darauf in der **Analyseschicht**. Diese weist auch bereits gewisse Präsentationsfunktionen auf.

Der Zugriff durch den Informationskonsumenten erfolgt jedoch erst im Rahmen der **Präsentationsschicht** (vgl. Gluchowski/Gabriel/Dittmar 2008, S. 108 ff.). Hier steht nun weniger die methodische Aufbereitung des Datenmaterials im Vordergrund, sondern die problem- und adressatengerechte Versorgung mit Informationen durch Standard-Berichte. Meist wird sich hier die Darstellung in Form von zweidimensionalen Tabellen als nützlich erweisen. Zur leichten Erfassung von komplexeren Faktenkonstellationen bieten sich daneben auch Balken-,

Säulen-, Linien-, Punkt- oder Flächendiagramme sowie Landkartenansichten an (vgl. Gluchowski/Gabriel/Dittmar 2008, S. 114). Auch kann zur Nutzung vielfältiger Informationsquellen ein **Portal** etabliert werden. Dies ermöglicht „eine einheitliche und individualisierte Zugriffsmöglichkeit auf Inhalte und Applikationen" (Kemper/Mehanna/Unger 2006, S. 132).

Die Datenbereitstellung erfolgt mittels einer von den operativen Datenbeständen losgelösten relationalen Datenbank sowie einem **Data Warehouse**. Dabei handelt es sich in seiner ursprünglichen Form um ein unternehmensweites Konzept, das als zentraler Speicher eine einheitliche und konsistente Datenbasis für die vielfältigen dispositiven Anwendungen bietet und losgelöst von den operativen Datenbanken betrieben wird (vgl. Kemper/Mehanna/Unger 2006 S. 19). In der Praxis sind aus Performance- und Komplexitätsgründen jedoch meist mehrere funktionsbezogene Data Warehouses in einem Unternehmen vorzufinden (vgl. Tannert 2009). Die konstituierenden Merkmale eines Data Warehouses sind dabei die **Themenorientierung,** im vorliegenden Fall auf die Objektklasse Kunde, eine **Vereinheitlichung** bezogen auf Datenformat und -struktur, die **Zeitorientierung** in Form einer zeitpunktbezogenen Korrektheit im Gegensatz zur präzisen Aktualität operativer Vorsysteme und die **Beständigkeit** der Zeitreihendaten über längere Zeiträume hinweg (vgl. Inmon 2005, S. 29 f.). Bezüglich der enthaltenen Daten unterscheidet man Strukturangaben über die Problemdaten und Daten, die diese hinsichtlich Typ, Wertebereich und logischem Kontext beschreiben (**Metadaten**) sowie entscheidungsrelevante Informationen (**Problemdaten**) (vgl. Wieken 1999, S. 205 f.; Gluchowski/Gabriel/Dittmar 2008, S. 123).

Zur Modellierung des multidimensionalen Datenraumes sollte im Idealfall ein semantisches, ein logisches sowie ein physisches Datenmodell generiert werden. Während letzteres Modell primär auf die technischen Belange ausgerichtet ist, bildet das semantische einen (z. B. betriebswirtschaftlichen) Zusammenhang aus der Realwelt technologieneutral ab. Logische Datenmodelle schließlich sind zwar noch losgelöst von der technischen Implementierung, determinieren jedoch bereits den Einsatz spezieller Datenhaltungssysteme (vgl. Kemper/Mehanna/Unger 2006 S. 19). Sind jegliche Datenstrukturen definiert und technisch umgesetzt, gelangen die Problemdaten über automatisierte Verfahren aus den operationalen Vorsystemen in die relationale Datenbank und darüber in das Data Warehouse. Man unterscheidet hier grundsätzlich das **initiale Laden** (initial load) und die **periodische Aktualisierung (incremental load)**. Bei Ersterem werden die benötigten Datenstrukturen in der Zielumgebung vollständig angelegt und mit Problemdaten befüllt. Gluchowski, Gabriel und Dittmar sehen bei diesem intitialen Ladevorgang einen geringen Automatisierungsgrad und manuelle

Koordination als zweckdienlich an und fordern daher lediglich für die inkrementelle Vorgehensweise einen automatisierten Prozess (vgl. Gluchowski/Gabriel/Dittmar 2008, S. 133). In der Praxis hat sich jedoch herausgestellt, dass bereits bei etwas größeren Änderungen an der Datenbank oft Initialladungen notwendig sind und sich daher ein standardisiertes, automatisiertes Vorgehen bei beiden Ladevorgängen auszahlt. Die Häufigkeit der Datenübernahme wird dabei primär durch die Granularität der Zeitdimension bestimmt (vgl. Muksch/Behme 2000, S. 42).

Die Aufbereitung und Anpassung der Problemdaten erfolgt im Rahmen des **ETL-Prozesses** („Extraction", „transformation", „loading"), bei dem die Schritte der Datenextraktion, der Transformation sowie des Ladens zu unterscheiden sind (vgl. Kemper/Mehanna/Unger 2006 S. 22). Danach werden Verdichtungsverfahren zur Aggregation der benötigten aufsummierten Größen operationalisiert, um gewünschte Aggregationsstufen zu berechnen und zu speichern.

Bezüglich der technischen Infrastruktur wurde bei der Mercedes-Benz Trucks Division ein dreiteiliges Serverkonzept gewählt. Es ist eine **Produktivumgebung**, eine **Integrationsumgebung** sowie eine **Entwicklungsumgebung** zu unterscheiden. Dieses Vorgehen ermöglicht, neue Funktionalitäten und Datenstände unabhängig vom Produktivbetrieb zu entwickeln und zu testen.

Der so generierte Datenbestand des Data Warehouses kann nun grundsätzlich zur **Hypothesenverifizierung** oder aber zur Hypothesengenerierung herangezogen werden. Im ersten Fall geht es um die Überprüfung einer zuvor implizit oder explizit formulierten Annahme durch den Anwender unmittelbar am System über einen Tatbestand, eine Beziehung oder eine Entwicklung im abgebildeten Realitätsausschnitt. Diese Verifizierung betriebswirtschaftlicher Hypothesen soll im weiteren Verlauf an Hand des Konzeptes des **On-Line Analytical Processings** (OLAP) dargestellt werden. Bei der **Hypothesengenerierung** agiert dagegen primär das System selbst, indem es Beziehungen zwischen durch den Datenbestand abgebildeten Objekten aufdeckt (Gluchowski/Gabriel/Dittmar 2008, S. 143). Hierfür werden primär Instrumente des **Data Mining** verwendet. Allgemein werden unter dieser Begrifflichkeit jegliche Methoden subsummiert, „die autonom aus großen Rohdatenmengen die bedeutsamsten und aussagekräftigsten Muster identifizieren und sie dem Anwender als interessantes Wissen präsentieren" (Bissantz/Hagedorn/Mertens 2000, S. 380). Diese werden in der vorliegenden Arbeit jedoch nicht weiter vertieft.

OLAP repräsentiert eine Software-Technologie, die Managern wie auch qualifizierten Mitarbeitern aus den Fachabteilungen schnelle, interaktive und vielfältige Zugriffe auf relevante und konsistente Informationen ermöglichen soll. Im Vordergrund stehen dabei dynamische und multidimensionale Analysen basierend auf historischen, konsolidierten Datenbeständen (vgl. Franconi et. al. 2000, S. 88; Zipser 2003, S. 128). Es können hierbei geführte OLAP-Analysen in Form von Standardberichten oder freie OLAP-Analysen z. B. mittels Add-Ins in Tabellenkalkulationsprogramme unterschieden werden. Grundlegend kann man hierbei eine relationale, eine multidimensionale, eine hybride sowie eine nur auf dem Desktop verfügbare OLAP-Architektur unterscheiden.

Relationale OLAP-Systeme (R-OLAP) verwenden standardisierte, relationale Datenbanksysteme mit dem Vorteil, dass die Systemstabilität weitgehend gewährleistet werden kann und damit auch große Datenvolumina verarbeitet und eine große Anzahl an Benutzern versorgt werden können. Nachteilig ist hier der zusätzliche Ladeprozess, der andererseits aber auch die bereitgestellte Funktionalität immens erweitert. Beim **multidimensionalen OLAP** (M-OLAP) werden proprietäre Datenbanksysteme verwendet, die speziell auf die Leistungsfähigkeit in multidimensionalen Strukturen ausgelegt sind. Vorteilhaft sind hierbei damit primär das Antwortzeitverhalten sowie die Flexibilität. Das **hybride OLAP** (H-OLAP) vereint die Vorteile der vorangehenden Ausprägungen. Für aggregierte Abfragen wird hierbei meist M-OLAP instrumentalisiert und im Fall von Drill-Down-Recherchen ein Wechsel in die relationale Umgebung vollzogen (vgl. Kemper/Mehanna/Unger 2006 S. 100 f.; Wieken 1999, S. 83 ff.). Schließlich stellen **Desktop-OLAP-Systeme** (D-OLAP) die Daten nur für den jeweiligen Anwender lokal zur Verfügung. Nachteilig ist hier vor allem die fehlende Möglichkeit eines gleichzeitigen Zugriffs durch mehrere Anwender (vgl. Schmidt-Volkmar 2008, S. 22). Abbildung 7-2 soll die verschiedenen Ausprägungen der OLAP-Architektur nochmals grafisch verdeutlichen.

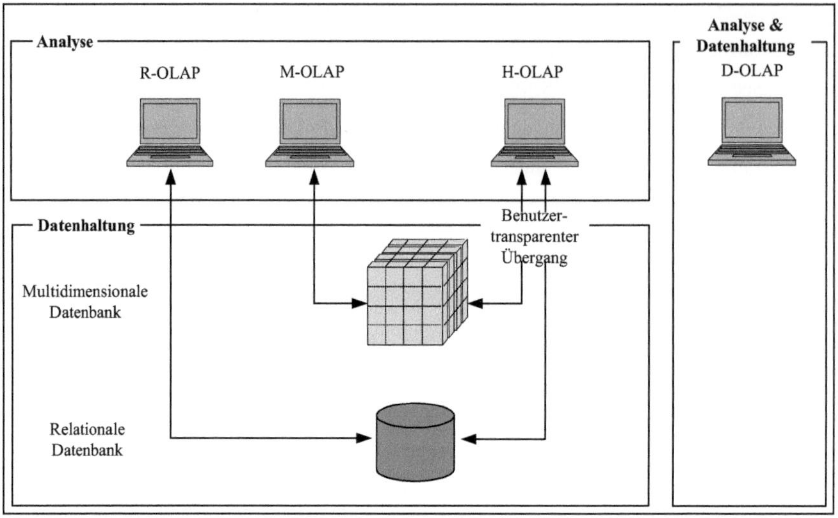

Quelle: In Anlehnung an Kemper/Mehanna/Unger 2006, S. 100
Abb. 7-2: Mögliche Ausprägungen der OLAP-Architektur

Als prägende Eigenschaft ist hierbei herauszustellen, dass die betrachteten Zahlengrößen entlang der zugehörigen Dimension angeordnet sind und sich damit in unterschiedlichste Richtungen analysieren lassen. Unter dem Begriff **Dimension** werden sachlich zusammengehörige und bezogen auf das Untersuchungsobjekt gleichartige Beschreibungsobjekte zusammengefasst und miteinander verbunden (z. B. Kunde, Produkt) (vgl. Totok 2000, S. 87; Schelp 2000, S. 140). Innerhalb einer Dimension können vertikale, hierarchische Beziehungen bestehen (**Hierarchisierungen**). **Fakten**, auch Measures genannt, sind numerische Werte bzw. aus semantischer Sicht betriebswirtschaftliche Kennzahlen (vgl. Kemper/Mehanna/Unger 2006 S. 61 f.). Das in Abbildung 7-3 exemplarisch dargestellte Konstrukt aus allen Zahlenwerten und allen Dimensionen wird als **Datenwürfel** bezeichnet, wenn auch die Würfelkanten (Dimensionen) in ihrer Länge variieren können (gleiche Anzahl an Dimensionselementen) und die Dreidimensionalität meist nicht eingehalten wird (vgl. Gluchowski/Gabriel/Dittmar 2008, S. 155).

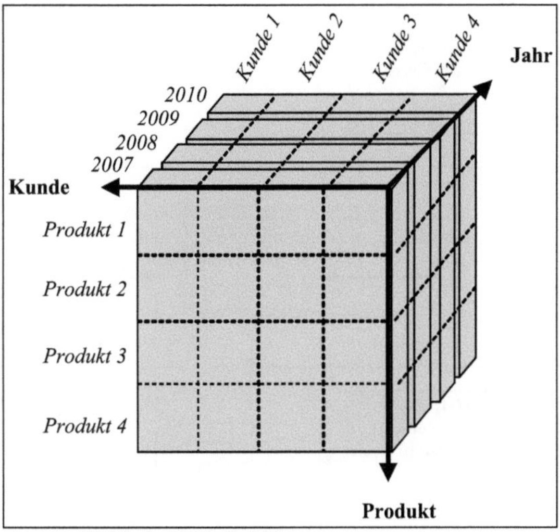

Quelle: In Anlehnung an Holthuis 1998, S. 186
Abb. 7-3: Beispiel für einen mehrdimensionalen Würfel

Im Rahmen des Projekts „Truck Result and Customer Transparency" (TRACY) bei der Mercedes-Benz Trucks Division wurde hierfür eine Dreiteilung gewählt, wobei für die Informationskonsumenten ein präsentationsorientiertes Architekturkonzept der Firma Arcplan in Form von DynaSight gewählt wurde (vgl. Abbildung 7-4). Analysten haben zusätzlich die Möglichkeit, Pivotabfragen mittels eines Microsoft Excel-Spreadsheet-Add-Inns zu tätigen. Schließlich können Spezialisten über relationale und multidimensionale Entwicklungsumgebungen mit den Datenmanipulationssprachen Structured Query Language (SQL) und Multidimensional Expressions (MDX) sämtliche Abfragen tätigen. Bezüglich der OLAP-Technologie wurde auf Grund der schnellen Reaktionszeiten M-OLAP ausgewählt. Durch Integration der Berichte in ein bereits bestehendes Portal für die Informationskonsumenten und die Verwendung der gewohnten Excel-Arbeitsoberfläche konnte damit eine hohe Akzeptanz erreicht werden. Zur Erstellung des eigentlichen Datenbanksystems wurde Microsoft SQL Server Management Studio verwendet. Eine Fokussierung auf ausschließlich einen Hersteller ist auch hier nicht mehr notwendig (**„End-to-End-Lösung"**), sondern es können Back-End-Datenbanksystem sowie Front-End-Tools beliebig kombiniert werden (**„Best of Breed"-Lösung**) (vgl. Gluchowski/Gabriel/Dittmar 2008, S. 186).[9]

[9] Eine ausführliche Darstellung jeglicher Werkzeuge verschiedenster Hersteller für analytische Informationssysteme findet sich bei Bange (vgl. Bange 2006, S. 89 ff.).

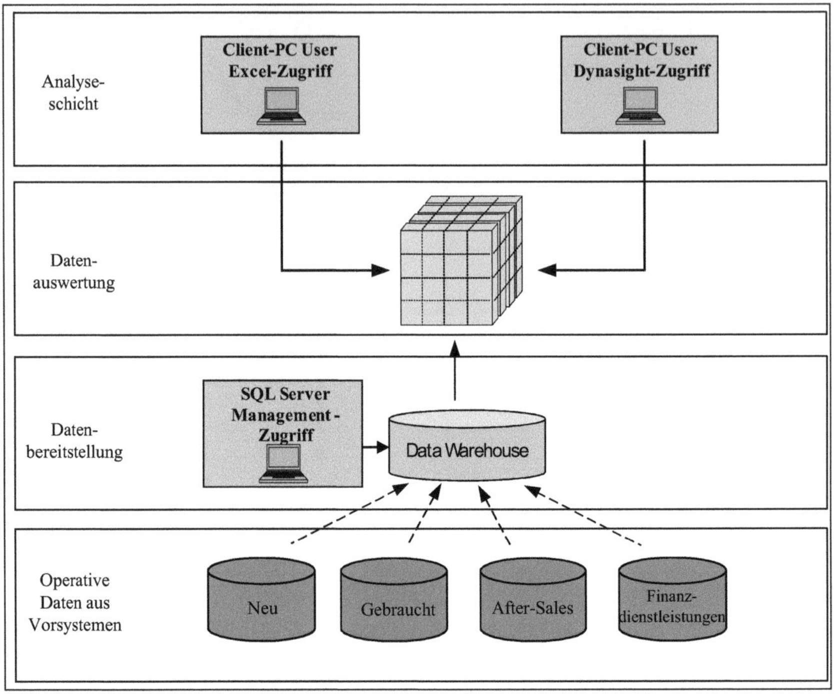

Abb. 7-4: Systemarchitektur BI-Kundenwertlösung Mercedes-Benz Trucks

Bei dieser praktischen Umsetzung wurde selbstverständlich ein großer Erfahrungsschatz gewonnen, der im Folgenden in Form von Erfolgsfaktoren weitergegeben werden soll, um den Start für zukünftige Projekte zu erleichtern bzw. mögliche Probleme im Rahmen der Implementierung zu vermeiden. Hierfür wurde zur Schaffung eines klaren Ordnungsrahmens eine Einteilung in die Themenbereiche Vorgehensmodell, einheitliche Datenstruktur, Implementierung der Methodik, Performance, Berichtsgestaltung, Akzeptanz und Umsetzungsmotivation sowie Security gewählt.

7.2 Gesichtspunkte bei der Implementierung

7.2.1 Vorgehensmodell

Nach der Entscheidung für eine Einführung einer BI-Kundenwertlösung gilt es, Anforderungen zu definieren, vorhandene Daten zu erfassen sowie fehlende Daten zu beschreiben, um ein vollständiges Modell des Datenflusses zu erhalten. Daraus wird im weiteren Verlauf ein Lastenheft generiert, welches als Grundlage für die Auswahl der Anbieter der einzelnen BI-Komponenten, aber auch für die Auswahl der Entwickler dient (vgl. Jobs 2000, S. 164).

Die gängige Literatur zur Systementwicklung empfiehlt des Weiteren, sich auf ein Vorgehensmodell festzulegen (vgl. Kemper/Mehanna/Unger 2006 S. 140). Dieses bestimmt die durchzuführenden Aktivitäten, die abzuarbeitende Reihenfolge der Aktivitäten, die Zuordnung der Aktivitäten zu Mitarbeitern sowie die Bestimmung der gewünschten Ergebnisse (vgl. Balzert 2001, S. 54). Die verbreitetsten Ansätze sind hierbei sequentielle und iterative Vorgehensmodelle.

Sequentielle Vorgehensmodelle sind durch eine determinierte zeitliche Ablauffolge der einzelnen Phasen gekennzeichnet, wobei jedoch hier als Auflockerung des strikten Grundgedankens ein Rücksprung in die entsprechende vorangehende Phase möglich ist (vgl. Kemper/Mehanna/Unger 2006 S. 140). Der bekannteste Vertreter dieser sequentiellen Modelle ist das in Abbildung 7-5 dargestellte auf Royce zurückgehende **Wasserfall-Modell** (vgl. Royce 1970).

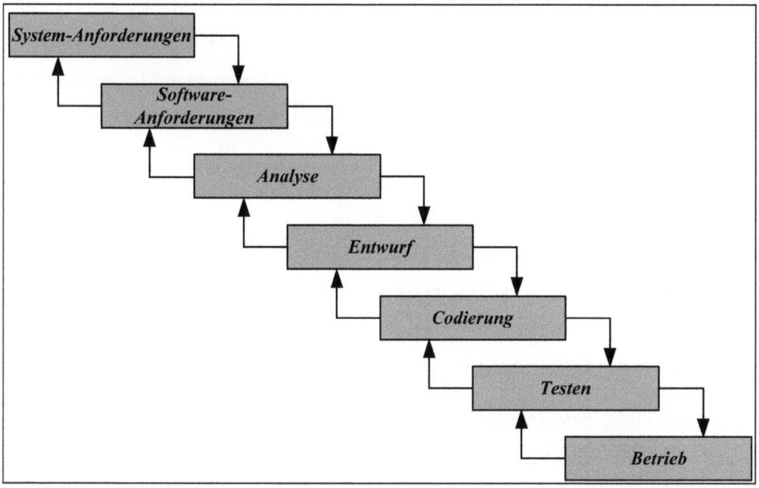

Quelle: Balzert 1998, S. 99
Abb. 7-5: Beispiel für ein Wasserfallmodell

Positiv an dieser Art von Vorgehensmodellen ist sicherlich die strukturierte und genau getaktete Vorgehensweise. In der Realität wird jedoch vor allem im BI-Umfeld schnell deutlich, dass die Interdependenzen zwischen den Einzelphasen weitaus komplexer sind. So sind viele fachliche Anforderungen bei der grundlegenden Systemdefinition noch nicht bekannt bzw. wachsen erst im Laufe des Entwicklungs- und Betriebsprozesses. Auch können sich technische und fachliche Rahmenbedingungen ändern, die eine situative Reaktion erforderlich machen (vgl. Kemper/Mehanna/Unger 2006 S. 142).

Daher erscheint es sinnvoll, den **iterativen Vorgehensmodellen** den Vorzug zu geben. Das Ziel ist hierbei, das angestrebte System sukzessive zu entwickeln und über Bereitstellung mehrerer neuer Versionen in den operativen Einsatz zu geben. Konstituierende Merkmale für dieses Vorgehensmodell sind daher wiederkehrende Entwicklungsabschnitte und damit die Auflösung der strikten Trennung zwischen Entwicklungs- und Betriebsphase. Dies impliziert, dass Vorgängerversionen von Fehlern bereinigt, von nicht länger benötigten Funktionalitäten befreit oder um neue Funktionen erweitert werden (vgl. Kemper/Mehanna/Unger 2006 S. 143). Als Ausprägungsformen des iterativen Vorgehensmodells können das **evolutionäre** sowie das inkrementelle **Modell** unterschieden werden. Während Ersteres auf eine weitgehende Definition der Gesamtanforderungen verzichtet und damit eine optimierte Architektur leicht vernachlässigt wird, wirkt das **inkrementelle Modell** genau diesen Schwächen durch eine vollständige Erfassung und Modellierung entgegen (vgl. Kemper/Mehanna/Unger 2006 S. 144 ff.).

Ein weiterer wichtiger Gesichtspunkt daneben ist die Datenstruktur der BI-Kundenwertlösung. Da die Ansprüche an das Extrakt aus den operativen Systemen auf Grund der besonderen Auswertungszwecke oft noch nicht ausreichen, sind verschiedene Aufbereitungsschritte notwendig.

7.2.2 Einheitliche Datenstruktur

Im Rahmen des bereits in Abschnitt 7.1 beschriebenen ETL-Prozesses müssen die Daten derart aufbereitet werden, dass sie danach im System zum Abruf zur Verfügung stehen. Hierbei gilt es, mehrere Schritte für einen reibungslosen Ablauf zu beachten. Diese sollen im Folgenden an Hand der verschiedenen Schichten bzw. Layer des Ladeprozesses beschrieben werden.

In der ersten Schicht, dem **Integration-Layer**, muss der **ETL-Prozess** detailliert definiert werden. Hier sollten bereits **Filtervorschriften** gesetzt werden, um nicht benötigten Ballast in Form von z. B. nicht verwendeten Spalten von Datenquellen, aber auch Datensätzen von Ländern oder Produkten außerhalb des Betrachtungsumfanges auszusortieren. Problematisch kann sich hierbei eine mangelhafte Dokumentation der verfügbaren Datenbestände erweisen (vgl. Gluchowski/Gabriel/Dittmar 2008, S. 135). Auch sind im Fall von widersprüchlichen Datenquellen führende Vorsysteme zu definieren.

Darauf sollte im **Cleansing-Layer** die Bereinigung der Daten in Form einer **syntaktischen** (formell) und **semantischen** (inhaltlich) **Mängelidentifikation und –behebung** erfolgen. So geht es darum, alphanumerische Einträge in numerischen Feldern und Verstöße gegen zulässige Wertbereiche von Feldern mittels Plausibilitätsprüfungen aufzudecken. Als besonders problematisch erweisen sich hierbei Einträge, die dem zugehörigen Bildungsgesetz entsprechen, jedoch inhaltlich nicht korrekt sind. Diese können am einfachsten von der betreuenden Fachabteilung oder von den mit dem Inhalt des Systems vertrauten Mitarbeiter identifiziert werden. Auch ist abzusichern, dass Werte, die in der Realwelt existent sind, nicht in den entsprechenden Datenfeldern fehlen. Derartige Mängel können bei Unkenntnis zu falschen Auswertungen führen und so z. B. den Vergleich von Einzelkunden, aber auch die aggregierte Betrachtung verzerren (vgl. Gluchowski/Gabriel/Dittmar 2008, S. 138). Darüber hinaus müssen **Synonyme**, d.h. Attribute mit unterschiedlichen Namen, aber identischen Bedeutungen, sowie **Homonyme**, Objekte mit demselben Attributnamen, aber abweichenden Bedeutungen, angepasst werden (vgl. Kemper/Mehanna/Unger 2006 S. 29 f.). Bezüglich der Mängelerkennung- und –verarbeitung können damit drei Klassen von Mängeln identifiziert werden:

1. Klasse: Automatisierbare Defekterkennung mit automatisierbarer Korrektur während des Extraktionsvorganges.
2. Klasse: Automatisierbare Defekterkennung mit manueller Korrektur nach dem Extraktionsvorgang.
3. Klasse: Manuelle Defekterkennung mit manueller Korrektur nach dem Extraktionsvorgang (vgl. Kemper/Finger 2006, S. 120).

In der Folge gilt es, im **Mapping-Layer** die Daten aus den Vorsystemen zu verknüpfen, um jegliche Merkmale des Kunden in einer simultanen Betrachtung darstellen zu können. Im Idealfall erfolgt diese Zuordnung mittels einer eindeutigen Identifikationsnummer. Oft geht diese Zuordnung der Informationsobjekte aus den Vorsystemen zu den Strukturbestandteilen der Zielumgebung aber auch mit einem Rollentausch einher, bei dem aus Informationsobjektklassen z. B. Dimensionsebenen oder aus Beziehungsebenen Würfel werden (**strukturelle Ebene**). Daneben müssen oft inhaltliche Anpassungen in Form einer Felderaggregation zu einem Attribut erfolgen (**inhaltliche Ebene**). Problematisch kann sich hierbei die oft abweichende Primärschlüsselung von Kunden in den einzelnen Vorsystemen erweisen. Die Verbindung muss dann über separate Zuordnungs- bzw. Lookup-Tabellen erfolgen, indem für jeden Kunden ein neuer künstlicher Primärschlüssel generiert wird und die Schlüssel der Vorsysteme als Fremdschlüssel mitgeführt werden, so dass übergreifende Auswertungen durchgeführt werden können (vgl. Gluchowski/Gabriel/Dittmar 2008, S. 137 ff.; Kemper/Mehanna/Unger 2006 S. 28 f.). Nachteilig ist bei diesem Vorgehen, dass hier trotz diesem Umweg teils keine Zuordnung eines Fahrzeuges zu einem Kunden stattfinden kann. Um diese

Kunden-Matching-Rate zu erhöhen, empfiehlt es sich, stets einen kompletten Datenabzug anstatt eines Auszuges der Zuordnungsdatei zu erstellen, diesen des Weiteren maschinell zu generieren und schließlich die Datenqualität bei der Erstellung dieser Datei stetig zu prüfen (vgl. Tannert 2009). Im **Temporary-Layer** werden darauf folgend Berechnungsschritte auf Einzelfahrzeugebene durchgeführt, bevor im **Storage-Layer** die benötigten Aggregationen stattfinden. Dieser Prozess garantiert eine rasche Verfügbarkeit und eine garantierte Konsistenz der kalkulierten Werte auf Grund der einmaligen Berechnung (vgl. Kemper/Mehanna/ Unger 2006 S. 33). Abbildung 7-6 soll diese einzelnen Schichten der Datenaufbereitung nochmals zusammenfassend darstellen.

Neben dieser Schaffung eines Qualitätsstandards der Daten der BI-Lösung spielt selbstverständlich auch der korrekte Inhalt in Form der umgesetzten Methodik eine entscheidende Rolle. Dieser Sachverhalt soll im folgenden Unterabschnitt näher betrachtet werden.

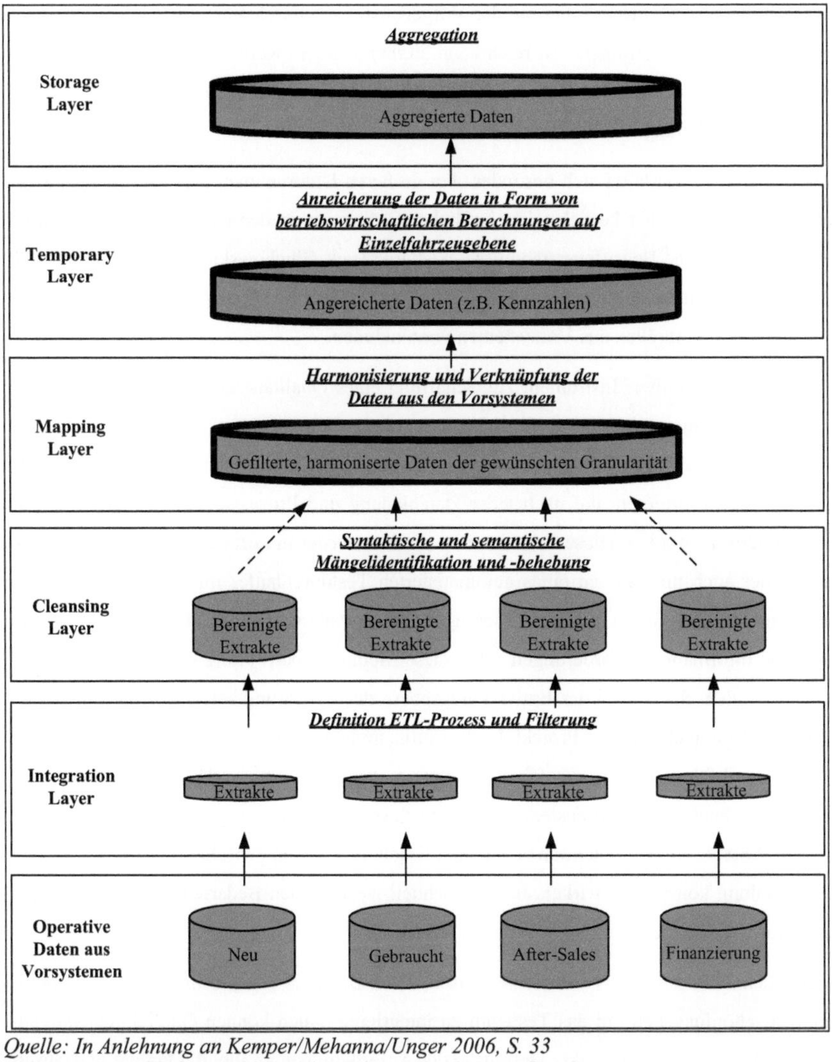

Quelle: In Anlehnung an Kemper/Mehanna/Unger 2006, S. 33

Abb. 7-6: Verschiedene Schichten im Rahmen der Datenaufbereitung

7.2.3 Implementierung der Methodik

Um die Qualität der implementierten Methodik sicherzustellen, sollten verschiedene Punkte im Rahmen eines BI-Qualitätsmanagements beachtet werden. So muss die konzeptionelle Qualität des Systems sichergestellt werden, indem primär in der Erstellungsphase Testfälle zum Abgleich des Lastenheftes konstruiert werden (vgl. Gluchowski/Gabriel/Dittmar 2008, S. 314).

Davor sollte bereits eine Validierung der Vorgehensweisen durch Verantwortliche der jeweiligen Geschäftsarten erfolgen. Hilfreich kann hierbei auch ein wertschöpfungskettenübergreifendes Gremium sein, welches in regelmäßigen Abständen zusammentrifft und im Idealfall von der Projektleitung koordiniert wird.

Besonders heikel gestaltet sich besonders bei größeren Unternehmen die Definition und die Ermittlung einheitlicher betriebswirtschaftlicher Größen, da in den einzelnen Geschäftsarten oft unterschiedliche Begriffsverständnisse existieren (vgl. Gluchowski/Gabriel/Dittmar 2008, S. 121). So kann es durchaus notwendig sein, methodische Änderungen bezüglich der Ermittlung von Inputgrößen aus Vorsystemen vorzunehmen.

Als zentrales operatives Instrument zur Schaffung eines Qualitätsstandards in der Konzeptionsphase, aber auch später in der Betriebsphase, bieten sich vor allem Testverfahren an, welche die Beseitigung von Fehlern des BI-Systems zum Ziel haben. Hierfür empfiehlt es sich, Testfälle zu konstruieren, die nach jeder Datenladung und Prozessierung des Datenwürfels erneut überprüft werden. Diese Tests können somit entweder in Form einer händischen Stichprobe oder auch im Rahmen eines automatisierten Testdurchlaufes mit Fehlerberichterstattung erfolgen. Auf Grund stetiger Änderungen und Erweiterungen der BI-Lösung durch sich ändernde Informationsanforderungen sollte diese Methodiküberprüfung kontinuierlich durchgeführt werden. Speziell in der Entwicklungsphase der BI-Lösung sollte hierfür eine besondere Testplanung als Teil der Projektplanung aufgenommen werden, da der zeitliche Aufwand für die Durchführung leicht die Planung sprengen kann und eine verlässliche Prognose bezüglich des benötigten Zeitfensters sonst nur schwer möglich ist (vgl. Gluchowski/Gabriel/ Dittmar 2008, S. 314). Auch können zeitnahe Feedback-Runden zwischen Entwicklungs- und Fachabteilung konstruktiv wirken, um den schnell wechselnden Bedarfen an Anforderungen und Informationen der Benutzer gerecht zu werden.

Schließlich kann es sich als hilfreich erweisen, einen Benutzer von jedem Teil der automobilen Wertschöpfungskette in das Testteam zu integrieren. Auch können Qualitätsschwankungen der Daten durch eine exakte Definition der Anforderungen an Inhalt, Qualität und Struktur an die Verantwortlichen der datenliefernden Systeme mittels verbindlicher Schnittstellenvereinbarungen drastisch reduziert werden (Weber/Haupt/Erfort 2005, S. 51). Daneben sollter während der Durchführung von Maßnahmen zur Qualitätssicherung die BI-Lösung bezüglich der Abfragegeschwindigkeit derart optimiert werden, dass Benutzer akzeptabel und vor allem angenehm mit dieser arbeiten können.

7.2.4 Performance

Zur Optimierung der Abfragezeiten einzelner Anfragen bietet sich generell eine Vielzahl von Möglichkeiten. Im Folgenden sollen die effektivsten im Rahmen des Projekts TRACY aufgeführt werden.

Grundsätzlich konnte hier bereits durch die gewählte **M-OLAP-Technologie** ein im Vergleich zu anderen OLAP-Technologien schnelles Reaktionsverhalten realisiert werden (vgl. Abschnitt 7.1). Da hiermit eine multdimensionale Datenpflege erfolgt und jegliche Daten aggregiert als auch auf Datensatzebene im Datenwürfel vorgehalten werden, können Abfragen schnell erfolgen. Als Nachteil kann dabei selbstverständlich der zusätzlich benötigte Speicherplatz angesehen werden. Durch rapide Preissenkungen bei Speichermedien sollte dies jedoch nicht länger ein Hindernis darstellen. Auch kann durch die Bereitstellung von vordefinierten Anfragen des Fachbereiches an den Server nochmals die Abfragezeit verringert werden (**WarmUp-Jobs**).

Daneben bietet es sich an mittels des so genannten **Cachings** alle bisherigen Abfragen bereits ausgeführt zum Abruf bereit zu halten. Dies kann durch einen hardwarebasierenden oder softwarebasierten Zwischenspeicher erfolgen.

Darüber hinaus hat sich im Projektverlauf eine **Limitierung des Arbeitsspeichers** der relationalen Ebene zu Gunsten des Datenwürfels als sehr positiv erwiesen. Schließlich kann auf der relationalen Ebene eine Optimierung mittels **Tabellenindizes** realisiert werden. Durch die Vergabe eines Primärschlüssels je Tabelle kann diese schneller aufgerufen werden. Des Weiteren können hier mittels eines **Performance-Query Analysers** Zeiteinsparungen bei der Befüllung der Tabellen realisiert werden (vgl. Faix/Tannert/Pietschmann 2009).

Sind diese Schritte der Performance-Optimierung abgeschlossen, muss eine Darstellung der Informationen in der Präsentationsschicht erfolgen. Hierfür bietet sich für die Mehrzahl der Mitarbeiter vor allem das standardisierte Berichtswesen an.

7.2.5 Berichtsgestaltung

Als **Berichte** „lassen sich Dokumente verstehen, die unterschiedliche Informationen für einen bestimmten Untersuchungszweck miteinander kombinieren und in aufbereiteter Form vorhalten" (Gluchowski/Gabriel/Dittmar 2008, S. 206). Das Ziel des Berichtswesens ist es, Mitarbeiter ereignis- oder zeitgesteuert mit für sie relevanten Informationen zu versorgen. Als besonderes Merkmal des elektronischen Berichtswesens ist die automatische Erstellung der Berichte und damit die eher passive Rolle des Benutzers herauszustellen. Dies soll jedoch nicht heißen, dass dieser damit auf jegliche Möglichkeiten zur Filterung von Daten verzichten muss. Vielmehr werden die Informationspartikel auf vorgedachten Strukturen verknüpft und empfängergerecht aufbereitet (vgl. Gluchowski/Gabriel/Dittmar 2008, S. 206).

Grundsätzlich sollten zur Gestaltung der Berichte neben Zweck, Inhalt und Form auch zeitliche Merkmale sowie betroffene Instanzen definiert werden. Als zentraler Punkt ist der **Berichtszweck** zu definieren. Hierbei kann es sich um Dokumentations- und Kontrollzwecke, aber auch um die Unterstützung von Entscheidungen handeln. Um die Übersichtlichkeit des Systems zu wahren, sollte jedoch auf die Berichte fokussiert werden, die den größten Nutzen stiften. Bezüglich der Nützlichkeit des **Berichtsinhaltes** ist von zentraler Bedeutung, das Informationsangebot in einer zweckadäquaten Detaillierung vorzulegen und Vergleichsinformationen zu deren adäquaten Einordnung bereitzustellen sowie das Spektrum der Informationen breit genug auszulegen. Die **Darstellungsform** sollte stets an den Bedürfnissen der Adressaten orientiert sein und bedarfsgerecht zwischen grafischen und textuellen Elementen variieren. Übersichtlichkeit und Verständlichkeit in Form eines einheitlichen Aufbaus der verschiedenen Berichte müssen hierbei die höchste Maxime darstellen. So sollten z. B. stets einheitliche Gliederungsprinzipien sowie eine gleichförmige Gestaltung zentraler Berichts- und Bedienelemente gewählt werden (vgl. Gluchowski/Gabriel/Dittmar 2008, S. 206 ff.). Bezüglich des **zeitlichen Aspekts** ist zum Einen die Regelmäßigkeit der Aktualisierung, zum Anderen die Länge des Betrachtungszeitraumes zu definieren.

Schließlich sind entsprechend der **Berichtsinstanzen** die Verwender sowie die für den Inhalt und die technische Umsetzung verantwortlichen Mitarbeiter zu definieren (vgl. Gluchowski/Gabriel/Dittmar 2008, S. 209). In den Abbildungen 7-7 und 7-8 ist beispielhaft die Umsetzung zweier Berichte von Mercedes-Benz Trucks dargestellt.

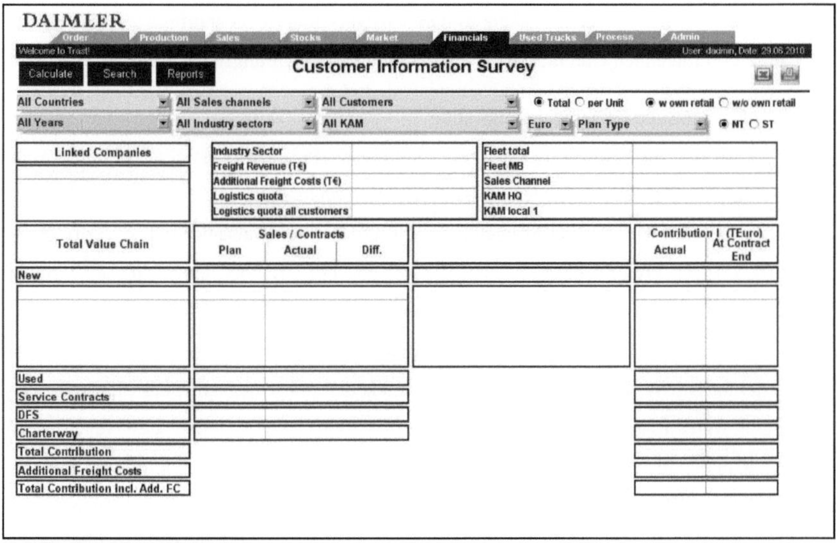

Quelle: Daimler AG 2010a

Abb. 7-7: Berichtsbeispiel I

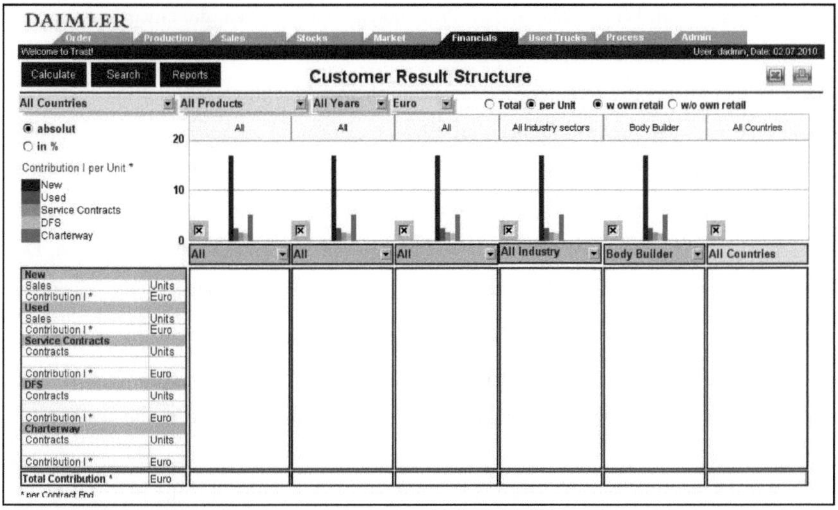

Quelle: Daimler AG 2010a

Abb. 7-8: Berichtsbeispiel II

Daneben hilft es in der Praxis wenig, wenn das BI-System über eine ausgefeilte Berichtswelt verfügt, jedoch jegliche Akzeptanz bei den intendierten Benutzern fehlt und eine Integration mangels eines offensichtlichen Nutzens in deren Arbeitsalltag nicht stattfindet. Abhilfe können hier die im folgenden Unterabschnitt erläuterten Praxiserfahrungen schaffen.

7.2.6 Akzeptanz und Umsetzungsmotivation

Um die Schaffung methodisch und technisch komplexer Informationssysteme ohne Anwendungsbezug zu vermeiden sollte jede BI-Lösung so gestaltet sein, dass der Nutzen für den Benutzer maximiert wird. Leider bringen dennoch oft Mitarbeiter als auch ganze Vertriebsgesellschaften Veränderungsprozessen nicht die gewünschte Offenheit entgegen. Die Gründe hierfür können aus persönlichen Interessen, einem eingeschränkten Selbstnutzen, aber auch aus Furcht vor zu viel Transparenz entstehen. Witte kategorisiert diese in Willens- und Fähigkeitsbarrieren. Die **Willensbarrieren** können mittels der Beharrungskraft des Status zusammengefasst werden. **Fähigkeitsbarrieren** betreffen mangelnde Kenntnis des Neuen, aber auch die Komplexität (vgl. Witte 1999, S. 13 f.). Daher sollte die erfolgreiche Implementierung der BI-Kundenwertlösung zur Überwindung dieser Barrieren von verschiedenen Triebkräften gestützt werden. Witte fasst diese allgemein zur Durchsetzung von Innovationen und Innovationsprozessen mit dem **Promotoren-Modell** zusammen und konnte diese auch empirisch bestätigen (vgl. Witte 1973, S. 55). Promotoren sind Personen, die einen Innovationsprozess aktiv und intensiv fördern und dabei das instanziell festgelegte Maß an Aktivität sprengen (vgl. Witte 1973, S. 15 f.). Man unterscheidet **Machtpromotoren** mit hierarchischem Potenzial und **Fachpromotoren** mit objektspezifischem Fachwissen. Dieses **Promotorengespann** gelangt durch ihre Koalition zu dem vorteilhaftesten Ergebnis (vgl. Witte 1999, S. 16 f.). Später wurde dieses Modell durch eine Vielzahl empirischer Folgestudien um den Prozesspromotor zum überlegenen **Drei-Promotoren-Modell („Troika")** erweitert. Der **Prozesspromotor** fördert den Innovationsprozess durch Organisationskenntnis, Planungsvermögen und Kommunikationsfähigkeiten (vgl. Hauschildt/Keim 1999, S. 214).

Übertragen auf das Management der BI-Kundenwertlösung bedeutet dies, dass ein oder mehrere Mitglieder des höheren Managements (z. B. Vertriebsleitung oder Gremium aus Mitgliedern aller Geschäftsarten mit entsprechenden Befugnissen) die Rolle des Machtpromotors übernehmen sollten, das Projektteam den Fachpromotor repräsentiert und der Projektleiter als Prozesspromotor agiert (vgl. Lechler 1999, S. 183).

Sicherlich weist dieses theoretische Konstrukt trotzt seiner vielfachen empirischen Bestätigung Schwächen auf. So wird nichts über genaue Anreize der Promotoren herausgearbeitet, sondern lediglich auf intrinsische Motive abgestellt. Auch kann prinzipiell das Engagement des Machtpromotors im Rahmen des Projektmanagements ab einem gewissen Punkt kritisch hinterfragt werden (vgl. Hauschildt/Keim 1999, S. 216). Dennoch gilt es in seinem grundlegenden Vorgehen als erfolgsweisendes Modell und sollte im Rahmen der Implementierung der BI-Lösung eingesetzt werden.

Auch hat sich bewährt, die Implementierung in Form von Zielvereinbarungen für die Vertriebsgesellschaften zu manifestieren. Dies impliziert damit bereits eine frühzeitige Information der Betroffenen über die Einführung des Systems in der jeweiligen Gesellschaft, was die Akzeptanz ungemein erhöht.

Des Weiteren ist neben der Instrumentalisierung der Troika darauf zu achten, dass angehende Systemnutzer eingehend mit einem umfassenden **Schulungskonzept** mit der verwendeten Methodik, den Möglichkeiten des Systems, aber auch den zu beachtenden Spezifika der Benutzung vertraut gemacht werden. Denn nur der Anwender, der den Nutzen des Systems für seinen Arbeitsalltag entdeckt, wird dieses auch konsequent und kontinuierlich in sein Tagesgeschäft integrieren.

Eng angelehnt an die Thematik der Schulung ist auch die Schaffung von **Benutzerfreundlichkeit** bzw. Gebrauchstauglichkeit des Systems. Sie ist „das Ausmaß, in dem ein Produkt durch bestimmte Benutzer in einem bestimmten Nutzungskontext genutzt werden kann, um bestimmte Ziele effektiv, effizient und zufriedenstellend zu erreichen“ (Deutsches Institut für Normung 2004, S. 4).

Auch sollte eine Integration der Möglichkeiten der BI-Kundenwertlösung in das Wissensmanagement des Nutzfahrzeugherstellers angestrebt werden. Damit wird sichergestellt, dass auch Mitarbeiter, die aktuell keine Systemnutzer sind, im Falle benötigter Informationen der BI-Kundenwertlösung wissen, wo diese im Unternehmen vorhanden sind. Andernfalls kann es zu Ineffizienzen und im schlimmsten Fall zu suboptimalen Entscheidungen kommen (vgl. Kemper/Mehanna/Unger 2006, S. 126).

Darüber hinaus sollten die Benutzer des Systems stetig über Systemaktualisierungen, funktionale und datentechnische Erweiterungen durch regelmäßig erscheinende Release- und Newsletter informiert werden. Auch kann eine Integration in das vorhandene Standardberichtswesen oder dessen Unterstützung die Verbreitung und Akzeptanz erhöhen. Da das Data Warehouse höchst sensible Daten beinhaltet, gilt es als letzten entscheidenden Punkt, ein entsprechendes Konzept bezüglich der Datensicherheit und dem Datenschutz zu entwickeln.

7.2.7 Security

Der Sicherheitsbegriff soll ganzheitlich definiert werden, womit die Informationssicherheit, die IT-Sicherheit, die Datensicherheit und schließlich auch auf der organisatorischen Ebene die Sicherheit der Anwendungsprozesse betrachtet werden soll (vgl. Lange 2004, S.76).

Informationssicherheit steht hierbei für eine reibungslose Informationsverfügbarkeit für den Endbenutzer, aber auch für die Entwickler des Data Warehouses. Die **IT-Sicherheit** betrifft dagegen die infrastrukturelle Sicherstellung des Betriebes in Form von Hard- und Softwarekomponenten sowie der Schnittstellen zu Vorsystemen. Die **Sicherheit der Daten** umfasst jegliche Datensätze, die physikalisch gespeichert und zwischen Vorsystemen, Data Warehouse und Abfragewerkzeugen übertragen werden. Hierbei sollte eine Prüfung der Daten nach vorgegebenen IT-Standards des Automobilherstellers erfolgen. Die Daimler AG z. B. prüft hierbei jegliche Systeme nach dem Grad der Vertraulichkeit, der Integrität und der Verfügbarkeit (vgl. Daimler AG 2010c).

Schließlich sind jegliche **Arbeitsprozesse** in ihrem organisatorischen Ablauf zu beleuchten sowie **rechtliche Rahmenbedingungen** (z. B. Datenschutzrichtlinien) zu definieren und ihre Einhaltung zu überwachen (vgl. Gabriel 2006, S. 441). Als Sicherheitsgefahren können hier sowohl Einflüsse der Systemumwelt, die Hard- und Softwaretechnik sowie autorisierte als auch nicht-berechtigte Personen gelten (vgl. Konrad 1998, S. 24; Vossbein 1999, S. 58 ff.). Die Sicherheitsgefahr selbst lässt sich als Kombination aus einer potenziellen Bedrohung und einer konkret vorhandenen Schwachstelle definieren (vgl. Stelzer 1990, S. 33 f.; Konrad 1998, S. 25 f.). Auch hierbei empfiehlt sich nochmals eine klare Definition der Lieferanforderungen an die Vorsysteme, eine Vereinbarung über eine zeitnahe Information bei Datensatzänderungen und damit die Sicherstellung eines reibungslosen Ablaufes. Die Installation von Firewalls zur Abwehr von Angriffen von außen sollte inzwischen zum Standard geworden sein.

Daneben ist ein **Rollenkonzept** in Form von Berechtigungen mittels einer Administrationsschnittstelle zu definieren (vgl. Kemper/Mehanna/Unger 2006 S. 51; S. 136). Die Rollenträger sollten hier entsprechend ihrem fachlichen Kenntnisstand, ihrer hierarchischen Position sowie ihrer Position in der Vertriebsstruktur den einzelnen Benutzergruppen zugeordnet werden. Diese rollen- oder gruppenbezogene Personalisierung bzgl. der Inhalte und Anwendungen kann dabei z. B. bezüglich der Zugriffsrechte auf einzelne Ergebnisgrößen etabliert werden.

Ein Zugriff auf die Inhalte kann generell per **Single Sign On** oder **mehrfacher Authentifizierung** (Two-Means-Authentification) erfolgen. Erstere ermöglicht einen komfortablen Zugriff auf alle benötigten Inhalte mittels einer einmaligen Anmeldung (vgl. Kemper/Mehanna/Unger 2006 S. 137). Zweitere betont primär nochmals die Brisanz der Daten und verringert die Gefahr des Zugriffes Unbefugter bei fahrlässiger Benutzung des Systems durch den eigentlichen User.

Daneben kann ein Zugriff über **personalisierte Zertifikate** den Sicherheitsstandard immens erhöhen. Auch sollte eine Ablage entsprechend der Klassifizierung der Daten nur auf **verschlüsselbaren Festplatten** erfolgen.

8. Schlussbetrachtung und Ausblick

Nach dem Produktionsbereich rückt in letzter Zeit vermehrt der Vertrieb zur Hebung von Profitabilitätspotentialen in den Fokus der Unternehmensleitung der Automobilhersteller. Ein Weg hierzu ist für die Nutzfahrzeugindustrie im Allgemeinen die integrierte Betrachtung des Automobilmarktes als Marktverbund und im Speziellen die Fokussierung auf den Downstream-Bereich. Als weiterer Aufsatzpunkt wurde daneben für die vorliegende Arbeit auf Grund der wachsenden Bedeutung des Flottengeschäfts bei den Nutzfahrzeugherstellern der Paradigmenwechsel von der produktbezogenen zur kundenbezogenen Vertriebssteuerung gewählt. Als ideales Instrument zur Steuerung bietet sich daraus folgend der Kundenwert an. Daher sollte mit dieser Arbeit erörtert werden, wie eine maximale Ausschöpfung des Potenziales von Großkunden der Nutzfahrzeughersteller zur langfristigen Steigerung des Unternehmenswertes mittels des Kundenwertes im Rahmen einer integrierten Vertriebssteuerung entlang der gesamten automobilen Wertschöpfungskette realisiert werden kann.

Hierfür wurde in einem ersten Schritt der Automobilmarkt als Marktverbund betrachtet. Nach der Definition der Automobilindustrie und der Eingrenzung des Betrachtungsobjektes auf die Nutzfahrzeugindustrie wurden die Charakteristika des Investitionsgutgeschäftes (derivativer Bedarf, Vielfältigkeit der Kaufkriterien, multipersonaler Problemlösungs- und Entscheidungsprozess, Buying Center) aufgearbeitet. Auch erfolgte eine Einordnung der Nutzfahrzeugindustrie in zwei verbreitete Geschäftstypologien. Darauf wurden die automobilwirtschaftliche Wertschöpfungskette und ausgewählte Teilmärkte detailliert analysiert. Es zeigte sich, dass die bedeutendsten Wertschöpfungskettenteile Neu- und Gebrauchtfahrzeugverkauf, After-Sales sowie Finanzdienstleistungen zahlreiche Besonderheiten aufweisen.

Mit diesen Ausführungen als Bezugsrahmen konnte dann die integrierte Vertriebssteuerung über die gesamte automobile Wertschöpfungskette und ihre verfolgten Ziele definiert werden. Hier kristallisierte sich einerseits die Vorrangstellung der Unternehmenswertsteigerung als langfristiges Oberziel heraus, andererseits aber auch die gleichzeitige Betrachtung immaterieller Vermögensgegenstände wie Kunden, Marken und Mitarbeiter als Investitionsobjekte. Daraus zeigte sich, dass die Vertriebssteuerung im Wesentlichen auf einem Vertriebscontrolling mit den Kernfunktionen Information, Planung und Kontrolle basiert, welche für den weiteren Verlauf im Detail betrachtet wurden. Auch hier wurde die immer noch vorherrschende produktzentrierte Vorgehensweise deutlich sichtbar. Darauf wurde die Erweiterung der produktorientierten Perspektive um die Kundenorientierung thematisiert und der Wirkungszusammenhang der Kundenzufriedenheit, der Kundenbindung und des ökonomischen Erfolgs dargelegt.

Als Steuerungsgröße zur Realisierung dieses ökonomischen Erfolgs wurde im vierten Teil der Arbeit der Kundenwert für die integrierte Vertriebssteuerung definiert und die Zielsetzung behandelt. Da die Begrifflichkeit des Kundenwertes in der gegenwärtigen Literatur immer noch uneinheitlich verstanden wird, wurde für die vorliegenden Arbeit eine Definition gewählt, die Komponenten sowohl retrospektiver und prospektiver als auch quantitativer und qualitativer Art beinhaltet und damit die ökonomische Gesamtbedeutung des Kunden entlang der automobilen Wertschöpfungskette verkörpert. Daran anknüpfend erfolgte die Identifikation der für den Nutzfahrzeugbereich relevanten Determinanten und ihrer Einflussfaktoren in Form des Ertrags-, des Entwicklungs-, des Kooperations-, des Penetrations-, des Referenz-, des Informations-, des Loyalitäts- sowie des Liquiditätswerts. Hierfür wurde auf andere Untersuchungen zurückgegriffen bzw. die Einflussfaktoren aus sach-logischen Zusammenhängen abgeleitet, da eine detaillierte branchenspezifische Untersuchung der Wirkungszusammenhänge den Umfang der vorliegenden Arbeit gesprengt hätte. Zur Auswahl eines robusten und validen Instrumentariums zur Messung des Kundenwertes wurde dann ein Anforderungskatalog definiert, bevor der Status Quo der Methoden zur Ermittlung des Kundenwertes kritisch evaluiert wurde. Hierbei stellte die ganzheitliche Abbildung des Kunden ein wichtiges Kriterium dar. Auch sollte die Bewertung wirtschaftlich, berechenbar und realitätsnah sein. Darüber hinaus sollte eine Aggregation und ein Einzelausweis der einzelnen Determinanten möglich sein und jeweils die Datenverfügbarkeit sichergestellt sein. Es zeigte sich schnell, dass es sich häufig um partialanalytische Ansätze handelt und keine der Methoden alle Anforderungen erfüllt.

Daher wurde in der Folge ein Kundenwertsystem, welches sich aus einer Kombination der verschiedenen von den vorangehenden evaluierten Verfahren zusammensetzt, entwickelt, mit dem der Kunden ganzheitlich abgebildet wird. So wird die vergangenheitsbezogene, monetäre Betrachtung durch die Kundenerfolgsrechnung abgebildet. Der Kundenkapitalwert spiegelt die prospektive, monetäre Dimension wider. Qualitative Determinanten und weiterführende Komponenten für ein umfassendes Kundenmanagement im Rahmen einer integrierten Vertriebssteuerung werden mittels eines auf Expertenbefragungen basierenden Kundenmonitors dargestellt. Schließlich soll mit dem Kunden-Scoringmodell ein Gesamt-Score über die drei vorhergehenden Teilsysteme ausweisbar sein, der einen aggregierten, intersubjektiven Vergleich ermöglicht.

Neben der Entwicklung des Kundenwertsystems sollten mit der vorliegenden Arbeit Einsatzmöglichkeiten und Ansatzpunkte für das Kundenwertmanagement im Rahmen einer integrierten Vertriebssteuerung abgeleitet werden. Hier wurde eingangs die Bedeutung des Kundenwertmanagements herausgestellt, bevor entsprechend der Funktionsbereiche des Vertriebscontrollings die Einsatzmöglichkeiten des Kundenwertsystems sowohl auf strategischer als auch auf operativer Ebene dargelegt wurden.

Im Bereich Information konnten hier vor allem die Bedeutung von Kundenaudits in Form von Untersuchungen der aktuellen Kundenwertsituation (Situationsanalyse) und damit einhergehend der Identifikation von Kundenschwachstellen, aber auch die Ermittlung der Kundenattraktivität im Vergleich zu anderen Kunden sowie eine entsprechende Segmentierung identifiziert werden. Die Kundenklassifizierung kann dabei vor allem mittels Kunden-Rankings, ABC-Analysen und Kundenportfolio-Analysen durchgeführt werden.

Bezüglich der Planung bietet sich mit dem Kundenwertsystem auf strategischer Ebene die Möglichkeit, aufbauend auf einer Identifikation wertvoller Zielsegmente Kundenportfolio-Strategien abzuleiten, eine kundenwertorientierte Organisationsgestaltung sowie auch ein kundenwertorientiertes Leistungs-Anreizsystem einzurichten. Operativ können hiermit Unternehmensressourcen auf aussichtsreiche Kunden allokiert werden sowie Maßnahmen zur Behebung der aufgedeckten kundenbezogenen Schwachstellen mittels des Einsatzes des Marketing-Mix behoben werden.

Die Kontrolle schließlich umfasst die Überprüfung und Anpassung von getroffenen Annahmen im Rahmen der Planung (Prämissenkontrolle), den Vergleich von Plan- und Ist-Werten (Ergebniskontrolle), eine darauf aufbauende Abweichungsanalyse und auch die Nachverfolgung von Planungsprozessen und –maßnahmen (Planfortschrittskontrolle).

Da es sich um eine Arbeit mit hohem Anwendungsbezug handelt, erfolgte schließlich im letzten Teil eine Einführung in die Grundlagen von Business Intelligence-Lösungen für eine systemseitige Umsetzung und eine Erläuterung von Erfolgsfaktoren basierend auf der Implementierung des Kundenwertkonzeptes am Beispiel der Mercedes-Benz Trucks Division. Hier sind vor allem ein einheitliches Vorgehensmodell, das Vorliegen einer einheitlichen Datenstruktur, eine vorausschauende Implementierung der Methodik sowie die Akzeptanz und Umsetzungsmotivation bei den Benutzern anzuführen.

Der Einsatz des Kundenwertsystems schafft Nutzfahrzeugherstellern neue Ansatzpunkte zur Steuerung der Aktivitäten im Vertrieb, aber auch im Marketing. Es können „wertvolle“ Kunden identifiziert und gezielt fokussiert werden. In der Folge führt dies zu einem kontrollierten Ressourceneinsatz, womit Kosten eingespart und Erlöse gesteigert werden können. Auch können Stärken der Kunden (z. B. Imageträger, Lead User) entsprechend ihrem Kundenwert gezielt zum Nutzen des Nutzfahrzeugherstellers eingesetzt werden.

Dennoch besteht bezüglich der wissenschaftlichen Forschung zur Thematik des Kundenwertes und der integrierten Vertriebssteuerung weiterer Forschungsbedarf. So ist zum Einen eine empirische, branchenspezifische Fundierung der Determinanten des Kundenwertes und ihrer Einflussfaktoren notwendig. Zum Anderen sollte die Einflussstärke der einzelnen Determinanten weitergehend untersucht werden. Daneben wäre eine empirische Überprüfung des prospektiven Modells in einer separaten Forschungsarbeit bereichernd und würde die Eignung des Modells erhärten. Zudem sind weitere Forschungsaktivitäten im Bereich der Wirkung kundenwertbezogener Anreizsysteme zu betrachten. Schließlich wäre die Ausweitung des Kundenwertsystems um weitere Sparten eines Automobilkonzerns (wie z. B. Pkw und Transporter), aber auch um weitere automobile Wertschöpfungskettenteile (wie z. B. Telematikdienste) interessant.

Die aufgezeigten Forschungsbedarfe machen deutlich, dass der Forschungsprozess im Rahmen des Einsatzes des Kundenwertes in einer integrierten Vertriebssteuerung noch nicht als abgeschlossen bezeichnet werden kann. Die vorliegende Arbeit versucht mit der Bereitstellung des Kundenwertsystems, dessen Einsatzmöglichkeiten und den Erfolgsfaktoren bei der Umsetzung in Form einer BI-Lösung durch Zusammenführung bzw. Erweiterung vorhandener Untersuchungen und Praxiserfahrungen einen positiven Beitrag für die weitere Forschung und die Unternehmenspraxis zu leisten.

Literaturverzeichnis

Achleitner, Ann-Kristin; Everling, Oliver (2003): Rating Advisory. Mit professioneller Beratung zum optimalen Bonitätsurteil, Wiesbaden.

Ahlert, Dieter (1987): Die Bedeutung des vertraglichen Selektivvertriebs für den freien Wettbewerb und die Funktionsfähigkeit von Märkten, in: Zentrale zur Bekämpfung Unlauteren Wettbewerbs (Hrsg.): Wettbewerb in Recht und Praxis, Bad Feilnbach.

Ahlert, Dieter (1996): Distributionspolitik. Das Management des Absatzkanals, 3. Auflage, Stuttgart.

Ahlert, Dieter; Hesse, Josef (2003): Das Multikanalphänomen. Viele Wege führen zum Kunden, in: Ahlert, Dieter; Hesse, Josef; Jullens, John; Smend, Percy (Hrsg.): Multikanalstrategien. Konzepte, Methoden, Erfahrungen, Wiesbaden, S. 3-32.

Ahluwalia, Rohini; Burnkrant, Robert; Unnava, Rao (2000): Consumer Response to Negative Publicity. The Moderating Role of Commitment, in: Journal of Marketing, Vol. 37, S. 458-470.

Albach, Horst (2001): Shareholder Value und Unternehmenswert. Theoretische Anmerkungen zu einem aktuellen Thema, in: Zeitschrift für Betriebswirtschaft, 71. Jg., Nr. 6, S. 643-674.

Albers, Sönke (1998): Regeln für die Allokation eines Marketing-Budgets auf Produkte oder Marktsegmente, in: Zeitschrift für betriebswirtschaftliche Forschung, S. 211-235.

Albrecht, Peter (1990): Zur Anwendung der Deckungsbeitragsrechnung in der Schadenversicherung, in: Zeitschrift für die gesamte Versicherungswissenschaft, 79. Jg., S. 205-250.

Alkaraan, Fadi; Northcott, Deryl (2005): Strategic capital investment decision-making. A role for emergent analysis tools. A study of practice in large UL manufacturing companies, in: The British Accounting Review, S. 1-25.

Ansoff, Harry (1981): Die Bewältigung von Überraschungen und Diskontinuitäten durch die Unternehmensführung. Strategische Reaktionen auf schwache Signale, in: Steinmann, Horst (Hrsg.): Planung und Kontrolle, München, S. 233-264.

Arbeitskreis Finanzierung der Schmalenbachgesellschaft (1996): Wertorientierte Unternehmenssteuerung mit differenzierten Kapitalkosten, in: Zeitschrift für betriebswirtschaftliche Forschung, 48. Jg, Heft 6, S. 543-578.

Backhaus, Klaus; Voeth, Markus (2007): Industriegütermarketing, 8. Auflage, München.

Balzert, Helmut (1998): Lehrbuch der Software-Technik. Software-Management, Software-Qualitätssicherung, Unternehmensmodellierung, Band 2, Berlin, Heidelberg.

Balzert, Helmut (2001): Lehrbuch der Software-Technik. Software-Entwicklung, Band 1, 2. Auflage, Berlin, Heidelberg.

Bamberg, Günter; Coenenberg, Adolf (2004): Betriebswirtschaftliche Entscheidungslehre, 12. Auflage, München.

Bange, Carsten (2006): Werkzeuge für analytische Informationssysteme, in: Chamoni, Peter; Gluchowski, Peter (Hrsg.): Analytische Informationssysteme. Business Intelligence- Technologien und –Anwendungen, 3. Auflage, Berlin, Heidelberg, S. 89-110.

Bauer, Hans; Hammerschmidt, Maik; Brähler, Matthias (2002): Kundenwertbasierte Unternehmensbewertung – Das Customer Lifetime Value-Konzept und sein Beitrag zu einer marketingorientierten Unternehmensbewertung, in: Jahrbuch der Absatz- und Verbrauchsforschung, 48. Jg., Nr. 4, Berlin, Wiesbaden, S. 324-344.

Becker, Jan (1999): Marktorientierte Unternehmensführung. Messung, Determinanten, Erfolgsauswirkungen, Dissertation, Wissenschaftliche Hochschule für Unternehmensführung Koblenz.

Becker, Jörg (2001): Strategisches Vertriebscontrolling. Customer Relationship Management und Data Mining, 2. Auflage, München.

Becker, Jörg (2002): Marketing-Konzeption. Grundlagen des ziel-strategischen und operativen Marketing-Managements, 7. Auflage, München.

Bellinger, Bernhard; Vahl, Günter (1984): Unternehmensbewertung in Theorie und Praxis, Wiesbaden.

Benkel, Dirk (2000): Zukünftige Vertriebsstrategien für die Automobilindustrie, Dissertation, Universität Bamberg.

Benkenstein, Martin (2002): Strategisches Marketing. Ein wettbewerbsorientierter Ansatz, 2. Auflage, Stuttgart.

Bentenrieder Matthias; Bosch, Peter; Joas, August (2005): Systemprofit Automobilvertrieb 2015, hrsg. v. Mercer Management Consulting.

Berger, Charles; Blauth, Ronbert; Boger, David; Bolster, Christopher; Burchill, Gary; DuMouchel, William; Pouliot, Fred; Richter, Reinhart; Rubnioff, Allan; Shen, Diane; Timko, Mike; Walden, David (1993): Kano's methods for understanding customer-defined quality, in: Hinshitsu. Journal of the Japanese Society for Quality Control, Fall, S. 3-35.

Berger, Paul ; Nasr, Nada (1998): Customer lifetime value. Marketing models and applications, in: Journal of Interactive Marketing, Vol. 12, No. 1, S. 17-30.

Bernhardt, Kenneth; Donthu, Naveen; Kennett, Pamela (2000): A longitudinal analysis of satisfaction and profitability, in: Journal of Business Research, 47. Jg., Nr. 2, S. 161-171.

Berthel, Jürgen (1975): Betriebliche Informationssysteme, Stuttgart.

Bidmon, Sonja (2004): Kundenzufriedenheit im Investitionsgütermarketing. Theoretische Basis und praktische Durchführung der Messung, Dissertation, Universität Klagenfurt.

Bissantz, Nicolas; Hagedorn, Jürgen; Mertens, Peter (2000): Data Mining, in: Mucksch, Harry; Behme, Wolfgang (Hrsg.): Das Data-Warehouse-Konzept, 4. Auflage, Wiesbaden, S. 377-407.

Bitz, Michael; Stark, Gunnar (2008): Finanzdienstleistungen. Darstellung, Analyse, Kritik, 8. Auflage, München.

Blattberg, Robert; Thomas, Jacquelyn (1998): The fundamentals of customer equity management, in: Bruhn, Manfred; Homburg, Christian (Hrsg.): Handbuch Kundenbindungsmanagement. Grunlagen, Konzepte, Erfahrungen, Wiesbaden, S. 359-385.

Blattberg, Robert; Getz, Gary; Thomas, Jacquelyn (2001): Customer Equity. Building and managing relationships as valuable assets, Harvard.

Bleicher, Knut (2004): Das Konzept integriertes Management. Visionen, Missionen, Programme, 7. Auflage, Frankfurt

Blome, Constantin; Henke, Michael (2009): Single Versus Multiple Sourcing. A Supply Risk Management Perspective, in: Zsidisin, George; Ritchie, Bob (Hrsg.): Supply Chain Risk. A Handbook of Assessment, Management and Performance, Berlin, S. 125-135.

Böhler, Heymo (2004): Marktforschung, 3. Auflage, Stuttgart.

Böhler, Heymo; Scigliano, Dino (2005): Marketing-Management, Wiesbaden.

Böing, Elke; Barzen, Dietmar (1992): Kunden-Portfolio im Praktikertest, in : Absatzwirtschaft, 35. Jg., Nr. 2, S. 85-89.

Bossel, Hartmut (1992): Simulation dynamischer Systeme. Grundwissen, Methoden, Programme, 2. Auflage, Wiesbaden.

Brachat, Hannes (2005): Autohaus-Management, in: Diez, Willi; Reindl, Stefan; Brachat, Hannes (Hrsg.): Grundlagen der Automobilwirtschaft, 4. Auflage, S. 165-213.

Braun, Peter; Gstach, Oliver (2003): Rating kompakt – Basel II und die neue Kreditwürdigkeitsprüfung, Augsburg.

Brealey, Richard; Myers, Stewart (2008): Principles of Corporate Finance, 9. Auflage, Boston u.a..

Brockmeier, Bernd (2000): Internationale, vertikale Marketingsysteme. Importeurssteuerung durch deutsche Automobilhersteller, Dissertation, Technische Universität Braunschweig.

Bruhn, Manfred (1998): Balanced Scorecard. Ein ganzheitliches Konzept der wertorientierten Unternehmensführung?, in: Bruhn, Manfred et al. (Hrsg.): Wertorientierte Unternehmensführung. Perspektiven und Handlungsfelder für die Wertsteigerung von Unternehmen, Wiesbaden, S. 145-167.

Bruhn, Manfred; Georgi, Dominik; Treyer, Mathias; Leumann, Simon (2000): Wertorientiertes Relationship Marketing. Vom Kundenwert zum Customer Lifetime Value, in: Die Unternehmung, 54. Jg., Heft 3, S. 167-187.

Bruhn, Manfred; Georgi, Dominik (2004): Kundenwertmanagement im Dienstleistungsbereich. Ergebnisse einer explorativen Studie, in: Wirtz, Bernd; Göttgens, Olaf (Hrsg.): Integriertes Marken- und Kundenwertmanagement. Strategien, Konzepte und Best Practices, Wiesbaden, S. 371-393.

Bruhn, Manfred; Hadwich, Karsten, Georgi, Dominik (2006): Implementierung des Kundenwertmanagements. Modellierung und Anwendungsbeispiel, in: Bruhn, Manfred; Stauss, Bernd (Hrsg.): Dienstleistungscontrolling, Wiesbaden, S. 352-368.

Büschgen, Hans (1997): Internationales Finanzmanagement, 3. Auflage, Frankfurt am Main.

Butscher, Stephan (1998): Kundenbindungsprogramme & Kundenclubs, Ettlingen.

Capgemini Consulting (2010): The Aftermarket in the Automotive Industry. How to Optimize Aftermarket Performance in Established and Emerging Markets, http://www.ch.capgemini.com/m/ch/tl/The_Aftermarket_in_the_Automotive_Industry.pdf (Stand: 26.6.2010).

Campbell, Nigel; Cunningham, Malcolm (1983): Customer analysis for strategy development in industrial markets, in: Strategic Management Journal, Vol. 4, No. 2, S. 369-380.

Canning, Gordon Jr. (1982): Do a value analysis of your customer base, in: Industrial Marketing Management, Vol. 11, S. 89-93.

Chamoni, Peter; Gluchowski, Peter (2006): Analytische Informationssysteme. Einordnung und Überblick, in: Chamoni, Peter; Gluchowski, Peter (Hrsg.): Analytische Informationssysteme. Business Intelligence-Technologien und –Anwendungen, 3. Auflage, Berlin, Heidelberg, S. 3-22.

Chandler, Alfred (1962): Strategy and Structure. Chapters in the history of the industrial enterprise, Cambridge.

Ching, Wai-Ki; Ng, Michael; So, Meko (2004): Customer migration, campaign budgeting, revenue estimation. The elasticity of Markov Decision Process on customer lifetime value, in: Advanced Modeling an Optimization, Vol. 6, No. 2, S. 65-80.

Christensen, Carl; Andrews, Kenneth; Bower, Joseph (1973): Business Policy, 3rd edition, Homewood, Illinois.

Cluse, Michael; Dernbach, Alexander; Engels, Jörg; Lellmann, Peter (2005): Einführung in Basel II, in: Deloitte (Hrsg.): Basel II. Handbuch zur praktischen Umsetzung des neuen Bankenaufsichtsrechts, Berlin.

Cooper, R. (1989): You Need a New Cost System When…, Harvard Business Review, Heft January-February 1989, S. 77-82.

Cornelsen, Jens (1998): Operative Analyse, in: Diller, Hermann (Hrsg.): Marketing-Planung, 2. Auflage, München, S. 73-117.

Cornelsen, Jens (2000): Kundenwertanalysen im Beziehungsmarketing. Theoretische Grundlegung und Ergebnisse einer empirischen Studie im Automobilbereich, Dissertation, Universität Erlangen-Nürnberg.

DaimlerChrysler AG (2006): Leistungsspektrum Mercedes-Benz Trucks, internes Dokument.

Daimler AG (2009a): Transportkategorien, internes Dokument.

Daimler AG (2009b): Internetauftritt Mercedes Service Card, http://www.msc.mercedes-benz.com/publicity/msc/internet.nsf/tindex/de.htm (Stand: 19.02.2009).

Daimler AG (2009c): Kundenstrategie, internes Dokument.

Daimler AG (2010a): TRACY, internes System zur Ergebnisbetrachtung von Kunden.

Daimler AG (2010b): Internetauftritt Truck Store, http://www.truckstore.com/DE/goldsilberbronze.do (Stand: 23.06.2010).

Daimler AG (2010c): Richtlinien zur Informationssicherheit.

Damm, Peter (1993): Ertragswertbezogene Vergütungspolitik von Versicherungsunternehmen zur Steuerung von Absatzorganen, Dissertation, Universität Hamburg.

Dauser, Achim (1995): Vertriebs-Controlling in Versicherungsunternehmen. Theoretische Grundlagen und praktische Anwendungsmöglichkeiten im Rahmen der Lebens- und Kraftfahrtversicheurng, Dissertation, Universität Ulm.

Deglow, Sven (2003): Vertriebs-Controlling in Bausparkassen. Aufgaben und Instrumente einer Controlling-Konzeption zur Koordination der Vertriebswege, Dissertation, Universität Potsdam.

Detroy, Erich-Norbert; Behle, Christine; Vom Hofe, Renate (2007): Handbuch Vertriebsmanagement, Landsberg am Lech.

Deutsches Institut für Normung (2004): Ergonomische Anforderungen für Bürotätigkeiten mit Bildschirmgeräten. Teil 11: Anforderungen an die Gebrauchstauglichkeit. Leitsätze, in: Deutsches Institut für Normung e. V (Hrsg.): DIN Taschenbuch, Berlin, Wien, Zürich.

Deyhle, Albrecht (1981): Regionale Profit Centers und Kundendeckungsbeitragsrechnung, in: Controller-Magazin, Heft 2, S. 41-54.

Dichtl, Erwin; Engelhardt, Werner (1980): Investitionsgütermarketing, in: Wirtschaftswissenschaftliches Studium, 9. Jg., Heft 4, S. 145-153.

Diez, Willi (1995): Der europäische Nutzfahrzeugmarkt. Perspektiven und Strategien der Marktbearbeitung, in: Hünerberg, Reinhard; Heise, Gilbert; Hoffmeister, Mike (Hrsg.): Internationales Automobilmarketing. Wettbewerbsvorteile durch marktorientierte Unternehmensführung, Wiesbaden, S. 213-240.

Diez, Willi (1999): Prozessoptimierung im Automobilvertrieb, Wiesbaden.

Diez, Willi; Calles, Philipp; Merten, Christian (2004): Leistungsorientierte Margensysteme im Automobilvertrieb, Forschungsbericht Nr. 1/2004, Geislingen, Stuttgart.

Diez, Willi; Reindl, Stefan (2005): Faszination Service. Marktherausforderungen, Kundenerwartungen, Handlungsempfehlungen, Hamburg.

Diez, Willi (2006): Automobil-Marketing. Navigationssystem für neue Absatzstrategien, 5. Auflage, Landsberg am Lech.

Diez, Willi; Merten, Christian (2007): Herausforderungen und Perspektiven im Nutzfahrzeug-Service, Hamburg.

Diller, Hermann (1992): Vahlens großes Marketinglexikon, München.

Diller Hermann; Lücking, Joachim; Prechtel, Walter (1992): Gibt es Kundenzyklen im Investitionsgütergeschäft? Ergebnisse einer empirischen Studie, Arbeitspapier Nr. 12 Lehrstuhl Marketing, Universität Erlangen-Nürnberg.

Diller, Hermann (2001): Probleme des Kundenwerts als Steuerungsgröße im Kundenmanagement, Arbeitspapier Nr. 91 Lehrstuhl Marketing, Universität Erlangen-Nürnberg.

Diller, Hermann (2002): Probleme des Kundenwerts als Steuerungsgröße im Kundenmanagement, in: Böhler, Heymo (Hrsg.): Marketing-Management und Unternehmensführung, Stuttgart, S. 297-326.

Diller, Hermann (2006): Die Bedeutung des Beziehungsmarketing für den Unternehmenserfolg, in: Hippner Hajo; Wilde Klaus (Hrsg.): Grundlagen des CRM. Konzepte und Gestaltung. 2. Auflage, Wiesbaden, S. 97-120.

Dreier, Henrik (1999): Absatzkanalstrategien für Automobilhersteller im Electronic Commerce, Dissertation, Universität Siegen.

Drumm, Hans (2000): Personalwirtschaft, 4. Auflage, Berlin et al.

Duderstadt, Stefan (2006): Wertorientierte Vertriebssteuerung durch ganzheitliches Vertriebscontrolling. Konzeption für das Retailbanking, Dissertation, Universität Rostock.

Dwyer, Robert; Schurr, Paul; Oh, Sejo (1987): Developing Buyer-Seller Relationships, in: Journal of Marketing, Vol. 51, No. 4, S. 11-27.

Dwyer, Robert (1989): Customer Lifetime Valuation to Support Marketing Decision Making, in: Journal of Direct Marketing, Vol. 3, No. 4, S. 8-15.

Eberling, Gunter (2002): Kundenwertmanagement. Konzept zur wertorientierten Analyse und Gestaltung von Kundenbeziehungen, Dissertation, Technische Universität Darmstadt.

Eggert, Andreas (1999): Kundenbindung aus Kundensicht. Konzeptionalisierung, Operationalisierung, Verhaltenswirksamkeit, Wiesbaden.

Eggert, Andreas (2000): Konzeptionalisierung und Operationalisierung der Kundenbindung aus Kundensicht, in: Marketing ZFP, 22. Jg., Nr. 2, S. 119-130.

Eggert, Andreas (2003): Die zwei Perspektiven des Kundenwerts. Darstellung und Versuch einer Integration, in: Günter, Bernd; Helm, Sabrina (Hrsg.): Kundenwert. Grundlagen, innovative Konzepte, praktische Umsetzungen, 2. Auflage, Wiesbaden, S. 41-60.

Engelhardt, Werner; Günter, Bernd (1981): Investitionsgüter-Marketing. Anlagen, Einzelaggregate, Teile, Roh- und Einsatzstoffe, Energieträger, Stuttgart et al.

Engels, Wolfram (1962): Die betriebswirtschaftliche Bewertungslehre im Licht der Entscheidungstheorie, Köln.

Englbrecht, Andreas (2007): Kundenwertorientiertes Kampagnenmanagement im CRM, Dissertation, Universität Eichstätt-Ingolstadt.

Ennsfellner, Karl (1993): Absatzcontrolling im Versicherungsunternehmen, Wien.

Evers, Josef (1979): Der Vertrieb. Modernes Marketing. Ein Analyse der Aufgaben, Mittel und Entscheidungen im System des Marketing, Dissertation, Universität Göttingen.

Faix, Ralf; Tannert, Carsten; Pietschmann, Matthias (2009): BI-Entwicklung TRACY, Interview am 16.12.2009, Stuttgart.

Fischer, Thomas; von der Decken, Tim (1999): Kundenprofitabilitätsrechnung in Dienstleistungsgeschäften. Konzeption und Umsetzung am Beispiel des Car Rental Business, HHL-Arbeitspapier Nr. 28, Lehrstuhl für Unternehmensrechnung und Controlling, Handelshochschule Leipzig.

Fischer, Thomas; Schmöller, Petra; Vielmeyer, Uwe (2002): Customer Options. Möglichkeiten und Grenzen der Bewertung von kundenbezogenen Erfolgspotenzialen mit Realoptionen, HHL-Arbeitspapier Nr. 51, Lehrstuhl für Unternehmensrechnung und Controlling, Handelshochschule Leipzig.

Fleetboard GmbH (2010): Internetauftritt Fleetboard GmbH, http://www.fleetboard.com/static/index.html (Stand 23.11.2010).

Fließ, Sabine (2001): Key Account Controlling, in: Reinecke, Sven; Tomczak, Torsten; Geis, Gerold (Hrsg.): Handbuch Marketingcontrolling. Marketing als Motor von Wachstum und Erfolg, Frankfurt, S. 474-499.

Florenz, Peter (1992): Konzept des vertikalen Marketing. Entwicklung und Darstellung am Beispiel der deutschen Automobilwirtschaft, Dissertation, Universität Köln.

Foster, George; Gupta, Mahendra; Sjoblom, Leif (1996): Customer profitability analysis. Challenges and new directions, in: Journal of Cost Management, Vol. 10, Spring, S. 5-17.

Franconi, Enrico; Baader, Franz; Sattler, Ulrike; Vassiliasis, Panos (2000): Multidimensional Data Models and Aggregation, in: Jarke, Matthias; Lenzerini, Maurizio; Vassiliou, Yannis; Vassiliasis, Panos (Hrsg.): Fundamentals of Data Warehouses, Berlin et al., S. 87-105.

Frey, Wolfgang (2010): Mengenplanung Mercedes-Benz Lkw, Interview am 15.06.2010, Stuttgart.

Froböse, Michael; Kaapke, Andreas (2000): Marketing, Frankfurt, New York.

Gabler (2000): Gabler Wirtschaftslexikon, 15. Auflage, Wiesbaden.

Gabriel, Roland (2006): IT-Sicherheit und Data Warehousing, in: Chamoni, Peter; Gluchowski, Peter (Hrsg.): Analytische Informationssysteme. Data Warehouse, On-Line Analytical Processing, Data-Mining, 2. Auflage, Berlin et al., S. 439-450.

Garbarino, Ellen; Johnson, Mark (1999): The different roles of satisfaction, trust and, commitment in customer relationships, in: Journal of Marketing, Vol. 63, S. 70-87.

Gelbrich, Katja (2001): Kundenwert. Wertorientierte Akquistion von Kunden im Automobilbereich, Dissertation, Universität Stuttgart.

Gemünden, Hans (1993): Information. Bedarf, Analyse und Verhalten, in: Wittmann, Waldemar et al. (Hrsg.): Handwörterbuch der Betriebswirtschaft, Band 2, 5. Auflage, Stuttgart, Sp. 1725-1735.

Gerpott, Torsten/Rams, Wolfgang (2000): Kundenbindung, -loyalität und –zufriedenheit im deutschen Mobilfunkmarkt, in: Die Betriebswirtschaft, S. 738-755.

Giering, Annette (2000): Der Zusammenhang zwischen Kundenzufriedenheit und Kundenloyalität. Eine Untersuchung moderierender Effekte, Dissertation, Universität Mannheim.

Giloth, Mathias (2003): Kundenbindung in Mitgliedschaftssystemen, Dissertation, Westfälische Wilhelms-Universität Münster.

Glaser, Katja (1998): Prozeßorientierte Deckungsbeitragsrechnung, Dissertation, Technische Universität Chemnitz, Zwickau.

Gluchowski, Peter; Gabriel, Roland; Chamoni, Peter (1997): Management Support Systeme. Computergestützte Informationssysteme für Führungskräfte und Entscheidungsträger, Berlin, Heidelberg.

Gluchowski, Peter; Gabriel, Roland; Dittmar, Carsten (2008): Management Support Systeme und Business Intelligence. Computergestützte Informationssysteme für Fach- und Führungskräfte, 2.Auflage, Berlin, Heidelberg.

Götze, Uwe; Bloech, Jürgen (2002): Investitionsrechnung. Modelle und Analysen zur Beurteilung von Investitionsvorhaben, 3. Auflage, Berlin et al..

Grothe, Martin; Gentsch, Peter (2000): Business Intelligence. Aus Informationen Wettbewerbsvorteile gewinnen, München et. al..

Gruber, Andreas (2009): Produktmanagement Mercedes-Benz Trucks, Interview am 1.09.2009, Stuttgart.

Grün, Karl; Wolfrum, Bernd (1994): Marktforschung in der Investitionsgüterindustrie, in: Tomczak, Torsten; Reinecke, Sven (Hrsg.): Marktforschung, S. 182-195.

Grünig, Rudolf; Kühn, Richard (2009): Methodik der strategischen Planung. Ein prozessorientierter Ansatz für Strategieplanungsprojekte, 5. Auflage, Bern, Stuttgart.

Günther, Thomas (2008): Unternehmenswertorientiertes Controlling, 2. Auflage, München.

Haag, Jürgen (1992): Kundendeckungsbeitragsrechnungen. Ein Prüfstein des Key-Account-Managements, in: Die Betriebswirtschaft, 52. Jg., Heft 1, S. 25-39.

Haberfellner, Reinhard (1975): Die Unternehmung als dynamisches System. Der Prozeßcharakter der Unternehmensaktivitäten, Zürich.

Habitz, Holger; Schröder, Holger (2001): Kernelemente einer strategischen Vertriebsplanung und –steuerung in Kreditinstituten, in: Roland Eller et al. (Hrsg.): Handbuch Gesamtbanksteuerung. Integration von Markt-, Kredit- und operationalen Risiken, Stuttgart, S. 226-241.

Hahn, Dietger (1991): Strategische Führung und strategisches Controlling, in: Zeitschrift für Betriebswirtschaft – Ergänzungsheft, Jg. 61, Nr. 3, S. 121-146.

Hamel, Winfried (2003): Kundenwertorientierte Anreizsysteme, in: Günter, Bernd; Helm, Sabrina (Hrsg.): Kundenwert. Grundlagen, innovative Konzepte, praktische Umsetzungen, 2. Auflage, Wiesbaden, S. 477-496.

Hartmann, Klaus (2009): Planung und Entwicklung internationale Großflotten Mercedes-Benz Trucks, Interview am 03.03.2009, Stuttgart.

Hauschildt, Jürgen; Keim, Gesche (1999): Projektleiter als Prozeßmotoren, in: Hauschildt, Jürgen; Gemünden, Hans Georg (Hrsg.): Promotoren. Champions der Innovation, Wiesbaden, S. 212-231.

Heinen, Edmund (1971): Grundlagen betriebswirtschaftlicher Entscheidungen. Das Zielsystem der Unternehmung, Wiesbaden.

Heinrich, Claus; Zeier, Alexander (2005): The extended enterprise. Betriebswirtschaftliche Integration in Echtzeit , in: Kuhlin, Bernd; Thielmann, Heinz (Hrsg.): Real-Time Enterprise in der Praxis. Fakten und Ausblick, Heidelberg, S. 107-124.

Helm, Sabrina; Günter, Bernd (2003): Kundenwert. Eine Einführung in die theoretischen und praktischen Herausforderungen der Bewertung von Kundenbeziehungen, in: Günter, Bernd; Helm, Sabrina (Hrsg.): Kundenwert. Grundlagen, innovative Konzepte, praktische Umsetzungen, 2. Auflage, Wiesbaden, S. 3-40.

Henseler, Jörg; Hoffmann, Thorsten (2003): Kundenwert als Baustein zum Unternehmenswert, Schriftenreihe Strategisches Management, Band 10, Hamburg.

Hentschel, Thomas (2000): Vertriebscontrolling für den automobilen Mittelstand. Analyse der Händlerstruktur und Möglichkeiten zur Implementierung neuer Systeme, Berlin.

Herzberg, Frederick.; Mausner, Bernhard; Snyderman, Barbara (1959): The Motivation to Work, 2nd Edition, New York.

Hofbauer, Günter; Hellwig, Claudia (2005): Professionelles Vertriebsmanagement. Der prozessorientierte Ansatz aus Anbieter- und Beschaffersicht, Erlangen.

Hoffmann, Achim (1991): Die Erfolgskontrolle von Beschwerdemanagementsystemen. Theoretische und empirische Erkenntnisse zum unternehmerischen Nutzen von Beschwerdeabteilungen, Dissertation, Universität Hannover.

Hoffmann, Anke (2008): Die Akzeptanz kartenbasierter Kundenbindungsprogramme aus Konsumentensicht. Determinanten und Erfolgswirkungen, Dissertation, Westfälische Wilhelms-Universität Münster.

Holthuis, Jan (1998): Der Aufbau von Data Warehouse-Systemen. Konzeption, Datenmodellierung, Vorgehen, Wiesbaden 1998.

Homburg, Christian; Daum, Daniel (1997): Die Kundenstruktur als Controlling-Herausforderung, in: Controlling, 9. Jg., Nr. 6, S. 394-405.

Homburg, Christian; Rudolph, Bettina (1997): Theoretische Perspektiven zur Kundenzufriedenheit, in: Simon, Hermann; Homburg, Christian (Hrsg.): Kundenzufriedenheit. Konzepte, Methoden, Erfahrungen, 2. Auflage, Wiesbaden.

Homburg, Christian (1998a): Quantitative Betriebswirtschaftslehre, 2. Auflage, Wiesbaden 1998.

Homburg, Christian (1998b): Kundennähe von Industriegüterunternehmen. Konzeption, Erfolgsauswirkungen, Determinanten, 2. Auflage, Wiesbaden.

Homburg, Christian; Schnurr, Phoebe (1998): Kundenwert als Instrument der wertorientierten Unternehmensführung, in Bruhn, Manfred et al. (Hrsg.): Wertorientierte Unternehmensführung. Perspektiven und Handlungsfelder für die Wertsteigerung von Unternehmen, Wiesbaden, S. 169-189.

Homburg, Christian; Giering, Annette; Hentschel, Frederike (1999): Der Zusammenhang zwischen Kundenzufriedenheit und Kundenbindung, in: Die Betriebswirtschaft, 59. Jg., Nr. 2, S. 174-195.

Homburg, Christian; Schnurr, Phoebe (1999): Was ist Kundenwert?, Arbeitspapier Nr. 41 des Instituts für Marktorientierte Unternehmensführung der Universität Mannheim, Mannheim.

Homburg, Christian (2000): Quantitative Betriebswirtschaftslehre. Entscheidungsunterstützung durch Modelle, 3. Auflage, Wiesbaden.

Homburg, Christian; Jensen, Ove (2000): Kundenorientierte Vergütungssysteme. Voraussetzungen, Verbreitung, Determinanten, in: Zeitschrift für Betriebswirtschaft, 70. Jg., Nr. 1, S. 55-74.

Homburg, Christian; Workman John; Jensen, Ove (2000): Fundamental Changes in Marketing Organization. The Movement Toward a Customer-focused Organizational Structure, in: Journal of the Academy of Marketing Science, Vol. 28, No. 4, S. 459–478.

Homburg, Christian; Bruhn, Manfred (2003): Kundenbindungsmanagement. Eine Einführung in die theoretischen und praktischen Problemstellungen, in: Bruhn, Manfred; Homburg, Christian (Hrsg.): Handbuch Kundenbindungsmanagement, 4. Auflage, Wiesbaden, S. 5-37.

Homburg, Christian; Krohmer, Harley (2003): Marketingmanagement. Strategie, Instrumente, Umsetzung, Unternehmensführung, Wiesbaden.

Homburg, Christian; Schäfer, Heiko (2003): Die Erschließung von Kundenwertpotenzialen durch Cross-Selling, in: Günter, Bernd; Helm, Sabrina (Hrsg.): Kundenwert. Grundlagen, innovative Konzepte, praktische Umsetzungen, 2. Auflage, Wiesbaden, S. 163-187.

Homburg, Christian; Schäfer, Heiko; Schneider, Janna (2006): Sales Excellence, 4. Auflage, Wiesbaden

Horváth, Péter; Mayer, Reinhold (1993): Prozeßkostenrechnung. Konzeption und Entwicklungen, in: Kostenrechnungspraxis, 37. Jg., Sonderheft Nr. 2, S. 15-28.

Horváth, Péter (2006): Controlling, 10. Auflage, München.

Howald, Bettina (2007): Kundenwert im Private Banking. Eine Analyse der Einflussfaktoren und der Wirkungszusammenhänge, Dissertation, Universität Zürich.

Hüttner, Manfred (1969): Grundzüge der Marktforschung, Wiesbaden.

Hutter, Horst (2009): Global Account Management als integriertes Dienstleistungscenter. Gestaltungsszenarien am Beispiel des internationalen Vertriebs in der Nutzfahrzeugindustrie, Dissertation, Universität St. Gallen.

Hungenberg, Harald (2007): Grundlagen der Unternehmensführung, 3. Auflage, Berlin, Heidelberg.

Inmon, William (2005): Building the Data Warehouse, 4. Auflage, New York et al..

Institut für Automobilwirtschaft (2006): Die europäische Nutzfahrzeugindustrie im Zeichen der Globalisierung, Geislingen/Steige.

Jackson, Barbara (1985): Winning and keeping industrial customers, Lexington.

Jandt, Jürgen (1986): Investitionseinzelentscheidungen bei unsicheren Erwartungen mittels Risikoanalyse, in: Wirtschaftswissenschaftliches Studium, 15. Jg., Nr. 11, S. 543-549.

Jenner, Thomas (2005): Anmerkungen zur Markenwert-Diskussion, in: Die Betriebswirtschaft, 65. Jg., Nr. 5, S. 458-470.

Jensen, Ove (2003): Key Account Management (Kam) als Implementationsform des Kundenbindungsmanagements, in: Bruhn, Manfred; Homburg, Christian (Hrsg.): Handbuch Kundenbindungsmanagement, Wiesbaden, S. 579-606.

Jobs, Elmar (2000): Data Warehouses und Kundenmonitoring, in: Hofmann, Markus; Mertiens, Markus (Hrsg.): Customer-Lifetime-Value-Management. Kundenwert schaffen und erhöhen. Konzepte, Strategien, Praxisbeispiele, Wiesbaden, S.155-188.

Jochmann-Döll, Andrea (1991): Interne Lohngerechtigkeit durch gleichen Lohn für gleichwertige Arbeit, in: Schanz, Günther (Hrsg.): Handbuch Anreizsysteme, Stuttgart, S. 275-294.

Johnson, Richard; Kast, Fremont; Rosenzweig, James (1963): The Theory and Management of Systems, New York.

Jones, Thomas; Sasser, Earl W. (1995): Why satisfied customers defect, in; Harvard Business Review, Vol. 73, No. 6, S. 88-99.

Kano, Noriaki (1984): Attractive quality and must-be quality, in: Hinshitsu. Journal of the Japanese Society for Quality Control, Vol. 14, No. 2, S. 39-48.

Kelp, Romed (2000): Strategische Entscheidungen der europäischen Lkw-Hersteller im internationalen Wettbewerb, Dissertation, Universität München.

Kemper, Hans-Georg; Finger, Ralf (2006): Transformation operativer Daten. Konzeptionelle Überlegungen zur Filterung, Harmonisierung, Verdichtung und Anreicherung im Data Warehouse, in: Chamoni, Peter; Gluchowski, Peter (Hrsg.): Analytische Infromationssysteme. Business-Intelligence-Technologien und –Anwendungen, 3. Auflage, Berlin, Heidelberg, S. 113-128.

Kemper, Hans-Georg; Mehanna, Walid; Unger, Carsten (2006): Business Intelligence. Grundlagen und praktische Anwendungen. Eine Einführung in die IT-basierte Managementunterstützung, 2. Auflage, Wiesbaden.

Kester, Carl (1997): Cross-Border-Valuation, Harvard Business School Note No. 9-295-100, Boston.

Kirsch, Werner; Kutschker, Michael (1978): Das Marketing von Investitionsgütern. Theoretische und empirische Perspektiven eines Interaktionsansatzes, Wiesbaden.

Klaus, Peter (1997): Fuhrparkmanagement, in: Bloech, Jürgen; Ihde, Gösta (Hrsg.): Vahlens großes Logistiklexikon, München, S. 320-322.

Klein-Blenkers, Friedrich (1974): Distribution, in: Tietz, Bruno (Hrsg.): Handwörterbuch der Absatzwirtschaft. Enzyklopädie der Betriebswirtschaftslehre, Stuttgart, S. 473-480.

Kleinaltenkamp, Michael (2000): Business-to-Business-Marketing, in: Gabler (Hrsg.): Gabler Wirtschafts-Lexikon, 15. Auflage, Wiesbaden.

Klimmer, Matthias (2009): Unternehmensorganisation. Eine kompakte und praxisnahe Einführung, 2. Auflage, Herne.

Klir, George (2001): Facets of system science, Second edition, New York.

Klien, Wolfgang (1995): Wertsteigerungsanalyse und Management von Managementsleistungen. Technik, Logik und Anwendung, Wien.

Knorren, Norbert (1998): Wertorientierte Gestaltung der Unternehmensführung, Dissertation, Wissenschaftliche Hochschule für Unternehmensführung Koblenz.

Köhler, Richard (1993): Beiträge zum Marketing-Management. Planung, Organisation, Controlling, 3. Auflage, Stuttgart.

Köhler, Richard (1998): Kundenorientiertes Rechnungswesen als Voraussetzung des Kundenbindungsmanagements, in: Bruhn, Manfred; Homburg, Christian (Hrsg.): Handbuch Kundenbindungsmanagement. Grunlagen, Konzepte, Erfahrungen, Wiesbaden, S. 329-357.

Köhler, Richard (2001a): Vertriebscontrolling, in: Diller, Hermann (Hrsg.): Vahlens Großes Marketinglexikon, 2. Auflage, München, S. 1804-1805.

Köhler, Richard (2001b): Kundenerfolgsrechnung, in : Diller, Hermann (Hrsg.): Vahlens Großes Marketinglexikon, 2. Auflage, München, S. 586-587.

Köhler, Richard (2003): Kundenorientiertes Rechnungswesen als Voraussetzung des Kundenbindungsmangements, in: Bruhn, Manfed; Homburg, Christian (Hrsg.): Handbuch Kundenbindungsmanagement. Strategien und Instrumente für ein erfolgreiches CRM, Wiesbaden, S. 401-433.

Konrad, Peter (1998): Geschäftsorientierte Simulation der Informationssicherheit, Lohmar.

Krafft, Manfred (1999): Der Kunde im Fokus. Kundennähe, Kundenzufriedenheit, Kundenbindung und Kundenwert?, in: Die Betriebswirtschaft, 59. Jg., Nr. 4, S. 511-530.

Krafft, Manfred; Albers, Sönke (2000): Ansätze zur Segmentierung von Kunden – Wie geeignet sind herkömmliche Konzepte?, in: Zeitschrift für betriebswirtschaftliche Forschung, 52. Jg., Nr. 1, S. 515-536.

Krafft, Manfred; Reinartz, Werner (2000): Kundenbindungs-Messung mit dem NBD/Pareto-Modell, Manuskript Nr. 17 der wissenschaftlichen Schriftenreihe des ZMU, Wissenschaftliche Hochschule für Unternehmensführung, Vallendar.

Krafft, Manfred (2002): Kundenbindung und Kundenwert, Heidelberg.

Krafft, Manfred; Rutsatz, Uwe (2003): Konzepte zur Messung des ökonomischen Kundenwerts, in: Günter, Bernd; Helm, Sabrina (Hrsg.): Kundenwert. Grundlagen, innovative Konzepte, praktische Umsetzungen, 2. Auflage, Wiesbaden, S. 275-297.

Kraft, Mirko (2008): Kostentransparenz in Versicherungsunternehmen durch Deckungsbeitragsrechnungen. Controlling als informatorische Basis der Steuerung von Komposit-Versicherungsunternehmen, Dissertation, Universität Münster.

Krause, Sven (2009): Clearing Office Mercedes-Benz Trucks, Interview am 18.02.2009, Stuttgart.

Kreikebaum, Hartmut (1997): Strategische Unternehmensplanung, 6. Auflage, Stuttgart, Berlin, Köln.

Kreutzer, Ralf (1990): Die Basis für den Dialog, in: Absatzwirtschaft, 33. Jg., Nr. 4, S.104-113.

Kreutzer, Ralf (1991): Planung. Erfolgsbedingungen des Direct Marketing, in: Dallmer, H. (Hrsg.): Handbuch Direct Marketing, 6. Auflage, Wiesbaden, S. 417-445.

Kriegbaum, Catharina (2001): Markencontrolling. Bewertung und Steuerung von Marken als immaterielle Vermögenswerte im Rahmen eines unternehmenswertorientierten Controlling, München.

Krüger-Stohmayer, Sabine (2000): Profitabilitätsorientierte Kundenbindung durch Zufriedenheitsmanagement. Kundenzufriedenheit und Kundenwert als Steuerungsgröße für die Kundenbindung in marktorientierten Dienstleistungsunternehmen, 2. Auflage, Dissertation, Ludwig-Maximilians-Universität München.

Kuhlmann, Eberhard (2001): Industrielles Vertriebsmanagement, München.

Kunschert, Martin (2009): Der Kundenwert im Industriegütermarketing, Dissertation, Universität Potsdam.

Kutschker, Michael (1972): Verhandlungen als Elemente eines verhaltenswissenschaftlichen Bezugsrahmens des Investitionsgütermarketing, Dissertation, Universität Mannheim.

Lamprecht, Heike (2008): Die Lead-User-Methode in der Produktentwicklung. Literaturüberblick und Fallbeispiel aus der Sportartikelindustrie, Saarbrücken.

Lange, Jörg (2004): Sicherheitskonzepte als materielle Gestaltungsanforderungen an computergestützte Informationssysteme, Bochum.

Lechler, Thomas (1999): Was leistet das Promotoren-Modell für das Projektmanagement?, in: Hauschildt, Jürgen; Gemünden, Hans Georg (Hrsg.): Promotoren. Champions der Innovation, Wiesbaden, S. 180-209.

Lee, Cheng-Few; Lee, Alice (2006): Encyclopedia of Finance, 2nd edition, New York.

Link, Jörg; Hildebrand, Volker (1997): Ausgewählte Konzepte der Kundenbewertung im Rahmen des Database Marketing, in: Link, Jörg.; Brändli, Dieter; Schleunig, Christian; Kehl, Roger (Hrsg.): Handbuch Database Marketing, Ettlingen, S. 159-174.

Link, Jörg; Gerth, Norbert; Voßbeck, Eckhart (2000): Marketing-Controlling. Systeme und Methoden für mehr Markt- und Unternehmenserfolg, München.

Lissautzki, Marius (2007): Kundenwertorientierte Unternehmenssteuerung. Voraussetzungen, Aufgaben, Werttreiberanalysen, Dissertation, WHU Otto-Beisheim-School of Management, Vallendar.

Lorenz, Joachim (2001): Wettbewerbsstrategien für Finanzdienstleister in der Automobilwirtschaft, Dissertation, Technische Universität Braunschweig.

Lorson, Peter (1999): Shareholder Value- Ansätze. Zweck, Konzepte und Entwicklungstendenzen, in: Der Betrieb, 52. Jg., Heft 26/27, S. 1329-1339.

Lube, Marc-Milo (1996): Strategisches Konzerncontrolling, Disseration, Universität Bamberg.

Lüscher-Marthy, Max (2007): Grundlagen der Finanzmathematik/-statistik. Kompendium zur Theorie und Praxis der Geldanalage und des Bankkredits, Merenschwand.

Lüthje, Christian (2000): Kundenorientierung im Innovationsprozess, Dissertation, Universität München.

Macharzina, Klaus (1999): Unternehmensführung. Das internationale Managementwissen, 3. Auflage, Wiesbaden.

Markhoff, Heinrich (1991): Der Einsatz von Kundenkarten durch Großbetriebe des Einzelhandels, Köln.

Mattmüller, Roland (2000): Integrativ-Prozessuales Marketing. Eine Einführung, Wiesbaden.

Matzler, Kurt; Stahl, Heinz (2000): Kundenzufriedenheit und Unternehmenswertsteigerung, in: Die Betriebswirtschaft, 60. Jg., Nr. 5, S. 626-641.

Meckl, Reinhard (2006): Internationales Management, München.

Meffert, Heribert; Steffenhagen, Hartwig (1977): Marketing-Prognosemodelle. Quantitative Grundlagen des Marketing, Stuttgart.

Meffert, Heribert; Burmann, Christoph; Kirchgeorg, Manfred (2008): Marketing. Grundlagen marktorientierter Unternehmensführung. Konzepte, Instrumente, Praxisbeispiele, 10. Auflage, Wiesbaden.

Meinig, Wolfgang (1995): Grundbegriffe der Automobilwirtschaft, München.

Mercer (2007): Erfolgsfaktoren der Zukunft, in: http://www.innovations-report.de/html/berichte/studien/bericht-71919.html, Abrufdatum: 09.06.2010.

Meyer, Anton; Oevermann Dirk (1995): Kundenbindung, in: Tietz, Bruno; Köhler, Richard; Zentes, Joachim (Hrsg.): Handwörterbuch des Marketing, 2. Auflage, Stuttgart, S. 1340-1351.

Meyer zu Selhausen, Hermann (1976): Quantitative Marketingmodelle in der Kreditbank. Oberzielorientierte Bewertung globaler Entscheidungsalternativen, Berlin.

Mittal, Vikas; Kamakura, Wagner (2001): Satisfaction, repurchase intent and repurchase behavior. Investigating the moderating effect of consumer characteristics, in: Journal of Marketing Research, Vol. 38, No. 1, S. 131-142.

Mödritscher, Gernot (2008): Customer Value Controlling. Hintergründe, Herausforderungen, Methode, Wiesbaden.

Mohme, Joachim (1993): Der Einsatz von Kundenkarten im Einzelhandel. Konzeptionelle und praktische Probleme kartengestützter Informationssysteme und Kundenbindungsstrategien im stationären Einzelhandel, Frankfurt am Main, Berlin.

Müller, Wolfgang; Riesenbeck, Hans-Joachim (1991): Wie aus zufriedenen Kunden auch anhängliche Kunden werden, in: Harvard Business Manager, 13. Jg., Nr. 3, S. 67-69.

Müller-Stewens, Günter; Lechner Christoph (2005): Strategisches Management. Wie strategische Initiativen zum Wandel führen, 3. Auflage, Stuttgart.

Muksch, Harry; Behme, Wolfgang (2000): Das Data-Warehouse-Konzept als Basis einer unternehmensweiten Informationslogistik, in: Muksch, Harry; Behme, Wolfgang (Hrsg.): Das Data Warehouse-Konzept, 4. Auflage, Wiesbaden, S. 3-80.

Mulhern, Jack (1999): Customer profitability analysis. Measurement, concentration, and research directions, in: Journal of Interactive Marketing, Vol. 13, No. 1, S. 25-40.

Navrade, Frank (2008): Strategische Planung mit Data-Warehouse-Systemen, Dissertation, Universität Duisburg-Essen.

Nieschlag, Robert; Dichtl, Erwin; Hörschgen, Hans (2002): Marketing, 19. Auflage, Berlin.

Nötzel, Rötger (1979): Kunde, in: Falk, Bernd; Wolf, Jakob (Hrsg.): Handlexikon für Handel und Absatz, München, S. 392-393.

Olbrich, Rainer (2006): Marketing. Eine Einführung in die marktorientierte Unternehmensführung, 2. Auflage, Berlin, Heidelberg, New York.

Oliva, Terence; Oliver, Richard; MacMillian, Ian (1992): A catastrophe model for developing service satisfaction strategies, in: Journal of Marketing, Vol. 56, No. 3, S. 83-95.

Pangratz, Olaf (1979): Vertriebssteuerung in der Industrie unter besonderer Berücksichtigung der Konzentration des Nachfragepotentials im Handel, Dissertation, Freie Universität Berlin.

Papenhoff, Heike (2009): Cross Buying Extended in Multi Partner Bonusprogrammen. Eine kritische Analyse, Dissertation, Universität Bochum.

Paulitschek, Patrick (2009): Aufsicht über den Berufsstand der Wirtschaftsprüfer in Deutschland. Eine agencytheoretische Analyse, Dissertation, Universität Ulm.

Peemöller, Volker (1997): Controlling. Grundlagen und Einsatzgebiete, 3. Auflage, Berlin.

Pepels, Werner (1992): Strategieentwicklung im Marketing, Augsburg.

Pepels, Werner (2006): Produktmanagement. Produktinnovation, Markenpolitik, Programmplanung, Prozessorganisation, 5. Auflage, München.

Perridon, Louis; Steiner, Manfred (2003): Finanzwirtschaft der Unternehmung, 12. Auflage, München.

Peter, Sybille (1998): Kundenbindung als Marketingziel, in: Absatzwirtschaft, Nr. 7, S. 74-80.

Pfohl, Hans-Christian (1981): Planung und Kontrolle, Stuttgart.

Plinke, Wulff (1985): Erlösplanung im industriellen Anlagengeschäft, Wiesbaden.

Plinke, Wulff (1989): Die Geschäftsbeziehung als Investition, in: Specht, Günter; Silberer, Günter; Engelhardt, Werner (Hrsg.): Marketing-Schnittstellen. Herausforderungen für das Management, Stuttgart, S. 305-325.

Plinke, Wulff (1997): Bedeutende Kunden, in: Kleinaltenkamp, Michael; Plinke, Wulff (Hrsg.): Geschäftsbeziehungsmanagement, Berlin, S. 113-160.

Plinke, Wulff; Söllner, Albrecht (2003): Kundenbindung und Abhängigkeitsbeziehungen, in: Bruhn, Manfred; Homburg, Christian (Hrsg.): Handbuch Kundenbindungsmanagement, Wiesbaden, S. 65-89.

Plötner, Olaf; Sieben, Barbara; Kummer, Tyge-F. (2008): Kosten- und Erlösrechnung. Anschaulich, kompakt, praxisnah, Berlin, Heidelberg.

Porter, Michael (2000): Wettbewerbsvorteile, 6. Auflage, Frankfurt/Main.

Preißner, Andreas (2003): Kundencontrolling. Erfolgreiche Steuerung der Kundenbeziehung, München, Wien.

Propach, Jörn (2008): Marktmanagement MBVD Mercedes-Benz Trucks, Interview am 14.10.2008, Stuttgart.

Raffée, Hans (1974): Grundprobleme der Betriebswirtschaftslehre. Betriebswirtschaftslehre im Grundstudium der Wirtschaftswissenschaft, Göttingen.

Rapp, Reinhold (1995): Kundenzufriedenheit durch Servicequalität. Konzeption, Messung, Umsetzung, Dissertation, Universität Enschede.

Rappaport, Alfred (1999): Shareholder Value. Ein Handbuch für Manager und Investoren, 2. Auflage, Stuttgart.

Reckenfelderbäumer, Martin; Welling, Michael (2003): Der Beitrag einer relativen Einzel-, Prozesskosten- und Deckungsbeitragsrechnung zur Ermittlung von Kundenwerten. Konzeptionelle Überlegungen und Gestaltungsempfehlungen, in: Günter, Bernd; Helm, Sabrina (Hrsg.): Kundenwert. Grundlagen, innovative Konzepte, praktische Umsetzungen, 2. Auflage, Wiesbaden, S. 357-391.

Rehbach, Stefan (2003): Kundenwert und Unternehmenswert. Eine Analyse am Beispiel des E-Commerce, Dissertation, Wissenschaftliche Hochschule für Unternehmensführung Vallendar.

Reichheld, Frederick; Sasser, Earl W. (1990): Zero Defections – Quality Comes to Service, in: Harvard Business Review, Vol. 68, No. 5, S. 105-111.

Reichmann, Thomas (2006): Controlling mit Kennzahlen und Managementberichten, Grundlagen einer systemgestützten Controlling-Konzeption, 7. Auflage, München.

Reinecke, Sven; Keller, Jens (2006): Strategisches Kundenwertcontrolling. Planung, Steuerung und Kontrolle von Kundenerfolgspotenzialen, in: Reinecke, Sven; Tomczak, Torsten; Geis, Gerold (Hrsg.): Handbuch Marketingcontrolling. Marketing als Motor von Wachstum und Erfolg, Frankfurt, S. 253-282.

Riebel, Paul (1994): Einzelkosten- und Deckungsbeitragsrechnung. Grundfragen einer markt- und entscheidungsorientierten Unternehmensrechnung, 7. Auflage, Wiesbaden.

Rieker, Stephen (1995): Bedeutende Kunden. Ansätze zur Analyse und Gestaltung von langfristigen Anbieter-Nachfrager-Beziehungen auf industriellen Märkten, Dissertation, Freie Universität Berlin.

Rinker, Andreas (1997): Anreizsysteme in Kreditinstituten. Gestaltungsprinzipien und Steuerungsimpulse aus Controllingsicht, Frankfurt am Main.

Rinn, Thomas (1991): Vertriebs-Controlling. Ausgestaltungs- und Anwendungsmöglichkeiten dargestellt am Beispiel einer Unternehmung der bundesdeutschen Automobilindustrie, Dissertation, Justus-Liebig-Universität Gießen.

Rixen, Martin (2007): CRM und Vertriebssteuerung. Potenziale, Konzeptionen und Umsetzung eines mehrdimensionalen Systems der Kundenbewertung, Bochum, Freiburg.

Rosenstiel, Lutz (1992): Arbeitsmotivation und Wertewandel. Ihre Bedeutung für das Personal-Management, in: Berthel, Jürgen (Hrsg.): Personal-Management, München, S. 1-26.

Royce, Winston (1970): Managing the development of large software systems. Concepts and techniques, in: Proceedings of IEEE WESCON, August, S. 1-9.

Rudolf-Sipötz, Elisabeth (2001): Kundenwert. Konzeption, Determinanten, Management, Dissertation, Universität St.Gallen.

Rust, Roland; Lemon, Katherine; Zeithaml, Valerie (2000): Modeling customer equity, Working paper 1-108, Marketing Science Institute, Cambridge.

Sander, Matthias (2004): Marketing-Management. Märkte, Marktinformationen und Marktbearbeitung, Stuttgart.

Schäfer, Heiko (2002): Die Erschließung von Kundenpotenzialen durch Cross-Selling. Erfolgsfaktoren für ein produktübergreifenden Beziehungsmanagement, Dissertation, Universität Mannheim.

Schaier, Sven (2007): Konvergenz von internem und externem Rechnungswesen. Bedarf für eine Neustrukturierung des Rechnungswesens?, Dissertation, Vallendar.

Schantz, Bernd; Grzimek, Cornelius (1995): Bedeutung und Grenzen von Finanzdienstleistungen als Marketinginstrument von Automobilherstellern, in: Hünerberg, Reinhard; Heise, Gilbert; Hoffmeister, Mike (Hrsg.): Internationales Automobilmarketing. Wettbewerbsvorteile durch marktorientierte Unternehmensführung, Wiesbaden, S. 311-338.

Schawel, Christian; Billing, Fabian (2009): Top 100 Management Tools, 2. Auflage, Wiesbaden.

Scheer, Olaf; Trost, Stefan; Banzhaf, Jürgen (2008): Kundenwertmanagement. Umsetzung einer kundenorientierten Vertriebssteuerung im Privatkundengeschäft, in Brost, Heike; Neske, Rainer; Wrabetz, Wolfram (Hrsg.): Vertriebssteuerung in der Finanzdienstleistungsindustrie, Frankfurt am Main, S. 427-446.

Schelp, Joachim (2000): Konzeptionelle Modellierung mehrdimensionaler Datenstrukturen analyseorientierter Informationssysteme, Wiesbaden.

Scherer, Frederic (1980): Industrial Market Structure and Economic Performance, 2nd edition, Chicago.

Schierenbeck, Henner; Wöhle, Claudia (2008): Grundzüge der Betriebswirtschaftslehre, 17. Auflage, München.

Schinzer Heiko; Bange, Carsten (1999): Werkzeuge zum Aufbau analytischer Informationssysteme. Marktübersicht, in: Chamoni, Peter; Gluchowski, Peter (Hrsg.): Analytische Informationssysteme. Data Warehouse, On-Line Analytical Processing, Data-Mining, 2. Auflage, Berlin et al., S. 45-74.

Schirmeister, Raimund; Kreuz, Claudia (2003): Der investitionsrechnerische Kundenwert, in: Günter, Bernd; Helm, Sabrina (Hrsg.): Kundenwert. Grundlagen, innovative Konzepte, praktische Umsetzungen, 2. Auflage, Wiesbaden, S. 335-357.

Schleuning, Christian (1994): Dialogmarketing. Theoretische Fundierung, Leistungsmerkmale und Gestaltungsansätze, Dissertation, Universität Mannheim.

Schlosser, Christoph (2004): Bausteine für den besseren Vertrieb, in: Bank und Markt, 8. Jg., Nr. 10, S. 18-21.

Schmidt-Volkmar, Pascal (2008): Betriebswirtschaftliche Analyse auf operationalen Daten, Dissertation, Universität Duisburg-Essen.

Schmittlein, David; Morrison, Donald; Columbo Richard (1987): Counting your customers. Who are they and what will they do next?, in: Management Science, Vol. 33, No. 1, S. 1-24.

Schmittlein, David; Peterson, Robert (1994): Customer base analysis. An industrial purchase process application, in: Marketing Science, Vol. 12, No. 1, S. 167-183.

Schmöller, Petra (2001): Kunden-Controlling. Theoretische Fundierung und empirische Erkenntnisse, Dissertation, Handelshochschule Leipzig.

Schneider, Lars (1998): Strategisches und prozeßorientiertes Vertriebscontrolling, Dissertation, Universität Düsseldorf.

Schneider, Mark (2009): Volkswagen digitalisiert den Vertrieb, in: Handelsblatt Nr.175, 11. /12. /13.09.2009, S. 12.

Schreyögg, Georg (1984): Unternehmensstrategie. Grundfragen einer Theorie strategischer Unternehmensführung, Berlin.

Schreyögg, Georg; Steinmann, Horst (1985): Strategische Kontrolle, in: Zeitschrift für betriebswirtschaftliche Forschung, 37. Jg., Nr. 5, S. 391-410.

Schulz, Bernhard (1995): Kundenpotenzialanalyse im Kundenstamm von Unternehmen, Dissertation, Katholische Universität Eichstätt-Ingoldstadt.

Schweitzer, Sandra (2003): Kundenkarten und Kundenclubs. Grundlagen, Konzepte, Praxis, Düsseldorf.

Schweitzer, Marcell; Küpper, Hans-Ulrich (2008): Systeme der Kosten- und Erlösrechnung, 9. Auflage, München.

Simon, Hermann (1991): Kundennähe als Wettbewerbsstrategie und Führungsherausforderung, in: Kistner, Klaus-Peter; Bauer, Hans; Albach, Horst (Hrsg.): Unternehmensdynamik, Wiesbaden, S. 253-273.

Simon, Hermann; Tacke, Georg; Buchwald, Gregor (2003): Kundenbindung durch Preispolitik, in: Bruhn, Manfred; Homburg, Christian (Hrsg.): Handbuch Kundenbindungsmanagement, Wiesbaden, S. 337-352.

Smidt, Wolfhart; Marzian, Sieghard (2001): Brennpunkt Kundenwert. Mit dem Customer Equity Kundenpotenziale erhellen, erweitern und ausschöpfen, Berlin et al..

Specht, Günter; Balderjahn, Ingo (2005): Einführung in die Betriebswirtschaftslehre, 4. Auflage, Stuttgart.

Specht, Günter; Fritz, Wolfgang (2005): Distributionsmanagement, 4. Auflage, Stuttgart.

Staehle, Wolfgang (1987): Management. Eine verhaltenswissenschaftliche Perspektive, 3. Auflage, München.

Stauss, Bernd; Seidel, Wolfgang (2007): Beschwerdemangement. Unzufriedene Kunden als profitabele Zielgruppe, 4. Auflage, München.

Steiner, Viviana (2009): Modellierung des Kundenwertes. Ein branchenübergreifender Ansatz, Dissertation, Universität Mannheim.

Stelzer, Dirk (1990): Kritik des Sicherheitsbegriffs im IT-Sicherheitsrahmenkonzept, in: Datenschutz und Datensicherung, 14. Jg., Heft 10, S. 501-506.

Storbacka, Kaj; Strandvik, Tore; Grönroos, Christian (1999): Gewinn durch Relationship Management, in: Payne, Adrian; Rapp, Reinhold (Hrsg.): Handbuch Relationship Marketing. Konzeption und erfolgreiche Umsetzung, München, S. 69-89.

Strohbach, Klaus (2008): Prozessmanagement Vertrieb Mercedes-Benz Trucks, Interview am 26.11.2008, Stuttgart.

Strohbach, Klaus (2010): Prozessmanagement Vertrieb Mercedes-Benz Trucks, Interview am 31.03.2010, Stuttgart.

Szyperski, Norbert (1980): Informationsbedarf, in: Grochla, Erwin (Hrsg.): Handwörterbuch der Organisation, 2. Auflage, Stuttgart, Sp. 904-913.

Szyperski, Norbert; Mußhoff, Heinz (1989): Planung und Plan, in : Szyperski, Norbert (Hrsg.): Handwörterbuch der Planung, Stuttgart, Sp. 1426-1438.

Tannert, Carsten (2009): Senior Consultant System Architecture Inovex GmbH, Interview am 19.11.2009, Stuttgart.

Tewes, Matthias (2003): Der Kundenwert im Marketing. Theoretische Hintergründe und Umsetzungsmöglichkeiten einer wert- und marktorientierten Unternehmensführung, Dissertation, European Business School Oestrich-Winkel.

Thommen, Jean-Paul; Achleitner, Ann-Kristin (1998): Allgemeine Betriebswirtschaftslehre. Umfassende Einführung aus managementorientierter Sicht, 2. Auflage, Wiesbaden.

Totok, Andreas (2000): Modellierung von OLAP- und Data Warehouse-Systemen, Wiesbaden.

Ulmer, Wolfgang (2009): Key Account Management International Fleet Sales, Interview am 20.04.2009, Stuttgart.

Ulrich, Peter; Fluri, Edgar (1992): Management. Eine konzentrierte Einführung, 6. Auflage, Bern, Stuttgart.

Van Raaij, Erik (2005): The strategic value of customer profitability analysis, in: Marketing Intelligence and Planning, Volume 23, Heft 4, S. 372-381.

VDA (2000): Tatsachen und Zahlen aus der Kraftverkehrswirtschaft 2000, Frankfurt am Main.

VDA (2005): Auto Jahresbericht 2004, Frankfurt am Main.

Vollmuth, Hilmar (2002): Vertriebscontrolling, München, Wien.

Von Hippel, Eric (1988): A source of novel product concepts, in: Tushman, Michael.; Moore, William: Readings in the Management Of Innovation, S. 352-366.

Vossbein, Jörn (1999): Integrierte Sicherheitskonzeptionen für Unternehmen. Stand und Perspektiven, Ingelheim.

Wapniewski, Achim (2006): Herausforderungen bei der Implementierung eines wertorientierten Beziehungsmanagements, Dissertation, Universität Dortmund.

Weber, Jürgen (1995): Kostenrechnung(s)-Dynamik. Einflüsse hoher unternehmensex- und interner Veränderungen auf die Gestaltung der Kostenrechnung, in: Betriebswirtschaftliche Forschung und Praxis, 47. Jg., Nr. 6, S. 565-581.

Weber, Jürgen (1999): Einführung in das Controlling, 8.Auflage, Stuttgart.

Weber, Jürgen; Lissautzki, Marius (2004): Kundenwert-Controlling, Vallendar.

Weber, Jürgen; Haupt, Michael; Erfort, Mathias (2005): Kundenerfolgsrechnung in der Praxis. Wie Sie profitable Kunden identifizieren, Ulm.

Webster, Frederick; Wind, Yoram (1972): Organizational Buying Behavior, Englewood-Cliffs.

Weiber, Rolf; Weber, Markus (2000): Customer Lifetime Value als Entscheidungsgröße im Customer Relationship Marketing, in: Weiber, Rolf (Hrsg.): Handbuch Electronic Business, Wisebaden, S. 473-504.

Weiber, Rolf; Weber, Markus (2003): Das Management von Kundenwerten im Electronic Business: Ansätze zur Kundenwert-Steigerung in der Marketing-Mix-Gestaltung, , in: Günter, Bernd; Helm, Sabrina (Hrsg.): Kundenwert. Grundlagen, innovative Konzepte, praktische Umsetzungen, 2. Auflage, Wiesbaden, S. 779-808.

Weigand, Christoph (1989): Entscheidungsorientierte Vertriebskostenrechnung, Dissertation, Universität Erlangen-Nürnberg.

Wieken, John-Harry (1999): Der Weg zum Data Warehouse. Wettbewerbsvorteile durch strukturierte Unternehmensinformationen, München.

Wielpütz, Axel (1994): Theoretische Grundlagen und praktische Ausgestaltung des Vertriebscontrollings, in: Kostenrechnungspraxis, 38. Jg., Nr. 3, S. 189-194.

Wild, Jürgen (1971): Zur Problematik der Nutzenbewertung von Informationen, in: Zeitschrift für Betriebswirtschaft, 41. Jg., Nr. 5, S. 315-334.

Wild, Jürgen (1982): Grundlagen der Unternehmensplanung, 4. Auflage, Opladen.

Winkelmann, Peter (2008a): Vertriebskonzeption und Vertriebssteuerung. Die Instrumente des integrierten Kundenmanagements, 2. Auflage, München.

Winkelmann, Peter (2008b): Was bringt der Kundenwert für die Vertriebssteuerung und CRM? Wert und Unwert des Kundenwertes. Webinar 24.10.2008, http://www.marketing-boerse.de/Webinar/details/Was-bringt-der-Kundenwert-fuer-die-Vertriebssteuerung-und-CRM (Stand 25.10.2008).

Winkelmann, Peter (2008c): Marketing und Vertrieb, 6. Auflage, München, Wien.

Wirtz, Bernd; Schilke, Oliver (2004): Ansätze des Kundenwertmanagements, in: Wirtz, Bernd; Göttgens, Olaf (Hrsg.): Integriertes Marken- und Kundenwertmanagement. Strategien, Konzepte und Best Practices, Wiesbaden, S. 20-55.

Witte, Eberhard (1973): Organisation für Innovationsentscheidungen, Göttingen.

Witte, Eberhard (1999): Das Promotoren-Modell, in: Hauschildt, Jürgen; Gemünden, Hans Georg (Hrsg.): Promotoren. Champions der Innovation, Wiesbaden, S. 10-41.

Wittmann, Waldemar (1980): Information, in: Grochla, Erwin (Hrsg.): Handwörterbuch der Organisation, 2. Auflage, Stuttgart, Sp. 894-904.

Wolters, Heiko (1995): Modul- und Systembeschaffung in der Automobilindustrie. Gestaltung der Kooperation zwischen europäischen Hersteller- und Zulieferunternehmen, Dissertation, Freie Universität Berlin.

Zimmermann, Jochen (1992): Die Gestaltung einer prozeßorientierten Einzelkosten- und Deckungsbeitragsrechnung für Schadenversicherungsunternehmen. Ein Beitrag zur Integration von Risikotheorie und Betriebswirtschaftslehre der Versicherung, Dissertation, Universität Mannheim.

Zipser, Andreas (2003): Analyseverfahren im analytischen CRM, in: Teichmann, René (Hrsg.): Customer und Shareholder Relationship Management. Erfolgreiche Kunden- und Aktionärsbindung in der Praxis, Berlin, Heidelberg, New York, S. 122-134.